# 2022 개정 교육과정에 맞춰
# 백점 과학은 이렇게 바뀌었어요.

| 2022 교육과정 주요 변화 | 백점 과학 |
| --- | --- |

### 자기주도학습 강조

학생 스스로 공부 계획을 세워 실천하고 평가
할 수 있도록 자기주도성을 키웁니다.

### 하루 4쪽 학습 구성

하루 4쪽 학습으로 학생 스스로 계획을 세우고
학습을 관리할 수 있습니다.

### 기초 소양 교육 강화

미래 변화에 대응하기 위해 필요한 역량으로
언어 소양, 수리 소양, 디지털 소양 교육을
강화합니다.

**언어 소양**

텍스트의 맥락을 이해하여 글쓰기 등으로
표현하고 소통하는 능력

**수리 소양**

다양한 상황에서 수학적 정보를 이해하고
해석하며 활용하는 능력

**디지털 소양**

디지털 도구를 사용하여 정보를 수집하고
분석하여 문제를 해결하는 능력

### 어휘와 문해력 학습 제공

과목별 교과 어휘 학습과 디지털 문해력
학습으로 언어 소양과 디지털 소양 역량을
키웁니다.

### 평가 방식 다양화

학생들의 학습 성취도에 따라 개인별 맞춤형
평가 및 서술형 평가를 확대합니다.

### 수행 평가 및 수준별 단원 평가 제공

다양한 서술형 유형 및 수행 평가 비중을 확대
하였습니다.

맞춤형 평가에 대비하여 수준별 단원 평가를
단원별 A단계, B단계 2회 제공합니다.

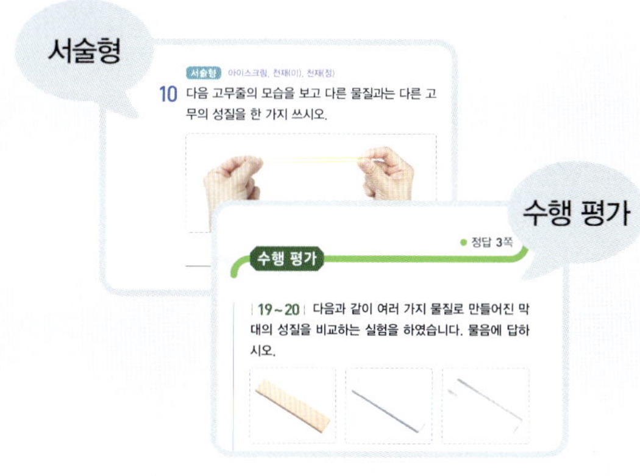

## 3. 소리의 성질

# 학습 진도표

백점 과학 3·2

**이용 방법**

- 계획한 날짜를 쓰기
- 학습을 끝낸 후 색칠하기

## 1. 물체와 물질

**1회** (10~13쪽)

여러 가지
물질의 성질

월    일

## 2. 지구와 바다

**3회** (46~49쪽)

육지의 물과
바닷물의 특징

월    일

**2회** (42~45쪽)

지구 표면의
모습

월    일

**1회** (38~41쪽)

지구의 대기

월    일

**4회** (50~53쪽)

바닷가 지형,
밀물과 썰물

월    일

**5회** (54~57쪽)

갯벌

월    일

**6회** (58~61쪽)

마무리 평가

월    일

## 4. 감염병과 건강한 생활

**1회** (94~97쪽)

감염병의 종류와
위험성

월    일

**평가북**

단원 평가

월    일

**6회** (86~89쪽)

마무리 평가

월    일

**2회** (98~101쪽)

감염병의
감염 과정

월    일

**3회** (102~105쪽)

감염병 예방과
건강한 생활

월    일

**4회** (106~109쪽)

마무리 평가

월    일

# 백점 과학과
# 내 교과서 비교하기

## 활용 방법

❶ 오늘 공부할 단원과 내용을 찾습니다.

❷ 내가 배우는 교과서의 출판사명에서 공부할 내용에 해당하는 쪽수를 찾습니다.

❸ 찾은 쪽수와 해당하는 백점 과학은 몇 쪽인지 확인합니다.

| 단원명 | | 1. 물체와 물질<br>① 여러 가지 물질의 성질<br>② 물질의 종류에 따른 물체의 분류<br>③ 물질의 세 가지 상태<br>④ 고체와 액체의 성질<br>⑤ 기체의 성질 | 2. 지구와 바다<br>① 지구의 대기<br>② 지구 표면의 모습<br>③ 육지의 물과 바닷물의 특징<br>④ 바닷가 지형, 밀물과 썰물<br>⑤ 갯벌 | 3. 소리의 성질<br>① 소리가 나는 물체의 특징<br>② 큰 소리와 작은 소리<br>③ 높은 소리와 낮은 소리<br>④ 소리의 전달<br>⑤ 소음을 줄이는 방법 | 4. 감염병과 건강한 생활<br>① 감염병의 종류와 위험성<br>② 감염병의 감염 과정<br>③ 감염병 예방과 건강한 생활 |
|---|---|---|---|---|---|
| 백점 과학 쪽수 | | 8~35 | 36~63 | 64~91 | 92~111 |
| 교과서별<br>쪽수 | 동아출판 | 10~33 | 34~57 | 58~79 | 80~101 |
| | 미래엔 | 8~31 | 32~57 | 58~83 | 84~107 |
| | 비상교육 | 12~37 | 38~61 | 62~85 | 86~109 |
| | 지학사 | 8~33 | 34~59 | 60~83 | 84~105 |
| | 아이스크림<br>미디어 | 14~37 | 38~61 | 62~87 | 88~109 |
| | 천재교과서<br>(이상원) | 16~41 | 42~67 | 68~91 | 92~113 |
| | 천재교과서<br>(정용재) | 10~37 | 38~65 | 66~91 | 92~117 |

# 백점

## 과학 3·2

개념북

# 구성과 특징

**개념북**  자기주도학습을 위한 **"하루 4쪽"** 구성

( 개념 학습 + 문제 학습 )

| **개념 학습** | 핵심 개념을 학습한 후 핵심 문장 쓰기를 통해 개념을 쉽게 이해할 수 있습니다.

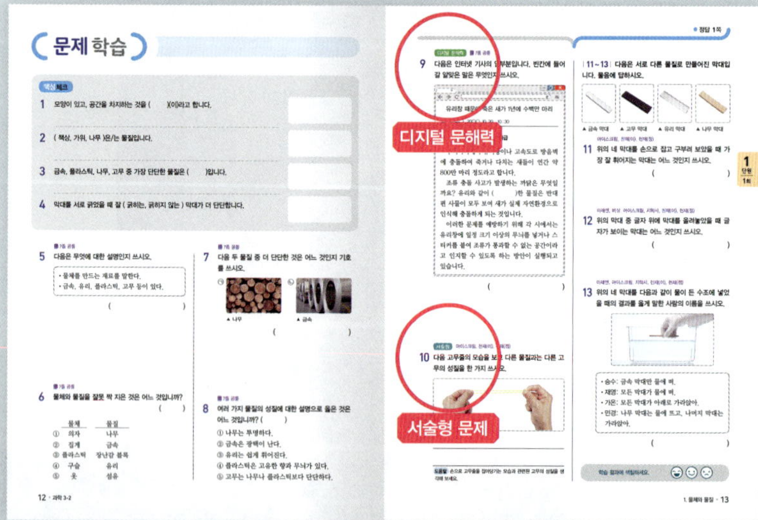

| **문제 학습** | 핵심 체크 문제와 서술형 문제 등 다양한 유형의 문제를 통해 실력을 쌓을 수 있습니다.
**디지털 문해력**: 디지털 매체 소재를 활용한 문제

## 문해력을 높이는 어휘
교과서 어휘의 뜻과 그림 속
이야기를 통해 문해력 향상



맞춤형 평가 대비
수준별 단원 평가

## 마무리 평가

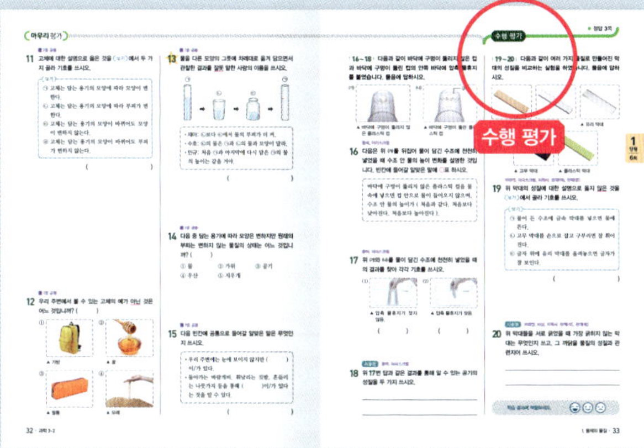

한 단원을 마무리하며 실력을 점검할 수 있습니다.
**수행 평가**: 학교 수행 평가에 대비할 수 있는 문제

## 단원 핵심 개념

단원 핵심 개념을 정리하고, 배운 내용을 확인할 수
있습니다.

## 단원 평가 A단계, B단계

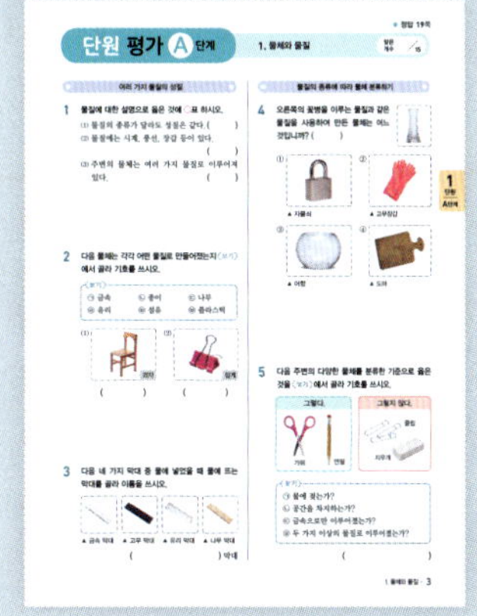

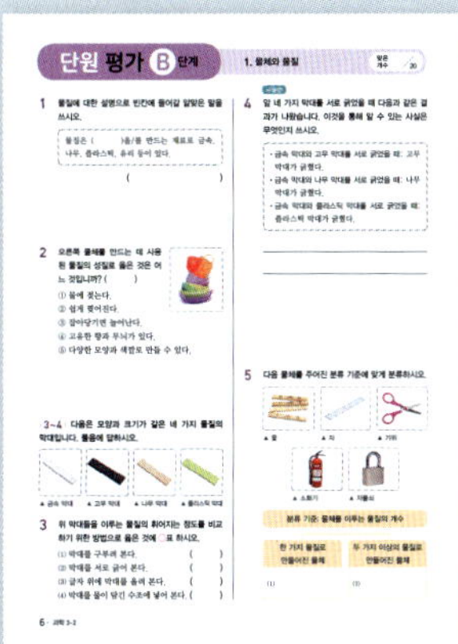

단원별 학습 성취도를 확인하고, 학교 단원 평가에 대
비할 수 있도록 수준별로 A단계, B단계로 구성하였습
니다.

하루 4쪽 학습으로
자기주도학습 완성

○ 안전한 탐구 활동을 위해 실험실 안전 수칙을 익히고, 잘 지키도록 합니다.

## 실험하기 전

실험실에서는 항상 선생님의 안내에 따라요.

소화기의 위치와 사용 방법을 알아 둬요.

실험실에서는 항상 실험복과 보안경을 착용하고, 긴 머리를 단정히 묶어요.

## 실험하는 동안

날카로운 물체는 조심히 다뤄요.

실험 기구의 사용 방법을 확인하고 사용해요.

핫플레이트를 사용할 때 화상을 입지 않게 가까이하지 않고, 반드시 면장갑을 착용해요

실험실에서 장난치거나 뛰어다니지 않아요.

기체가 발생하는 실험은 환기가
잘되는 실험실에서 해야 해요.

젖은 손으로 전기 기구의
전선을 만지지 않아요.

시험관 입구가 사람을
향하지 않게 해요.

함부로 실험 재료의 맛을 보거나,
냄새를 맡지 않아요.

실험실에서는 음식을 먹거나
음료수를 마시지 않아요.

## 실험이 끝난 뒤

사용한 약품은 선생님의 안내에
따라 정해진 곳에 버려요.

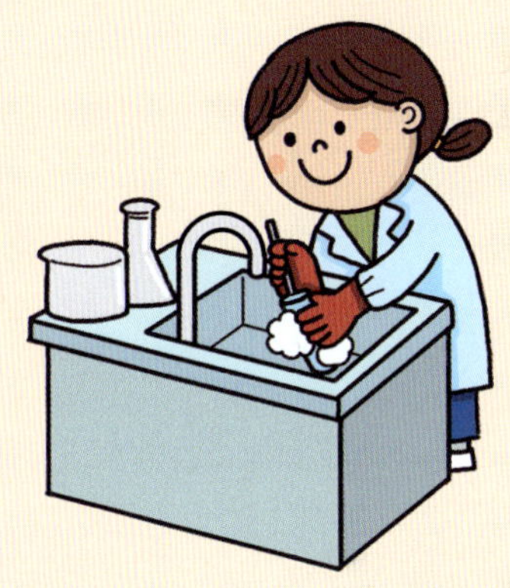

사용한 실험 기구는 선생님의
안내에 따라 깨끗이 씻어요.

실험 기구와 주변을 정리하고,
반드시 손을 깨끗이 씻어요.

# 1 물체와 물질

● **문해력을 높이는 어휘**

# 물질

물체를 만드는 재료로, 나무, 금속, 고무, 플라스틱, 유리, 종이, 가죽 등이 있음.

# 고체

일정한 모양과 부피를 가지고 있어서 만지고 볼 수 있는 물질의 상태

# 액체

물이나 기름과 같이 부피는 있으나 일정한 모양이 없고, 흐를 수 있는 물질의 상태

# 기체

공기처럼 일정한 모양이나 부피가 없고, 자유롭게 움직이는 물질의 상태

# 개념 학습 <sup>1</sup>회

## 종이, 섬유, 가죽의 성질

- 종이: 쉽게 접을 수 있고, 잘 찢어지며 물에 젖습니다.

- 섬유: 손으로 만지면 부드럽고, 접을 수 있으며 물에 젖습니다.

- 가죽: 잘 찢어지지 않으며, 질깁니다.

## 1 물체와 물질

① 물체: 모양이 있고 *공간을 차지하는 것입니다.
　예 책상, 의자, 창문, 주걱, 가위, 풍선, 지우개, 장난감 블록, 주전자 등
② 물질: 물체를 만드는 재료입니다.
　예 금속, 나무, 플라스틱, 유리, 고무, 종이, *섬유, 가죽 등
③ 우리 주변의 물체는 여러 가지 물질로 이루어져 있습니다.

## 2 여러 가지 물질의 성질

① 물체를 이루는 물질은 다양한 성질을 가지고 있습니다.
② 물질에 따라 *광택, 휘어지는 정도, *투명한 정도, 물에 뜨는 정도, 단단한 정도 등의 성질이 각각 다릅니다.

| 금속 | 나무 |
|---|---|
| 대부분 광택이 있고, 나무나 플라스틱보다 단단합니다. | 고유한 향과 무늬가 있고, 대부분 물에 뜨는 성질이 있습니다. |

| 플라스틱 | 고무 |
|---|---|
| 다른 물질보다 쉽게 다양한 모양과 색깔의 물체로 만들 수 있습니다. | • 쉽게 휘어지고, 잡아당기면 늘어났다가 놓으면 원래대로 돌아갑니다.<br>• 물에 젖지 않고, 잘 미끄러지지 않습니다. |

| 유리 | |
|---|---|
| 투명하고 물에 젖지 않지만, 충격에 의해 쉽게 깨질 수 있습니다. | |

## 용어 사전

* **공간**　아무 것도 없는 장소.
* **섬유**　실을 뽑는 재료가 되는 가는 털 모양의 물질.
* **광택**　물체의 표면에서 반짝거리는 빛.
* **투명**　속까지 환히 비침.

## 3 여러 가지 물질의 성질 비교하기

**과정**

❶ 여러 가지 물질로 만든 막대의 성질을 다양한 방법으로 관찰합니다. ➕

❷ 다섯 가지 막대의 휘어지는 정도, 투명한 정도, 물에 뜨는 정도, 단단한 정도를 비교합니다. ➕

**결과**

**휘어지는 정도**

막대를 손으로 잡고 구부려 봅니다.

≫ 가장 잘 휘어지는 막대는 **고무** 막대입니다.

**투명한 정도**

글자 위에 막대를 올려놓고 글자가 보이는지 관찰합니다.

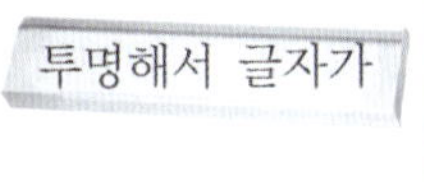


≫ 투명해서 글자가 보이는 막대는 **유리** 막대입니다. → 플라스틱 막대는 종류에 따라 투명해 글자가 보이는 것도 있어요.

**물에 뜨는 정도**

물이 든 *수조에 막대를 넣어 물에 뜨는 정도를 비교합니다.

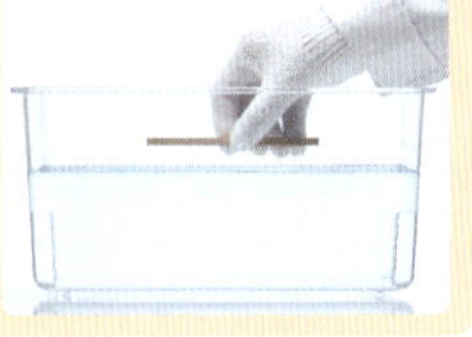

≫ 물에 뜨는 막대는 **나무** 막대, **플라스틱** 막대입니다. → 플라스틱 막대는 종류에 따라 물에 뜨는 것도 있고, 가라앉는 것도 있어요.

**단단한 정도**

막대를 서로 긁었을 때 잘 긁히지 않는 막대가 더 단단합니다.

≫ 가장 단단한 막대는 **금속** 막대입니다. ┐ 금속 막대로 다른 막대를 긁으면 다른 막대가 긁히고, 다른 막대로 금속 막대를 긁으면 금속 막대가 긁히지 않아요.

➡ 물질마다 서로 다른 성질을 가지고 있습니다.

➕ 여러 가지 물질로 만든 막대

  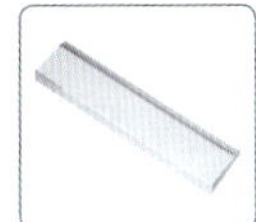

▲ 금속 막대  ▲ 고무 막대  ▲ 유리 막대

▲ 나무 막대  ▲ 플라스틱 막대



➕ 물질이 물에 젖는 정도 비교하기

다섯 가지 막대에 물을 서너 방울씩 떨어뜨리면 나무 막대만 물에 젖습니다.

**용어 사전**

★ 수조  물을 담아 두는 큰 통.

---

**핵심만** 한번 더 쓰면서 정리 !

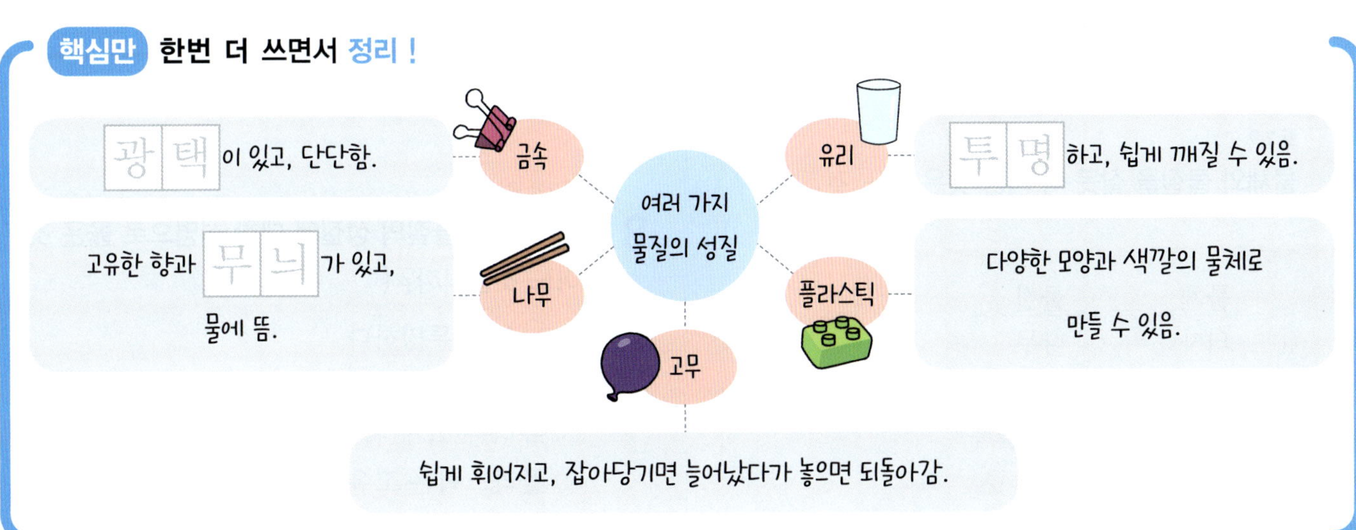

## 핵심 체크

**1** 모양이 있고, 공간을 차지하는 것을 (　　　)(이)라고 합니다.

**2** ( 책상, 가위, 나무 )은/는 물질입니다.

**3** 금속, 플라스틱, 나무, 고무 중 가장 단단한 물질은 (　　　)입니다.

**4** 막대를 서로 긁었을 때 잘 ( 긁히는, 긁히지 않는 ) 막대가 더 단단합니다.

---

📖 7종 공통

**5** 다음은 무엇에 대한 설명인지 쓰시오.

> • 물체를 만드는 재료를 말한다.
> • 금속, 유리, 플라스틱, 고무 등이 있다.

(　　　　　　　　　　)

📖 7종 공통

**6** 물체와 물질을 잘못 짝 지은 것은 어느 것입니까?

(　　　)

|   | 물체 | 물질 |
|---|------|------|
| ① | 의자 | 나무 |
| ② | 집게 | 금속 |
| ③ | 플라스틱 | 장난감 블록 |
| ④ | 구슬 | 유리 |
| ⑤ | 옷 | 섬유 |

📖 7종 공통

**7** 다음 두 물질 중 더 단단한 것은 어느 것인지 기호를 쓰시오.

ⓐ ▲ 나무　　　　ⓑ ▲ 금속

(　　　　　　　　　　)

📖 7종 공통

**8** 여러 가지 물질의 성질에 대한 설명으로 옳은 것은 어느 것입니까? (　　　)

① 나무는 투명하다.
② 금속은 광택이 난다.
③ 유리는 쉽게 휘어진다.
④ 플라스틱은 고유한 향과 무늬가 있다.
⑤ 고무는 나무나 플라스틱보다 단단하다.

디지털 문해력   📖 7종 공통

**9** 다음은 인터넷 기사의 일부분입니다. 빈칸에 들어갈 알맞은 말은 무엇인지 쓰시오.

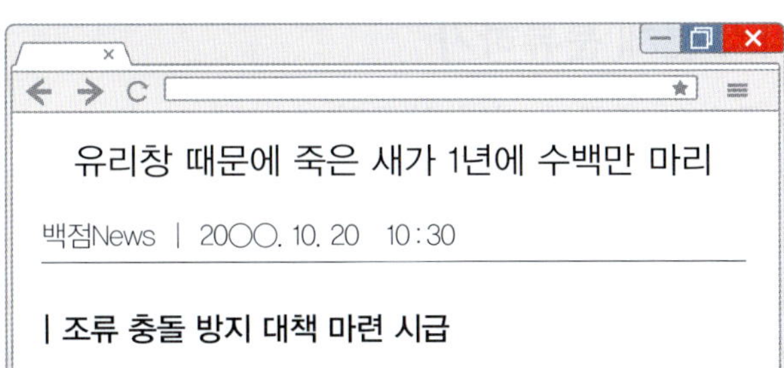


(                              )

서술형   아이스크림, 천재(이), 천재(정)

**10** 다음 고무줄의 모습을 보고 다른 물질과는 다른 고무의 성질을 한 가지 쓰시오.

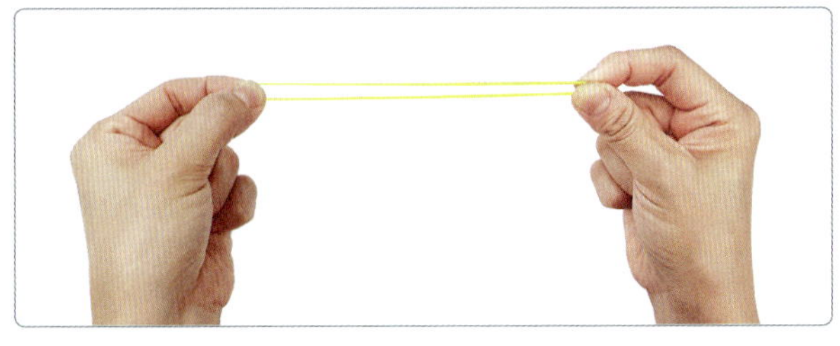

_______________________________

도움말 손으로 고무줄을 잡아당기는 모습과 관련된 고무의 성질을 생각해 보세요.

---

**| 11~13 |** 다음은 서로 다른 물질로 만들어진 막대입니다. 물음에 답하시오.

▲ 금속 막대    ▲ 고무 막대    ▲ 유리 막대    ▲ 나무 막대

아이스크림, 천재(이), 천재(정)

**11** 위의 네 막대를 손으로 잡고 구부려 보았을 때 가장 잘 휘어지는 막대는 어느 것인지 쓰시오.

(                              )

미래엔, 비상, 아이스크림, 지학사, 천재(이), 천재(정)

**12** 위의 막대 중 글자 위에 막대를 올려놓았을 때 글자가 보이는 막대는 어느 것인지 쓰시오.

(                              )

미래엔, 아이스크림, 지학사, 천재(이), 천재(정)

**13** 위의 네 막대를 다음과 같이 물이 든 수조에 넣었을 때의 결과를 옳게 말한 사람의 이름을 쓰시오.

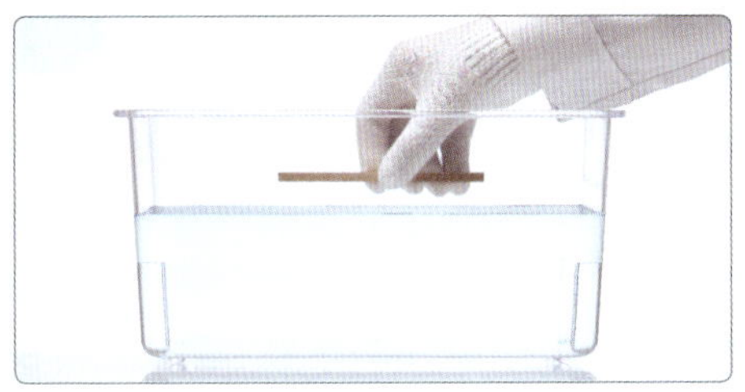

- 승수: 금속 막대만 물에 떠.
- 재영: 모든 막대가 물에 떠.
- 가온: 모든 막대가 아래로 가라앉아.
- 민경: 나무 막대는 물에 뜨고, 나머지 막대는 가라앉아.

(                              )

학습 결과에 색칠하세요.   

1단원  1회

## ➕ 종이, 섬유, 가죽으로 된 물체

▲ 종이로 된 물체

▲ 섬유로 된 물체

▲ 가죽으로 된 물체

---

**용어 사전**

★ **분류** 탐구 대상을 어떤 특징에 따라 나누어 무리 짓는 것.

★ **자물쇠** 여닫게 되어 있는 물건을 잠그는 장치.

★ **도마** 칼로 음식의 재료를 썰거나 다질 때에 밑에 받치는 것.

★ **흑연** 철이나 금과 같이 자연에서 나는 물질로, 연필심으로 쓰임.

★ **노즐** 액체 또는 기체를 작은 구멍을 통해 빠르게 뿜어낼 수 있도록 관의 끝에 다는 장치.

---

## 1 물질의 종류에 따라 물체 분류하기

① 우리 주변의 물체는 물질의 종류에 따라 분류할 수 있습니다. ➕

② 한 가지 물질로 이루어진 물체도 있지만, 두 가지 이상의 물질로 이루어진 물체도 있습니다. 예 가위, 연필, 소화기, 자전거, 돋보기, 창문 등

③ 물체가 두 가지 이상의 물질로 이루어졌을 경우 각 물질로 이루어진 부분을 나누어 분류합니다.

▲ 가위    ▲ 연필    ▲ 소화기

## 2 물체의 쓰임새에 알맞은 물질의 성질

**(1) 물체를 만들 때 이용되는 물질의 성질**

① 물체를 만들 때 여러 가지 물질을 이용해 만듭니다.

② 물체의 쓰임새에 알맞은 물질의 성질을 이용하면 물체를 더 편리하게 사용할 수 있습니다.

③ 자전거의 각 부분을 이루는 물질의 성질

손잡이: 고무, 플라스틱　잘 미끄러지지 않습니다.

*안장: 플라스틱, 가죽　단단하고, 질깁니다.

몸체: 금속　단단하여 잘 부러지지 않습니다.

페달: 플라스틱　가볍습니다.

타이어: 고무　잘 늘어나서 공기를 채워*충격을 줄입니다.

**(2) 여러 가지 물질로 만든 그릇:** 물질마다 성질이 다양하기 때문에 같은 종류의 물체라도 그 물체를 이루는 물질에 따라 좋은 점과 쓰임새가 서로 다릅니다. ➕

**유리그릇**
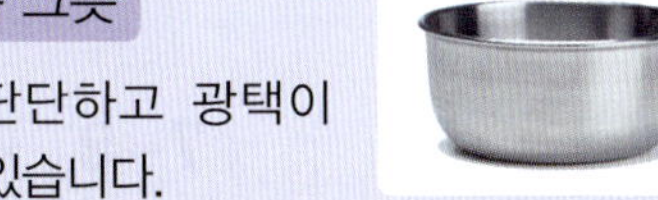
• 투명해서 그릇에 무엇이 있는지 쉽게 알 수 있습니다.
• 단단하지만 깨지기 쉽습니다.

**금속 그릇**
• 단단하고 광택이 있습니다.
• 떨어뜨려도 깨지지 않습니다.

**나무 그릇**
• 고유한 향과 무늬가 있습니다.
• 다른 물질로 이루어진 그릇에 비해 비교적 가볍습니다.

**플라스틱 그릇**
• 다양한 색깔과 모양으로 만들 수 있습니다.
• 다른 물질로 이루어진 그릇에 비해 비교적 가볍습니다.

➕ **여러 가지 물질로 만든 장갑**

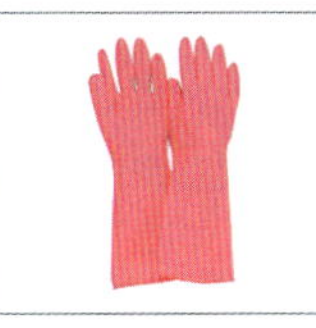
▲ 고무장갑

▲ 면장갑

▲ 비닐장갑

▲ 가죽 장갑

• 고무장갑: 질기고 잘 미끄러지지 않으며 물에 젖지 않습니다.
• 면장갑: 부드럽고 따뜻합니다.
• 비닐장갑: 투명하고 얇으며 물에 젖지 않습니다.
• 가죽 장갑: 질기고 따뜻하며 바람이 들어오지 않습니다.

**1 단원**
**2 회**

**용어 사전**

★ **안장**　자전거, 오토바이 등에 사람이 앉게 마련해 놓은 자리.

★ **충격**　물체에 급격히 가해지는 힘.

---

**핵심만** 한번 더 쓰면서 정리 !

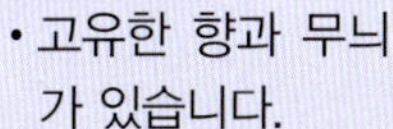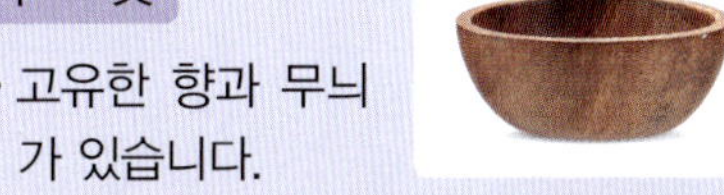

자물쇠, 클립, 집게, 손톱깎이 — **금속** — 물질의 종류에 따른 물체의 분류 — **유리** — 꽃병, 구슬, 유리컵, 어항

야구 방망이, 윷, 도마, 주걱 — **나무** — **플라스틱** — 자, 바구니, 주사위, 물뿌리개

**고무** — 지우개, 풍선, 고무줄, 고무장갑, 타이어

**핵심 체크**

**1** ( 고무줄, 소화기 )은/는 한 가지 물질로 이루어진 물체입니다.

**2** ( ㅤㅤ )의 종류에 따라 물체를 분류할 때 훌라후프, 주사위는 플라스틱으로 만들어진 물체로 분류할 수 있습니다.

**3** 자전거의 몸체는 ( 금속, 고무 )(으)로 이루어져 있어 단단하여 잘 부러지지 않습니다.

**4** 유리그릇과 금속 그릇 중 투명해서 그릇에 무엇이 담겨 있는지 잘 보이는 것은 ( ㅤㅤ ) 입니다.

---

아이스크림, 천재(이), 천재(정)

**5** 다음 물체를 이루는 물질을 〈보기〉에서 골라 각각 쓰시오.

〈보기〉
금속, 나무, 유리, 고무

(1) 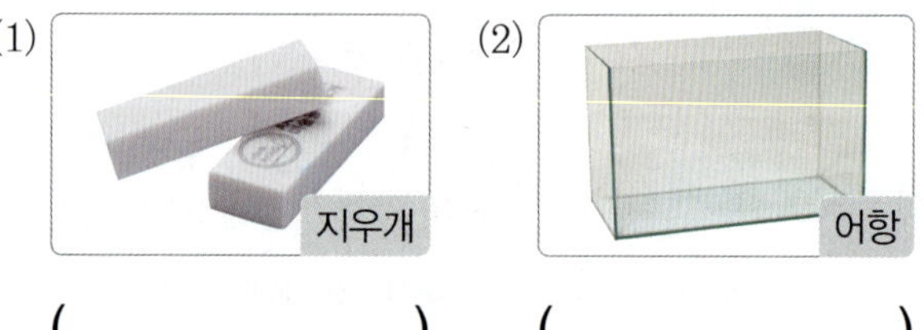
지우개
( ㅤㅤ )

(2)
어항
( ㅤㅤ )

**📖 7종 공통**

**6** 물체와 물체를 이루는 재료를 선으로 이으시오.

(1) 
집게
ㆍ

ㆍ ㉠ 유리

(2) 
구슬
ㆍ

ㆍ ㉡ 금속

---

**|7~8|** 여러 가지 물체를 보고, 물음에 답하시오.

▲ 클립　　　▲ 풍선　　　▲ 자물쇠　　　▲ 바구니

**📖 7종 공통**

**7** 위 물체 중 금속으로 만들어진 것을 두 가지 골라 쓰시오.

( ㅤㅤ )

---

아이스크림, 천재(이), 천재(정)

**8** 위 풍선을 이루는 물질은 어느 것입니까?

( ㅤㅤ )

① 나무　　　② 금속　　　③ 유리

④ 고무　　　⑤ 플라스틱

**서술형** 📖 7종 공통

**9** 여러 가지 물체를 다음과 같이 분류하였을 때 분류 기준은 무엇인지 물체를 이루는 물질과 관련지어 쓰시오.

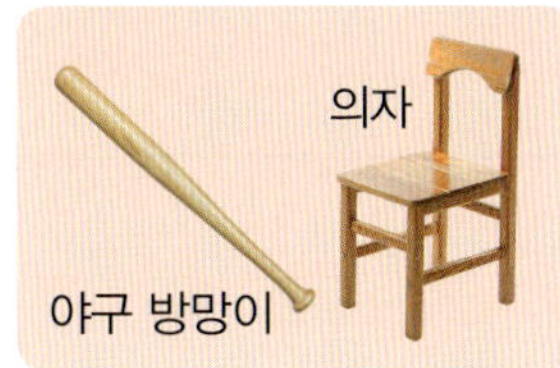


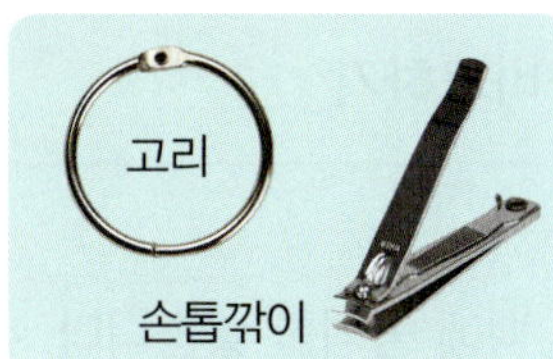


_______________________________________

_______________________________________

**도움말** 야구 방망이, 의자, 고리, 손톱깎이가 어떤 물질로 이루어져 있는지 생각해 보세요.

| 10~12 | 다음 물체들을 보고, 물음에 답하시오.

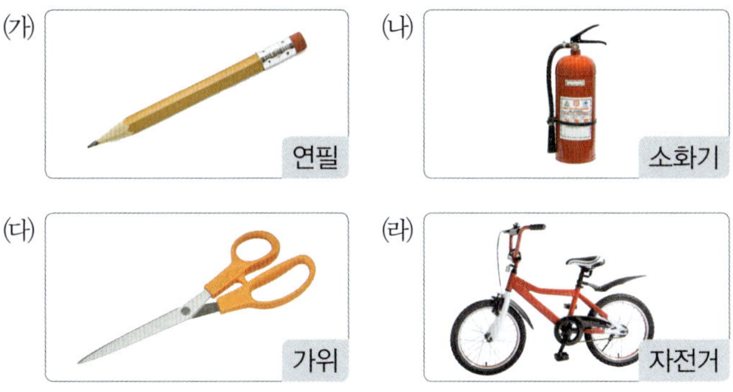


📖 7종 공통

**10** 위 (가)~(라)의 공통점으로 옳은 것에 ○표 하시오.

(1) 금속으로만 이루어진 물체이다. ( )

(2) 두 가지 이상의 물질로 이루어진 물체이다.
( )

(3) 플라스틱으로 이루어진 부분이 없는 물체이다.
( )

📖 7종 공통

**11** 위 (가)~(라) 중 다음 설명에 해당하는 것은 무엇인지 기호를 쓰시오.

> 나무와 흑연, 고무 등으로 이루어진 물체이다.

( )



**12** 앞의 (라) 자전거의 각 부분을 이루는 물질에 대한 설명으로 옳지 <u>않은</u> 것은 어느 것입니까? ( )

① 각 부분의 쓰임새에 알맞은 물질로 되어 있다.

② 손잡이는 고무로 되어 있어 잘 미끄러지지 않는다.

③ 몸체는 금속으로 되어 있어 잘 부러지지 않고 튼튼하다.

④ 타이어는 충격을 줄일 수 있도록 단단한 나무로 만든다.

⑤ 페달은 다른 물질에 비해 가벼운 플라스틱으로 만든다.

**1** 단원 **2**회

**디지털 문해력** 동아, 비상, 지학사

**13** 그릇 안에 어떤 반찬이 들어 있는지 쉽게 볼 수 있는 그릇이 필요하다면 다음 온라인 쇼핑몰에서 몇 번 상품을 구매해야 하는지 쓰시오.

( )

학습 결과에 색칠하세요.   

## 지퍼 백 안의 공기 느껴 보기

지퍼 백 입구를 조금 열어 손등에 대고 누르면 손등에 바람이 느껴지고, 시원한 느낌이 드는 것을 통해 공기가 있음을 알 수 있습니다.

# 1 물질의 세 가지 상태

## (1) 나무 막대, 물, 공기 비교하기

**과정**

❶ 공기 주입기로 지퍼 백에 공기를 넣습니다. ✚

❷ 나무 막대, 물, 공기를 자유롭게 관찰합니다.

❸ 나무 막대, 물, 공기를 손으로 잡아 봅니다.

**결과**

| 나무 막대 | 물 | 공기 |
| --- | --- | --- |
| • 연한 갈색이고, 각진 모양임.<br>• 눈으로 볼 수 있음.<br>• 손으로 잡을 수 있음. | • 투명함.<br>• 눈으로 볼 수 있음.<br>• 손에서 흘러내려 잡을 수 없음. | • 눈으로 볼 수 없음.<br>• 손으로 잡을 수 없음. |

➡ 나무 막대와 물은 눈으로 볼 수 있지만 공기는 눈으로 볼 수 없고, 나무 막대는 손으로 잡을 수 있지만 물과 공기는 손으로 잡을 수 없습니다.

## (2) 물질의 세 가지 상태

① 우리 주변의 물질은 서로 다른 특징을 가지고 있습니다.

② 물질은 각 특징에 따라 고체, 액체, 기체의 세 가지 상태로 나눌 수 있습니다.

③ 나무 막대는 고체 상태, 물은 액체 상태, 공기는 기체 상태입니다.

| | 고체 | 액체 | 기체 |
| --- | --- | --- | --- |
| 모습 | | | |
| 눈으로 관찰하기 | 볼 수 있습니다. | 볼 수 있습니다. | 볼 수 없습니다. |
| 손으로 잡아 보기 | 잡을 수 있습니다. | 잡을 수 없습니다. | 잡을 수 없습니다. |

## 2 여러 가지 물질의 상태 ➕

### (1) 공원에서 볼 수 있는 물체와 물질

① 휠체어, 책, 안경: 눈으로 볼 수 있고, 손으로 잡을 수 있습니다. →고체

② 강물, *분수대의 물, 주스: 눈으로 볼 수 있고, 손에서 흘러내려 잡을 수 없습니다. →액체

③ 풍선 속 공기, 타이어 속 공기, 비눗방울 속 공기: 눈으로 볼 수 없고, 손으로 잡을 수 없습니다. →기체

### (2) 여러 가지 물체와 물질을 상태에 따라 분류하기

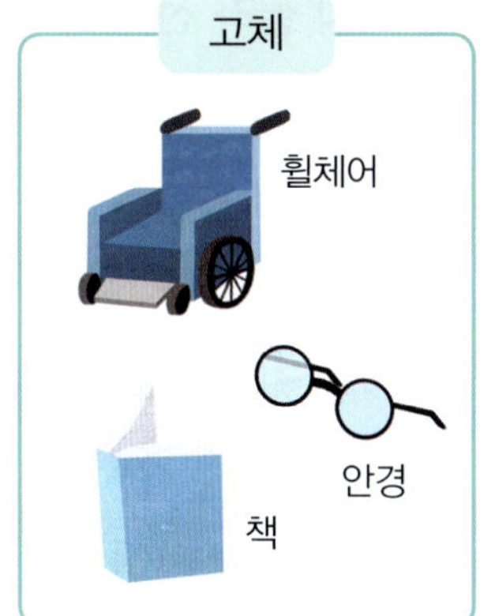

➕ 어항에서 찾을 수 있는 물질의 세 가지 상태

- 고체 상태: 어항의 용기, 바닥에 깔린 *자갈
- 액체 상태: 어항 안을 채우고 있는 물
- 기체 상태: 물고기가 내뿜는 공기 방울

### 용어 사전

★ **분수대**　좁은 구멍을 통해 물을 뿜어내도록 만든 설비를 갖춘 대.

★ **자갈**　강이나 바다의 바닥에서 오랫동안 갈리고 물에 씻겨 반질반질하게 된 조그마한 돌.

### 핵심만　한번 더 쓰면서 정리 !

**핵심 체크**

**1** 물질의 세 가지 상태는 고체, 액체, (　　　)입니다.

**2** 물질의 세 가지 상태는 성질이 서로 ( 같습니다, 다릅니다 ).

**3** ( 고체, 액체 )는 눈에 보이지만 손으로 잡으려고 하면 흘러내려 잡을 수 없습니다.

**4** 풍선 속 공기는 고체, 액체, 기체 중 어떤 상태입니까?

---

|5~7| 다음은 우리 주변의 여러 가지 물질입니다. 물음에 답하시오.

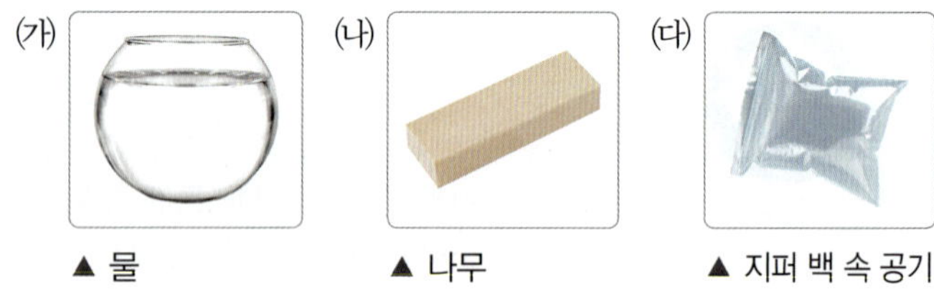

(가) ▲ 물　　(나) ▲ 나무　　(다) ▲ 지퍼 백 속 공기

**📖 7종 공통**

**5** 위 (가)~(다) 중 손으로 잡을 수 있는 것의 기호를 쓰시오.

(　　　　　　　)

**📖 7종 공통**

**6** 위 (가)~(다)를 다음과 같은 분류 기준에 맞게 분류하여 각각 기호를 쓰시오.

| 분류 기준: 눈으로 볼 수 있는가? | |
| --- | --- |
| 그렇다. | 그렇지 않다. |
| (1) | (2) |

**📖 7종 공통**

**7** 앞 (가)~(다)의 물질의 상태를 각각 골라 선으로 이으시오.

(1) (가)　•　　•㉠ 액체

(2) (나)　•　　•㉡ 기체

(3) (다)　•　　•㉢ 고체

**📖 7종 공통**

**8** 다음 (　　　) 안에 들어갈 알맞은 말을 쓰시오.

> 우리 주변의 물질은 각 특징에 따라 고체, 액체, 기체의 세 가지 상태로 나눌 수 있는데, 그 중에서 (　　　)는 대부분 눈으로 볼 수 없고 손으로도 잡을 수 없다.

(　　　　　　　)

| **9~11** | 다음 물체들을 보고, 물음에 답하시오.

(가)

▲ 축구공 속 공기

(나)

▲ 우유

(다)

▲ 안경

(라)

▲ 가위

📖 7종 공통

**9** 위 (가)~(라)에 대한 설명으로 옳은 것에 ○표 하시오.

(1) (가)와 (나)는 기체 상태이다. ( )

(2) (나)와 (다)는 물질의 상태가 같다. ( )

(3) (다)와 (라)는 눈으로 볼 수 있고, 손으로 잡을 수 있는 물질의 상태이다. ( )

📖 7종 공통

**10** 위 (가)~(라) 중 다음 조건을 모두 만족하는 것을 골라 기호를 쓰시오.

> • 눈으로 볼 수 있다.
> • 손으로 잡으면 흘러내린다.

( )

📖 7종 공통

**11** 위 (가)~(라)를 분류한 결과가 다음과 같을 때 분류 기준으로 알맞은 것은 어느 것입니까? ( )

| 그렇다. | 그렇지 않다. |
| --- | --- |
| (다), (라) | (가), (나) |

① 액체 상태인가?
② 기체 상태인가?
③ 눈으로 볼 수 있는가?
④ 흐르는 성질이 있는가?
⑤ 손으로 잡을 수 있는가?

**서술형** 동아, 미래엔, 아이스크림, 천재(정)

**12** 오른쪽 모습에서 찾을 수 있는 물질의 상태를 모두 쓰고, 그렇게 생각한 까닭을 쓰시오.

(1) 물질의 상태: ( )

(2) 그렇게 생각한 까닭: _______________

_______________

**도움말** 공기, 어항, 물, 자갈의 물질의 상태를 생각해 보세요.

**디지털 문해력** 📖 7종 공통

**13** 다음은 블로그에 올린 일기의 일부분입니다. 밑줄 친 부분과 같이 쓴 까닭은 무엇인지 (보기)에서 골라 기호를 쓰시오.

내 블로그 | 블로그 홈 | 로그인

블로그

**숲속 힐링 타임**

효녀 심청   20○○. 05. 10.

학교에서 숲으로 현장 학습을 다녀 왔다. 자동차 매연도, 미세 먼지도 없이 공기가 정말 깨끗했다. 이렇게 깨끗한 공기를 집에 계신 부모님께 가져다 드리고 싶었지만 그럴 수 없어서 아쉬웠다.

(보기)
㉠ 공기를 가져가는 것은 불법이기 때문에
㉡ 공기는 기체라서 손으로 잡을 수 없기 때문에
㉢ 공기의 무게가 무거워서 가져가기 힘들기 때문에

( )

학습 결과에 색칠하세요.      

**1**
단원
3회

## 1 나무 블록과 물의 성질 비교하기

① 나무 블록은 눈으로 볼 수 있고, 손으로 잡을 수 있는 고체입니다.

② 물은 눈으로 볼 수 있고, 흘러내려 손으로 잡을 수 없는 액체입니다.

③ *용기에 따른 나무 블록과 물의 모양과 *부피 변화

**탐구 팩트** 물을 여러 가지 모양의 용기에 옮겨 담았을 때 부피가 변하지 않는다는 것을 어떻게 알까?

물을 첫 번째 용기에 다시 옮겨 담으면 물의 높이가 처음과 같으므로, 물의 부피가 변하지 않는다는 것을 알 수 있어.

### 교과서 대표 탐구

**실험동영상**

**용기에 따른 고체와 액체의 모양과 부피 변화 관찰하기**

| 과정 |

❶ 나무 블록과 물을 자유롭게 관찰합니다.

❷ 나무 블록을 여러 가지 모양의 투명한 용기에 옮겨 넣으며 나무 블록의 모양과 부피 변화를 관찰합니다.

❸ 투명한 용기에 담긴 물의 모양을 관찰하고, 물의 높이를 표시합니다.

❹ 여러 가지 모양의 투명한 용기에 옮겨 담으며 물의 모양을 관찰합니다.

❺ 첫 번째 용기에 다시 물을 옮겨 담고, 처음 표시했던 물의 높이와 비교합니다. → 물의 높이를 비교하여 부피 변화를 알 수 있어요.

| 결과 |

[나무 블록과 물 관찰 결과]

| 나무 블록 | 물 |
| --- | --- |
| • 연한 갈색이고, 손으로 만지면 거칠고 딱딱함.<br>• 여러 개를 쌓을 수 있음. | • 투명하고, 손으로 잡으면 흘러내림.<br>• 일정한 모양이 없음. |

[용기에 따른 나무 블록과 물의 모양과 부피 변화]

### 정리

나무 블록(고체)은 담는 용기가 바뀌어도 모양과 부피가 변하지 않고, 물(액체)은 담는 용기가 바뀌면 모양은 변하지만, 부피는 변하지 않습니다.

### 용어 사전

★ **용기** 물건을 담는 그릇.

★ **부피** 어떤 물체나 물질이 차지하는 공간의 크기.

## 2 고체와 액체의 성질

### (1) 고체

① 나무 블록과 같이 담는 용기에 관계없이 원래의 모양과 부피가 변하지 않는 물질의 상태를 고체라고 합니다.

② 우리 주변에서 볼 수 있는 고체의 예 ⊕

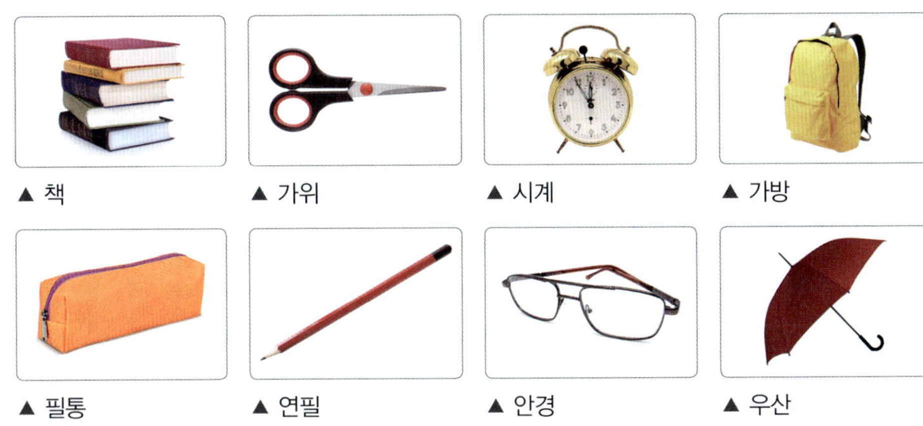

▲ 책    ▲ 가위    ▲ 시계    ▲ 가방

▲ 필통    ▲ 연필    ▲ 안경    ▲ 우산

### (2) 액체

① 물이나 주스와 같이 담는 용기에 따라 모양은 변하지만, 원래의 부피는 변하지 않는 물질의 상태를 액체라고 합니다.

② 우리 주변에서 볼 수 있는 액체의 예

▲ 물    ▲ 우유    ▲ 식용유    ▲ 주스

▲ 간장    ▲ *꿀 → 꿀, 토마토소스,    ▲ 빗물    ▲ 바닷물
　　　　　 샴푸와 같이 끈적끈적한 것도 액체예요.

⊕ 가루 물질의 상태

▲ 소금    ▲ 설탕    ▲ 모래

• 가루 물질은 소금, 설탕, 모래 등과 같이 작은 알갱이들이 모여 있는 것입니다.

• 가루 물질을 여러 가지 모양의 그릇에 옮겨 담으면 가루의 모양이 변하는 것처럼 보이지만, 알갱이 하나하나의 모양과 부피가 변한 것이 아니기 때문에 가루 물질은 고체입니다.

**용어 사전**

★ 꿀  꿀벌이 꽃에서 빨아들여 벌집 속에 모아 두는, 달콤하고 끈끈한 액체.

**핵심만** 한번 더 쓰면서 정리 !

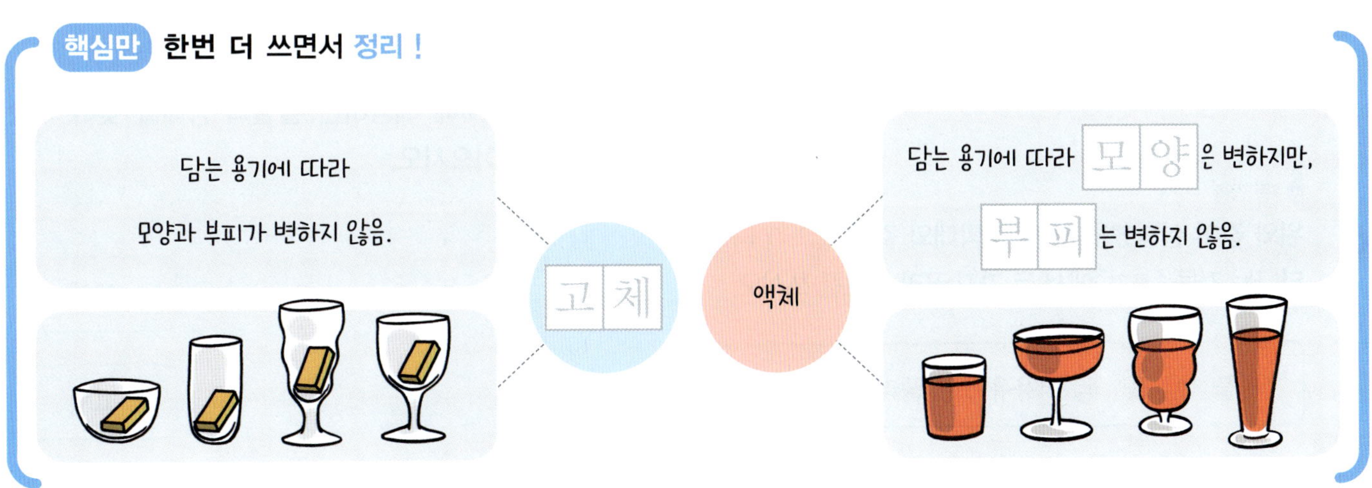

### 핵심 체크

**1** 물체나 물질이 차지하는 공간의 크기를 (　　　)(이)라고 합니다.

**2** ( 고체, 액체 )는 담는 용기의 모양이 달라져도 모양이 변하지 않습니다.

**3** 액체는 여러 가지 모양의 용기에 옮겨 담으면 담는 용기에 따라 ( 모양, 부피 )이/가 변합니다.

**4** 책, 연필, 우유 중에서 식초와 물질의 상태가 같은 것은 무엇입니까?

---

**|5~6|** 오른쪽과 같이 나무 막대를 여러 가지 모양의 투명한 용기에 옮겨 넣었습니다. 물음에 답하시오.

📖 7종 공통

**5** 위 실험에서 나무 막대의 모양과 부피 변화에 대해 옳게 말한 사람의 이름을 쓰시오.

> • 지성: 나무 막대의 모양과 부피가 변해.
> • 채희: 나무 막대의 모양과 부피가 변하지 않아.
> • 유미: 나무 막대의 모양은 변하지만 부피는 변하지 않아.

(　　　　　　　)

📖 7종 공통

**6** 위와 같이 실험했을 때 나무 막대와 같은 결과가 나타나는 것을 (보기)에서 두 가지 골라 기호를 쓰시오.

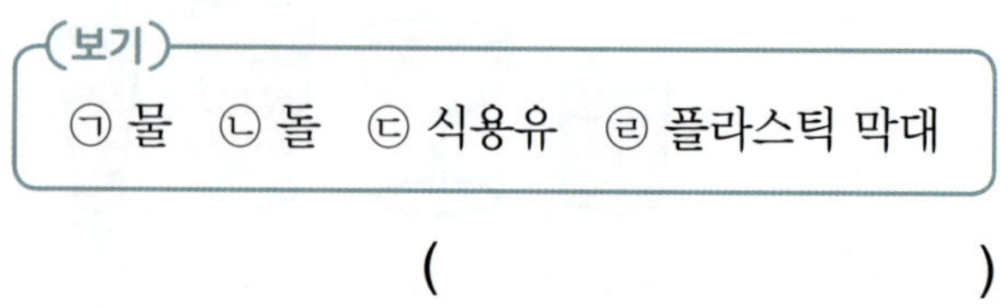

> (보기)
> ㉠ 물　㉡ 돌　㉢ 식용유　㉣ 플라스틱 막대

(　　　　　　　)

**|7~8|** 다음 물체를 보고, 물음에 답하시오.

📖 7종 공통

**7** 위 (가)~(다) 중 담는 용기에 따라 모양이 변하는 것을 골라 기호를 쓰시오.

(　　　　　　　)

📖 7종 공통

**8** 위 (가)~(다)에 해당하는 물질의 상태를 찾아 각각 선으로 이으시오.

(1) (가)　•

(2) (나)　•

(3) (다)　•

　•㉠ 액체

　•㉡ 고체

| 9~11 | 다음 실험 과정을 보고, 물음에 답하시오.

㈎ 투명한 용기에 물을 넣고, 유성펜으로 물의 높이를 표시한다.

㈏ 물을 다른 모양의 용기에 옮겨 담는다.

㈐ 첫 번째 용기에 다시 물을 옮겨 담고 처음 표시했던 물의 높이와 비교한다.

📖 7종 공통

**9** 위 ㈏ 과정에서 관찰한 결과로 옳은 것에 ○표 하시오.

⑴ 물의 색깔이 용기에 따라 변한다. ( )

⑵ 물의 모양이 용기에 따라 변한다. ( )

⑶ 용기가 바뀌어도 물의 모양은 변하지 않는다. ( )

📖 7종 공통

**10** 위 ㈐ 과정의 물의 높이로 옳은 것을 (보기)에서 찾아 기호를 쓰시오.

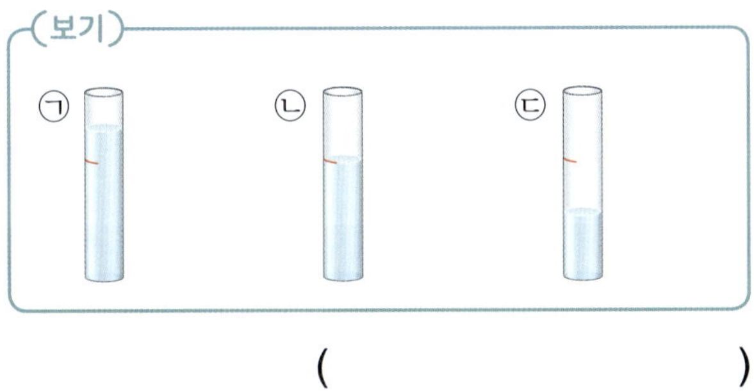


( )

서술형  📖 7종 공통

**11** 위 실험 결과를 통해 알 수 있는 물의 성질은 무엇인지 쓰시오.

_______________________________________

**도움말** 담는 용기에 따라 물의 모양과 부피가 어떻게 되는지 생각해 보세요.

---



**12** 오른쪽 모래시계 안에 담긴 모래에 대한 설명으로 옳은 것은 어느 것입니까? ( )

▲ 모래시계

① 끈적끈적한 액체이다.

② 흐르는 성질이 있는 액체이다.

③ 담는 용기에 따라 모양이 변하는 액체이다.

④ 담는 용기에 따라 부피가 변하는 액체이다.

⑤ 알갱이 하나하나의 모양과 부피는 변하지 않기 때문에 고체이다.

디지털 문해력  📖 7종 공통

**13** 수빈이는 가족들과 해외여행을 가기 위해 짐을 싸려고 인터넷으로 아래와 같이 검색하였습니다. 수빈이가 비행기에 들고 탈 가방에 넣으면 안 되는 것은 어느 것입니까? ( )

비행기 탈 때 들고 타면 안 되는 것 🔍

◉ 기내 반입 금지

1. 액체류: 기내에 들고 탈 수 있는 액체는 용기당 100 mℓ 이하이고, 지퍼 백에 넣어야 함.(화장품, 음료, 젤류 포함)

2. 스포츠/공구류: 골프채, 야구 방망이, 망치 등

3. 뾰족하거나 위험한 물건: 가위, 송곳, 칼 등

① 칫솔      ② 장갑      ③ 곰인형

④ 선글라스      ⑤ 생수 500 mℓ

학습 결과에 색칠하세요.    

## 풍선을 채우고 있는 공기의 모양

| 풍선의 모양 | 공기의 모양 |
|---|---|
| 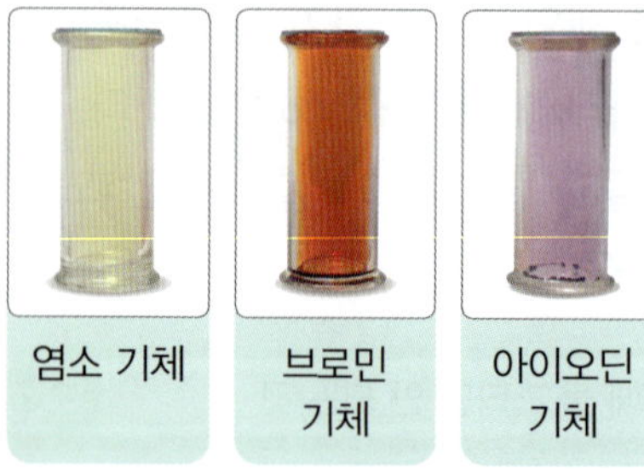 | |

풍선을 채우고 있는 공기의 모양은 풍선의 모양과 같습니다. 둥근 모양의 풍선에 들어 있는 공기는 둥근 모양이고, 하트 모양의 풍선에 들어 있는 공기는 하트 모양입니다.

## 색깔이 있는 기체

| 염소 기체 | 브로민 기체 | 아이오딘 기체 |
|---|---|---|

모든 기체가 공기처럼 눈에 보이지 않는 것은 아닙니다. 염소(황록색), 브로민(갈색), 아이오딘(보라색) 기체처럼 색깔이 있는 기체도 있습니다.

### 용어 사전

★ **바람** 공기의 움직임.

★ **에어 캡** 작은 공기주머니가 올록볼록하게 되어 있는 포장용 비닐.

# 1 우리 주변의 공기

**(1) 공기가 있다는 사실을 알 수 있는 방법**

① 우리 주변에는 눈에 보이지 않는 공기가 있습니다.

②★바람에 돌아가는 바람개비, 바람에 휘날리는 깃발, 바람에 흔들리는 나뭇가지 등 다양한 모습을 통해 공기가 있다는 사실을 알 수 있습니다.

▲ 바람에 돌아가는 바람개비　▲ 바람에 휘날리는 깃발　▲ 바람에 흔들리는 나뭇가지

**(2) 풍선에 공기 주입기로 공기 넣기**

① 풍선 밖에 있던 공기가 풍선 안으로 이동하여 풍선이 부풀어 오릅니다. ➕

② 공기는 눈으로 볼 수 없고 손으로 잡을 수 없지만, 나무 블록과 물처럼 공간을 차지하고 이동하는 성질이 있습니다.

▲ 공기 주입기로 풍선에 공기를 넣는 모습

# 2 기체의 성질

**(1) 기체**

① 공기와 같이 담는 용기에 따라 모양이 변하고, 용기 안의 공간을 항상 가득 채우는 물질의 상태를 기체라고 합니다.

② 기체는 대부분 눈에 보이지 않지만, 고체, 액체와 같이 공간을 차지하고 있으며 이동할 수 있습니다. ➕

**(2) 기체의 성질을 이용한 예**

고무보트에 공기를 넣어 물놀이할 때 사용합니다.

비눗방울에 공기를 불어넣어 비눗방울 놀이를 합니다.

공기 주입기로 자전거 타이어에 공기를 넣습니다.

바람 인형에 공기를 넣어 바람 인형이 계속해서 움직이게 합니다.

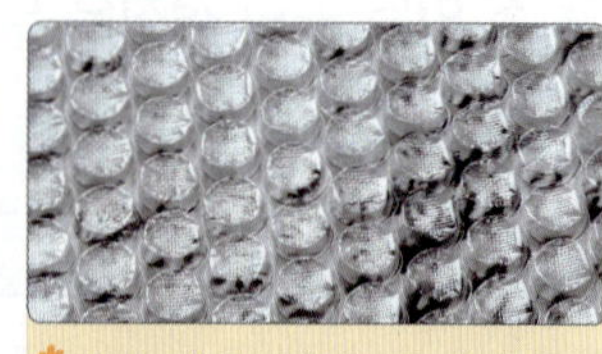

★에어 캡은 안에 공기가 들어 있어 깨지기 쉬운 물건을 보호할 수 있습니다.

응원용 막대 풍선에 공기를 넣어 운동 경기에서 응원할 때 사용합니다.

## 교과서 대표 탐구

### 기체가 공간을 차지하고 있음을 알아보는 실험하기

| 과정 |

❶ 물이 담긴 수조에 유성펜으로 물의 높이를 표시합니다.

❷ 물 위에 탁구공을 띄우고, 아랫부분이 잘린 페트병의 뚜껑을 닫아 똑바로 세워 탁구공을 덮어 봅니다.

❸ 페트병을 수조 바닥까지 천천히 밀어 넣으면서 탁구공의 위치와 수조 안 물의 높이 변화를 관찰합니다.

❹ 페트병의 뚜껑을 천천히 열면서 탁구공의 위치와 수조 안 물의 높이 변화를 관찰합니다.

| 결과 |

| 구분 | 뚜껑을 닫은 페트병을 수조 바닥까지 밀어 넣었을 때 | 페트병의 뚜껑을 열었을 때 |
|---|---|---|
| 모습 |  |  |
| 탁구공의 위치 | 탁구공이 수조 바닥으로 가라앉음. | 탁구공이 물 위로 점점 떠오르면서 처음 위치와 같아짐. |
| 수조 안 물의 높이 | 처음 물의 높이보다 높아짐. | 처음 물의 높이와 같아짐. |
| 까닭 | 페트병 안의 공기가 공간을 차지하고 있으므로 수조의 물을 밀어내어 수조의 물이 페트병 안으로 들어오지 못함. | 페트병의 뚜껑을 열면 페트병 안의 공기가 병 입구를 통해 밖으로 빠져나가고 수조의 물이 페트병 안으로 들어옴. |

### 정리

공기는 공간을 차지하고, 이동하는 성질이 있습니다.

---

**탐구 팩트** 공간을 차지하는 기체의 성질을 알아보는 다른 실험이 있을까?

플라스틱 컵과 압축 물휴지를 이용해서 실험할 수도 있어.

**[실험 방법]**

❶ 물이 담긴 수조에 유성펜으로 물의 높이를 표시합니다.

❷ 바닥에 구멍이 뚫리지 않은 플라스틱 컵과 바닥에 구멍이 뚫린 플라스틱 컵의 안쪽 바닥에 양면테이프로 압축 물휴지를 붙입니다.

❸ 두 플라스틱 컵을 각각 뒤집어 수조의 바닥까지 천천히 누르면서 변화를 관찰합니다.

**[실험 결과]**

- 바닥에 구멍이 뚫리지 않은 플라스틱 컵 안에 공기가 가득 차 있어 컵 안으로 물이 들어가지 않아 압축 물휴지가 젖지 않고, 물의 높이가 높아집니다.
- 바닥에 구멍이 뚫린 플라스틱 컵 안의 공기가 구멍을 통해 밖으로 빠져나가면서 물이 컵 안으로 들어가 압축 물휴지가 젖고, 물의 높이는 거의 변화가 없습니다.

### 용어 사전

★ **압축 물휴지**　물에 젖으면 크기가 커지도록 만든 휴지.

---

**핵심만** 한번 더 쓰면서 정리 !

**기체의 성질**

담는 용기에 따라 모양이 변하고, 용기 안의 공간 을 항상 가득 채우는 물질의 상태

대부분 눈에 보이지 않지만, 공간을 차지하고 있으며 이동 할 수 있음.

**핵심 체크**

**1** 바람에 휘날리는 깃발, 바람에 흔들리는 나뭇가지 등으로 우리 주변에 (　　　)이/가 있다는 것을 느낄 수 있습니다.

**2** 공기 주입기로 풍선에 공기를 넣으면 풍선 속 공기의 모양은 (　　　)의 모양과 같습니다.

**3** 기체는 담는 용기가 달라지면 모양이 ( 변합니다, 변하지 않습니다 ).

**4** 응원용 막대 풍선과 에어 캡은 ( 액체, 기체 )의 성질을 이용한 경우입니다.

---

📖 7종 공통

**5** 다음 설명에 해당하는 물질의 상태는 무엇인지 쓰시오.

> • 담는 용기에 따라 모양이 변한다.
> • 용기 안의 공간을 항상 가득 채운다.

(　　　　　　　　)

📖 7종 공통

**6** 다음 풍선을 채우고 있는 공기의 모양을 빈칸에 그려 넣으시오.

| 풍선의 모양 | 공기의 모양 |
| --- | --- |
| | |

📖 7종 공통

**7** 액체와 기체의 공통점을 옳게 말한 사람의 이름을 쓰시오.

> • 연지: 공간을 차지해.
> • 주리: 눈으로 볼 수 없어.
> • 건우: 용기가 달라져도 모양이 변하지 않아.

(　　　　　　　　)

📖 7종 공통

**8** 기체의 성질로 옳은 것에 ◯표, 옳지 <u>않은</u> 것에 ×표 하시오.

(1) 이동할 수 있다. (　　　)

(2) 일정한 모양이 있다. (　　　)

(3) 고체의 성질과 같다. (　　　)

(4) 대부분 눈에 보이지 않는다. (　　　)

**9**  
다음은 어제 발생한 교통사고에 대한 뉴스 화면의 일부입니다. 밑줄 친 기체의 성질이 의미하는 것은 무엇입니까? (     )



① 공간을 차지하는 성질
② 눈에 보이지 않는 성질
③ 냄새가 나지 않는 성질
④ 부피가 변하지 않는 성질
⑤ 모양이 변하지 않는 성질

**10** 
기체의 성질을 이용한 경우가 아닌 것은 어느 것입니까? (     )

①

▲ 고무보트

②

▲ 풍선

③

▲ 우산

④

▲ 바람 인형

|11~13| 오른쪽과 같이 뚜껑을 닫은 페트병으로 물에 떠 있는 탁구공을 덮어 수조 바닥까지 천천히 밀어 넣는 실험을 하였습니다. 물음에 답하시오.

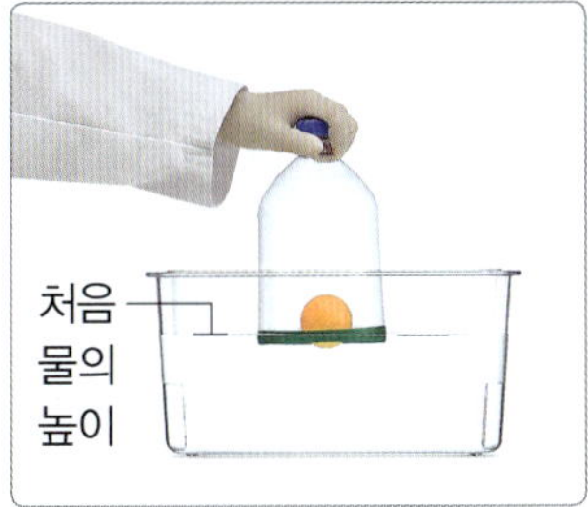


**11** 
위 실험 결과로 옳지 않은 것을 (보기)에서 골라 기호를 쓰시오.

(보기)
㉠ 탁구공이 수조 바닥으로 가라앉는다.
㉡ 수조의 물이 페트병 안으로 들어온다.
㉢ 수조 안 물의 높이가 처음보다 높아진다.

(                    )

**12** 
위 실험에서 페트병을 수조 바닥까지 밀어 넣은 후 페트병의 뚜껑을 천천히 열었을 때 수조 안 물의 높이는 어떻게 변하는지 ○ 안에 >, =, <로 나타내시오.

처음
물의 높이    ○    뚜껑을 열었을 때
물의 높이

**13**  
위 12번 답과 같이 생각한 까닭은 무엇인지 쓰시오.

_______________________________________

도움말 페트병의 뚜껑을 열었을 때 공기가 어떻게 이동하는지 생각해 보세요.

학습 결과에 색칠하세요.   

**1** 다음과 같은 성질이 있는 물질은 어느 것입니까?
(    )

> • 투명하고, 물에 젖지 않는다.
> • 충격에 의해 쉽게 깨질 수 있다.

① 고무  ② 유리  ③ 나무
④ 가죽  ⑤ 플라스틱



**2** 각 물질의 성질에 알맞게 (보기)에서 물질의 이름을 찾아 기호를 쓰시오.

보기
> ㉠ 금속  ㉡ 나무  ㉢ 플라스틱

(1) 고유한 향과 무늬가 있다.  (    )
(2) 대부분 광택이 있고, 다른 물질보다 단단하다.
(    )
(3) 쉽게 다양한 모양과 색깔의 물체를 만들 수 있다.  (    )



**3** 다음 물체를 공통으로 이루는 물질은 무엇인지 쓰시오.

▲ 지우개

▲ 풍선

▲ 타이어

(            )

|4~5| 다음은 우리 주변의 여러 가지 물체입니다. 물음에 답하시오.

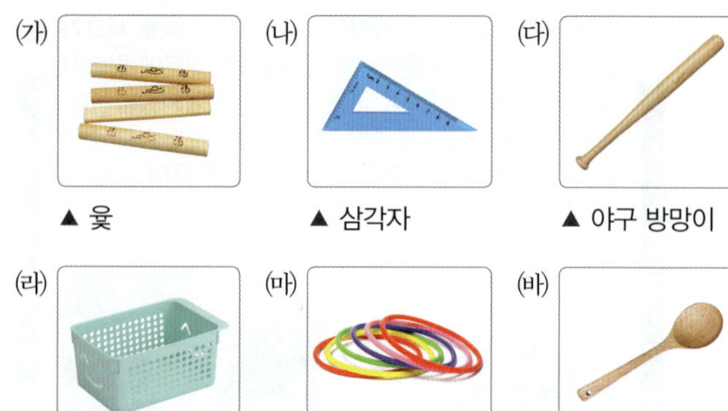


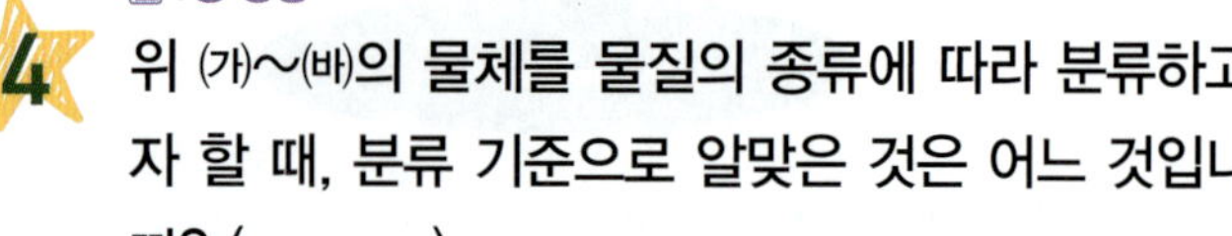




**4** 위 (가)~(바)의 물체를 물질의 종류에 따라 분류하고자 할 때, 분류 기준으로 알맞은 것은 어느 것입니까? (    )

① 유리로 이루어진 물체와 금속으로 이루어진 물체
② 고무로 이루어진 물체와 나무로 이루어진 물체
③ 금속으로 이루어진 물체와 고무로 이루어진 물체
④ 나무로 이루어진 물체와 플라스틱으로 이루어진 물체
⑤ 금속으로 이루어진 물체와 플라스틱으로 이루어진 물체



**5** 위 (가)~(바)의 물체를 **4**번 답과 같은 분류 기준으로 분류하여 쓰시오.

______________________________

______________________________

______________________________

**6** 다음 자전거의 각 부분을 이루는 물질을 옳게 짝 지은 것은 어느 것입니까? (　　　　)

① 페달 – 고무　　　　② 안장 – 나무
③ 몸체 – 금속　　　　④ 손잡이 – 유리
⑤ 타이어 – 플라스틱



**7** 여러 가지 물질로 만든 그릇의 좋은 점을 찾아 선으로 이으시오.

(1) 
▲ 유리그릇
　　•
　　•　㉠ 고유한 향과 무늬가 있다.

(2) 
▲ 금속 그릇
　　•
　　•　㉡ 단단하고 광택이 있다.

(3) 
▲ 나무 그릇
　　•
　　•　㉢ 투명해서 그릇에 든 것을 쉽게 알 수 있다.



**8** 다음은 물질의 세 가지 상태에 대한 설명입니다. ㉠, ㉡, ㉢에 들어갈 알맞은 상태는 무엇인지 각각 쓰시오.

> • (　㉠　) 상태는 눈으로 볼 수 있고, 손으로 잡을 수 있다.
> • (　㉡　) 상태는 눈으로 볼 수 없고, 손으로 잡을 수도 없다.
> • (　㉢　) 상태는 눈으로 볼 수 있지만, 흐르는 성질이 있어 손으로 잡을 수 없다.

㉠ (　　　　　), ㉡ (　　　　　), ㉢ (　　　　　)



**9** 공원에서 볼 수 있는 물체와 물질을 상태에 따라 다음과 같이 분류하였을 때 <u>잘못</u> 분류한 것은 무엇인지 쓰시오.

(　　　　　　　　　)



**10** 위 **9**번 답의 물질의 상태는 무엇인지 바르게 고쳐 쓰시오.

(　　　　　　　　　)

**■ 7종 공통**

**11** 고체에 대한 설명으로 옳은 것을 (보기)에서 두 가지 골라 기호를 쓰시오.

(보기)
- ㉠ 고체는 담는 용기의 모양에 따라 모양이 변한다.
- ㉡ 고체는 담는 용기의 모양에 따라 부피가 변한다.
- ㉢ 고체는 담는 용기의 모양이 바뀌어도 모양이 변하지 않는다.
- ㉣ 고체는 담는 용기의 모양이 바뀌어도 부피가 변하지 않는다.

(        )

**■ 7종 공통**

**12** 우리 주변에서 볼 수 있는 고체의 예가 <u>아닌</u> 것은 어느 것입니까? (     )

① 
▲ 가방

② 
▲ 꿀

③ 
▲ 필통

④ 
▲ 모래

**■ 7종 공통**

**13** 물을 다른 모양의 그릇에 차례대로 옮겨 담으면서 관찰한 결과를 <u>잘못</u> 말한 사람의 이름을 쓰시오.

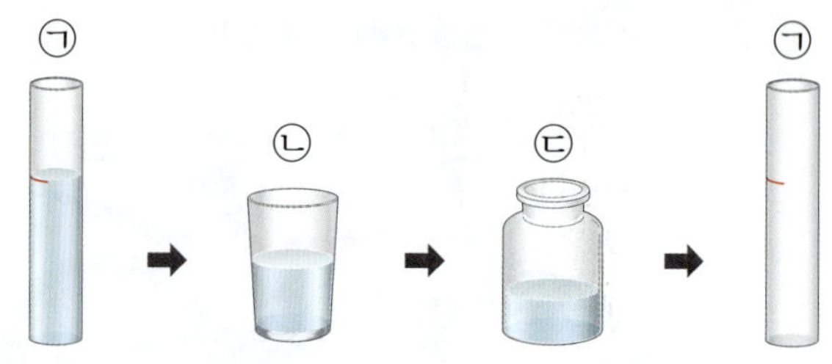


- 재아: ㉡보다 ㉢에서 물의 부피가 더 커.
- 수호: ㉢의 물은 ㉠과 ㉡의 물과 모양이 달라.
- 민규: 처음 ㉠과 마지막에 다시 담은 ㉠의 물의 높이는 같을 거야.

(        )

**■ 7종 공통**

**14** 다음 중 담는 용기에 따라 모양은 변하지만 원래의 부피는 변하지 않는 물질의 상태는 어느 것입니까? (     )

① 물       ② 가위       ③ 공기
④ 우산       ⑤ 지우개

**■ 7종 공통**

**15** 다음 빈칸에 공통으로 들어갈 알맞은 말은 무엇인지 쓰시오.

- 우리 주변에는 눈에 보이지 않지만 (    )이/가 있다.
- 돌아가는 바람개비, 휘날리는 깃발, 흔들리는 나뭇가지 등을 통해 (    )이/가 있다는 것을 알 수 있다.

(        )

| 16~18 | 다음과 같이 바닥에 구멍이 뚫리지 않은 컵과 바닥에 구멍이 뚫린 컵의 안쪽 바닥에 압축 물휴지를 붙였습니다. 물음에 답하시오.

(가)

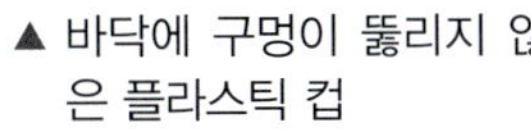
▲ 바닥에 구멍이 뚫리지 않은 플라스틱 컵

(나)
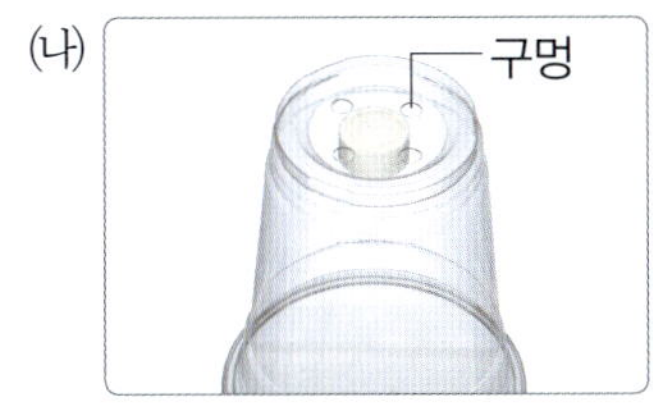
구멍
▲ 바닥에 구멍이 뚫린 플라스틱 컵

동아, 아이스크림

**16** 다음은 위 (가)를 뒤집어 물이 담긴 수조에 천천히 넣었을 때 수조 안 물의 높이 변화를 설명한 것입니다. 빈칸에 들어갈 알맞은 말에 ○표 하시오.

> 바닥에 구멍이 뚫리지 않은 플라스틱 컵을 물 속에 넣으면 컵 안으로 물이 들어오지 않으며, 수조 안 물의 높이가 ( 처음과 같다, 처음보다 낮아진다, 처음보다 높아진다 ).

동아, 아이스크림

**17** 위 (가)와 (나)를 물이 담긴 수조에 천천히 넣었을 때의 결과를 찾아 각각 기호를 쓰시오.

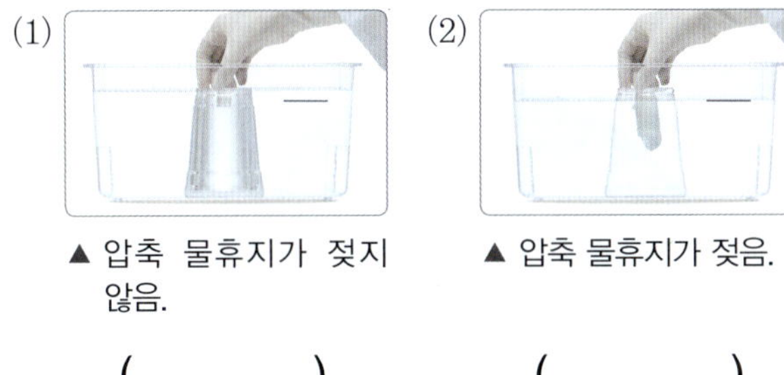

(1) ▲ 압축 물휴지가 젖지 않음.

(2) ▲ 압축 물휴지가 젖음.

(      )     (      )

서술형   동아, 아이스크림

**18** 위 **17**번 답과 같은 결과를 통해 알 수 있는 공기의 성질을 두 가지 쓰시오.

_______________________________

_______________________________

| 19~20 | 다음과 같이 여러 가지 물질로 만들어진 막대의 성질을 비교하는 실험을 하였습니다. 물음에 답하시오.

▲ 나무 막대

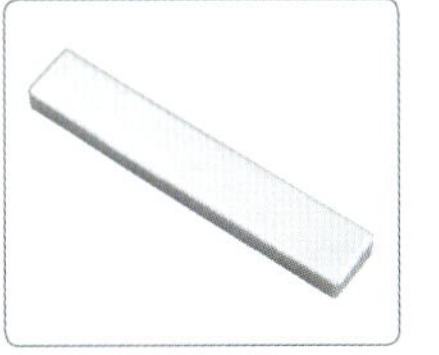
▲ 금속 막대

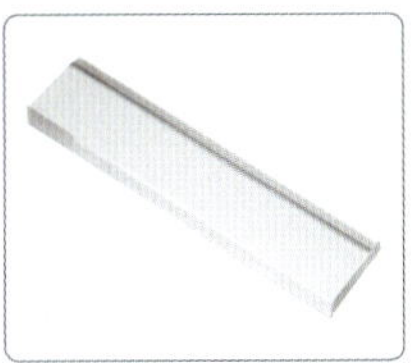
▲ 유리 막대

▲ 고무 막대

▲ 플라스틱 막대

미래엔, 아이스크림, 지학사, 천재(이), 천재(정)

**19** 위 막대의 성질에 대한 설명으로 옳지 <u>않은</u> 것을 〈보기〉에서 골라 기호를 쓰시오.

> ─〈보기〉─
> ㉠ 물이 든 수조에 금속 막대를 넣으면 물에 뜬다.
> ㉡ 고무 막대를 손으로 잡고 구부리면 잘 휘어진다.
> ㉢ 글자 위에 유리 막대를 올려놓으면 글자가 잘 보인다.

(          )

서술형   미래엔, 비상, 지학사, 천재(이), 천재(정)

**20** 위 막대들을 서로 긁었을 때 가장 긁히지 않는 막대는 무엇인지 쓰고, 그 까닭을 물질의 성질과 관련지어 쓰시오.

_______________________________

_______________________________

학습 결과에 색칠하세요.

# 물체와 물질 살펴보기

- 여러 가지 물질의 종류와 성질을 알아봅니다.
- 두 가지 이상의 물질로 이루어진 물체를 알아봅니다.

## | 물질의 종류와 성질 |

**금속**

대부분 광택이 있고, 나무나 플라스틱보다 단단합니다.

**나무**

고유한 향과 무늬가 있고, 대부분 물에 뜨는 성질이 있습니다.

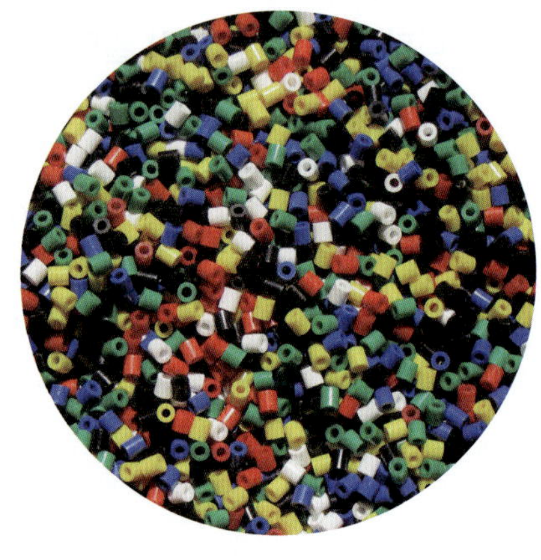

**플라스틱**

쉽게 다양한 모양과 색깔의 물체로 만들 수 있습니다.

**유리**

투명하고 물에 젖지 않지만, 충격에 의해 쉽게 깨질 수 있습니다.

**고무**

쉽게 휘어지고, 물에 젖지 않으며 잘 미끄러지지 않습니다.

## | 두 가지 이상의 물질로 이루어진 물체 |

### 가위

가위의 손잡이는 플라스틱, 가윗날은 금속으로 이루어져 있습니다.

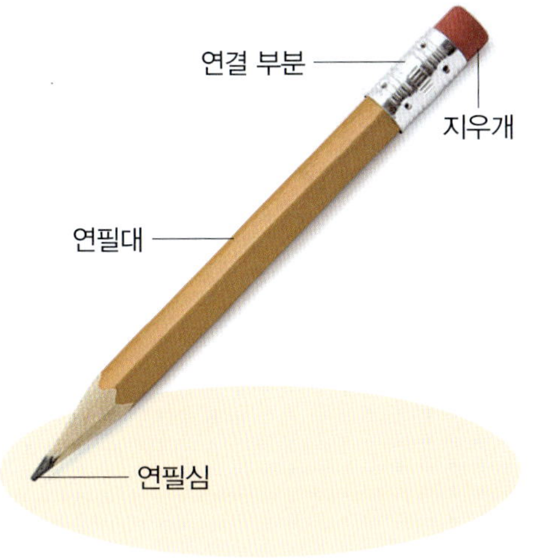



### 연필

연필의 연필심은 흑연, 연필대는 나무, 연결 부분은 금속, 지우개는 고무로 이루어져 있습니다.

### 자전거

자전거의 손잡이와 타이어는 고무, 안장은 가죽, 몸체는 금속, 페달은 플라스틱으로 이루어져 있습니다.

### 소화기

소화기의 손잡이와 몸체는 금속, 호스는 고무, 노즐은 플라스틱으로 이루어져 있습니다.

# 2 지구와 바다

● 이번에 배울 내용

# 대기

지구를 둘러싸고 있는 공기

# 표면

사물의 가장 바깥쪽 또는 위쪽 부분

# 밀물

바닷물이 바다에서 육지 쪽으로 밀려 들어오면서 바닷물의 높이가 높아지는 현상

# 썰물

바닷물이 육지에서 바다 쪽으로 빠져나가면서 바닷물의 높이가 낮아지는 현상

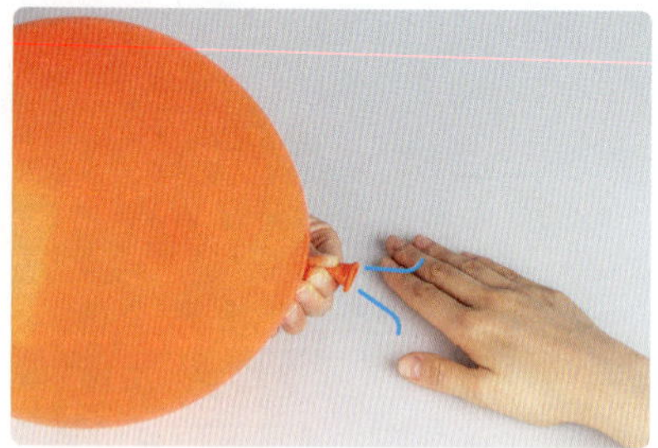

**풍선 속 공기 느껴보기**

손등 가까이에서 부풀린 풍선의 입구를 쥐었던 손을 살짝 놓으면 바람이 느껴집니다.

## 1 우리 주변의 공기

### (1) 공기를 느껴본 경험
① 공기는 눈에 보이지 않고 만질 수 없지만 우리 주변에 있습니다.
② 일상생활에서 숨을 쉴 때, 바람이 불 때 등 다양한 상황에서 공기를 느낄 수 있습니다.

▲ 숨 쉴 때 공기 느끼기

▲ 하늘을 나는*연

▲ 선풍기 바람에 날리는 머리카락

### (2) 주변에 있는 공기 알아보기 ➕

**과정**
❶ 지퍼 백에 공기를 넣은 다음, 입구를 막습니다.
❷ 지퍼 백에 공기를 넣기 전과 넣은 후를 비교하여 관찰합니다.
❸ 지퍼 백의 입구를 조금 열고 누르면서 손을 지퍼 백 입구에 가까이 대었을 때 느낌을 이야기합니다.

**결과**
[지퍼 백에 공기를 넣기 전과 후의 비교]

| 공기를 넣기 전 | 공기를 넣은 후 |
| --- | --- |
| • 지퍼 백이 홀쭉함.<br>• 지퍼 백 안에 아무것도 느껴지지 않음.<br>• 지퍼 백을 접을 수 있음. | • 지퍼 백이 팽팽함.<br>• 손가락으로 눌러 보면 살짝 들어감.<br>• 지퍼 백이 부풀어 접히지 않음.<br>• 지퍼 백 안이 투명함. |

[지퍼 백의 입구를 조금 열고 눌렀을 때 손의 느낌]
• 지퍼 백에 가까이 댄 손에서 바람이 느껴집니다.
• 지퍼 백 입구에서 공기가 빠져나오는 느낌이 듭니다.
➡ 공기는 눈에 보이지 않지만 우리 주변에 있습니다.

## 2 지구의 대기

(1) **지구를 둘러싼 대기**: 우리가 사는 지구는 공기로 둘러싸여 있는데, 이것을 지구의 대기라고 합니다. ➕

(2) **지구에 대기가 있어 나타나는 모습**

① 생물이 숨을 쉴 수 있게 해 주고, 생물이 살기에 알맞은 온도를 유지해 줍니다.

② 구름이 생기고 비나 눈이 오는 등 다양한 기상 현상을 발생시킵니다.

③ 태양에서 오는 해로운 빛을 막아 주기도 합니다.

④ 새나 비행기가 하늘을 날고, 연날리기를 하거나 열기구를 탈 수 있습니다.

⑤ 바람을 이용해*돛단배가*항해하고, *풍력 발전을 합니다.

▲ 생물이 숨을 쉴 수 있음.

▲ 비나 눈이 올 수 있음.

▲ 비행기가 하늘을 날 수 있음.

▲ 열기구가 뜰 수 있음.

▲ 돛단배가 항해할 수 있음.

▲ 풍력 발전을 함.

(3) **지구에 대기가 없으면 일어날 수 있는 일**

① 생물이 숨을 쉴 수 없어 살 수 없을 것입니다.

② 바람이 불지 않아 비행기나 열기구가 날 수 없을 것입니다.

③ 구름이 없고, 비나 눈이 오지 않을 것입니다.

➕ **우주에서 본 지구의 대기**

우주에서 지구를 보았을 때 지구를 둘러싸고 있는 대기가 푸르게 보입니다.



**용어 사전**

★ **돛단배**　바람을 받아 움직이도록 넓은 천을 대에 높게 매단 배.

★ **항해**　배를 타고 바다 위를 다님.

★ **풍력 발전**　바람의 힘으로 발전기를 돌려 전기를 일으키는 방법.

---

**핵심만** 한번 더 쓰면서 정리 !

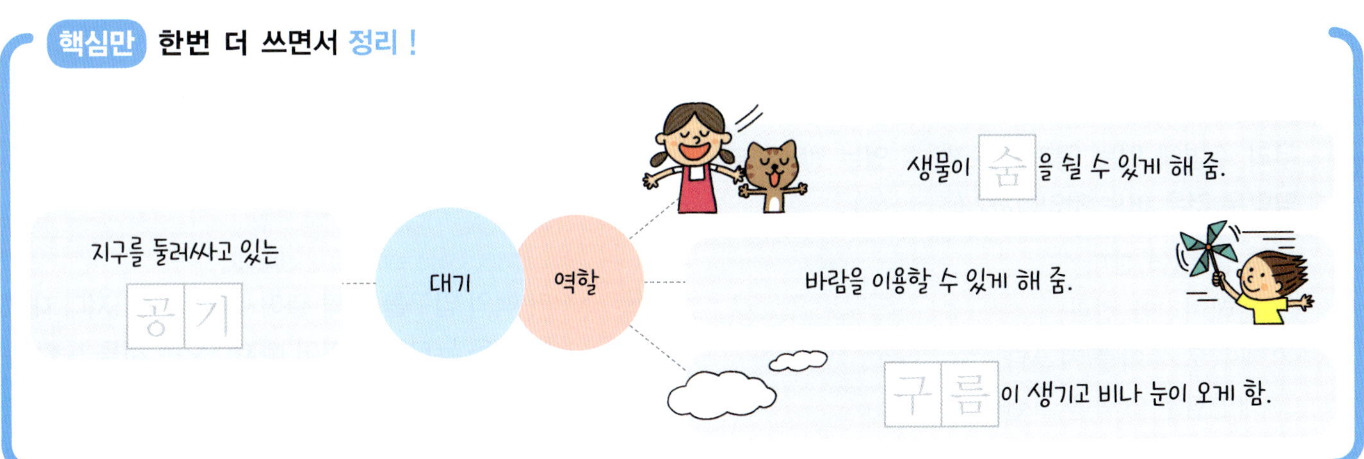

## 핵심 체크

**1** 공기는 우리 눈에 ( 보입니다, 보이지 않습니다 ).

**2** 풍선에서 나오는 (        )(으)로 우리 주변에 공기가 있다는 것을 느낄 수 있습니다.

**3** 지구를 둘러싸고 있는 공기를 지구의 (        )(이)라고 합니다.

**4** 대기는 (        )에서 오는 해로운 빛을 막아 줍니다.

---



**5** 공기가 있다는 것을 알 수 있는 모습으로 옳은 것을 〈보기〉에서 골라 기호를 쓰시오.

〈보기〉
- ㉠ 하늘에 태양이 떠 있다.
- ㉡ 밤하늘에 별이 반짝인다.
- ㉢ 운동장의 태극기가 바람에 펄럭인다.

(                    )



**6** 우리 주변에 있는 공기를 느낄 수 있는 방법으로 알맞은 것은 어느 것입니까? (        )

① 숨을 쉬어 본다.
② 텔레비전을 켠다.
③ 가위로 종이를 자른다.
④ 색연필로 그림을 그린다.
⑤ 지우개로 글자를 지운다.

|7~8| 오른쪽은 공기를 넣은 지퍼 백의 모습입니다. 물음에 답하시오.

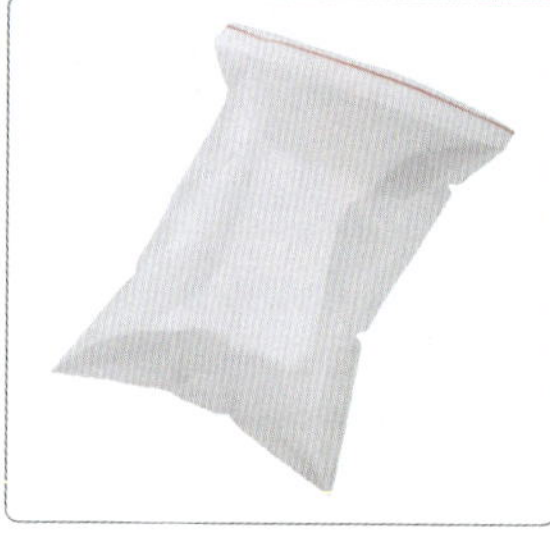



**7** 위 지퍼 백에 대한 설명으로 옳지 <u>않은</u> 것은 어느 것입니까? (        )

① 팽팽하다.
② 부풀어 있다.
③ 접을 수 있다.
④ 안이 투명하다.
⑤ 누르면 살짝 들어간다.



**8** 지퍼 백의 입구를 살짝 열어서 얼굴에 가져다 대고 지퍼 백을 누르면 무엇이 빠져나오는 것을 느낄 수 있는지 쓰시오.

(                    )

**2**
단원
1회

**9** 📖7종 공통

대기의 역할에 대한 설명으로 옳지 <u>않은</u> 것에 ×표 하시오.

⑴ 생물이 숨을 쉴 수 있게 한다. (　　)

⑵ 생물이 살기에 알맞은 온도를 유지해 준다.
(　　)

⑶ 태양에서 오는 해로운 빛이 지구로 들어올 수 있게 한다. (　　)

**10** 디지털 문해력　📖7종 공통

다음 온라인 게시글에 달린 댓글을 보고, 옳지 <u>않은</u> 댓글을 작성한 사람의 이름을 쓰시오.

yurim-2521

대관령에 놀러 갔는데, 엄청나게 큰 선풍기(?)를 발견했어. 이게 뭔지 아는 사람?

　↳ **이진**　이건 풍력 발전기야.

　↳ **희도**　맞아. 전기로 공기를 만드는 장치야.

　↳ **승완**　지구에 대기가 있기 때문에 풍력 발전을 할 수 있는 거야.

(　　　　　)

**11** 서술형　📖7종 공통

우리가 연을 날리거나 새가 하늘을 날 수 있는 까닭은 무엇인지 쓰시오.

▲ 하늘을 나는 연

▲ 하늘을 나는 새

___________________________

___________________________

**도움말** 지구의 특징과 연관지어 생각해 보세요.

**12** 📖7종 공통

지구에 대기가 있어 나타나는 모습으로 옳지 <u>않은</u> 것을 골라 기호를 쓰시오.

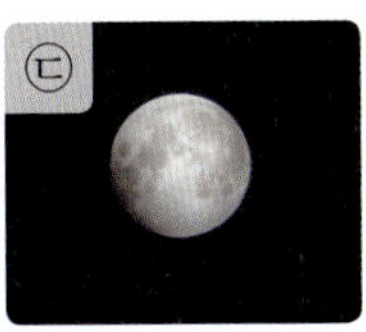

▲ ㉠ 바람개비가 돌 아간다.　▲ ㉡ 비가 온다.　▲ ㉢ 달이 뜬다.

(　　　　　)

**13** 📖7종 공통

지구에 대기가 없다면 어떤 일이 생길지 옳게 예상한 사람의 이름을 쓰시오.

• 은아: 바람이 매우 세게 불 거야.
• 나영: 매일 하얀 구름을 볼 수 있을 거야.
• 정훈: 사람이나 동식물이 살 수 없을 거야.

(　　　　　)

학습 결과에 색칠하세요.　  

## ➕ 우주에서 본 지구 표면의 모습

- 파란색, 초록색, 갈색, 흰색 등 여러 가지 색이 보입니다.
- 파란색을 띠는 곳은 바다, 초록색과 갈색을 띠는 곳은 육지, 흰색을 띠는 곳은 주로 얼음으로 되어 있는 극지방입니다.

## ➕ 갯벌

바닷물이 드나드는 주변의 진흙이나 모래로 이루어진 넓고 평평한 땅입니다.





---

## 1 지구*표면의 다양한 모습

① 지구 표면에서는 다양한 모습과*지형을 볼 수 있습니다. ➕

② 높게 솟은 산, 넓게 펼쳐진 들, 모래가 끝없이 펼쳐진 사막, 커다란 얼음 덩어리인 빙하, 물이 있는 강, 호수, 바다 등이 있습니다. → 갯벌도 있어요. ➕

| 산 | 들 | 계곡 |
|---|---|---|
|  |  |  |
| 주변보다 높이 솟아 있습니다. | *편평한 땅이 넓게 펼쳐져 있습니다. | 산과 산 사이에서 물이 흐릅니다. |

| 강 | 호수 | 빙하 |
|---|---|---|
|  |  |  |
| 땅을 가로질러 물이 흐릅니다. | 많은 물이 땅으로 둘러싸여 고여 있습니다. | 오랜 시간에 걸쳐 쌓인 눈이 굳어서 만들어진 얼음 덩어리입니다. |

└ 빙하 대부분은 남극 대륙과 그린란드에 존재해요.

| 바다 | 사막 | 화산 |
|---|---|---|
|  |  |  |
| 많은 물로 덮여 있고, 파도가 칩니다. | 모래가 많고 모래 언덕이 있습니다. | 화산 활동으로 만들어진 산입니다. |

└ 비가 매우 적게 내려서 건조해요.

## 2 지구의 육지와 바다

### (1) 지구 표면의 구성

① 지구 표면은 크게 육지와 바다로 나눌 수 있습니다.

② 육지는 땅으로 이루어져 있는 부분을 말하고, 바다는 육지를*제외하고 물로 덮여 있는 부분을 말합니다.

| 육지에서 볼 수 있는 모습 | 바다에서 볼 수 있는 모습 |
|---|---|
| 산, 들, 강, 호수, 사막, 빙하 등 | 물로 덮인 모습, 파도가 치는 모습 등 |

## (2) 육지와 바다*면적 비교하기

### 교과서 대표 탐구

실험동영상

**지구의 육지와 바다 면적 비교하기**

| 과정 |

❶ 지구본을 돌려 보면서 육지와 바다 중 어디가 더 넓은지 생각해 봅니다.

❷ 지구본의 육지와 바다에 각각 다른 색깔의 붙임쪽지를 붙여 봅니다. 이때 육지가 넓은 부분에는 육지 붙임쪽지를, 바다가 넓은 부분에는 바다 붙임쪽지를 붙입니다.

❸ 지구본의 육지와 바다에 붙인 붙임쪽지 개수를 비교해 봅니다.

| 결과 |

| 구분 | 육지에 해당하는 부분 | 바다에 해당하는 부분 |
| --- | --- | --- |
| 모습 | | |
| 붙임쪽지(개) | 예 21 | 예 49 |

➡ 육지 붙임쪽지는 21개, 바다 붙임쪽지는 49개로 바다 붙임쪽지 개수가 육지 붙임쪽지 개수보다 많습니다.

### 정리

바다 붙임쪽지 개수가 육지 붙임쪽지 개수보다 더 많기 때문에 육지보다 바다가 더 넓습니다.

## (3) 육지와 바다의 특징

① 지구 표면에서 바다는 육지보다 많은 부분을*차지합니다.

② 지구 표면의 대부분은 바다이고, 육지에는 산, 들, 계곡, 강, 호수, 빙하, 사막, 화산 등 다양한 모습이 있습니다. ➕

③ 육지의 물은 강이나 계곡, 호수, 빙하 등에서 찾을 수 있습니다.

---

**탐구 팩트** 붙임쪽지를 붙일 때 지구본에서 육지와 바다로 구분하는 기준은 무엇일까?

붙임쪽지의 크기를 기준으로 육지가 절반이 넘으면 육지로, 바다가 절반이 넘으면 바다로 구분해.

**2단원 / 2회**

➕ **우리나라에서 볼 수 없는 지구 표면의 모습**

· 비가 적게 내리고 모래가 있는 사막은 우리나라에서 볼 수 없습니다.

· 커다란 얼음덩어리인 빙하는 우리나라에서 볼 수 없습니다.

**용어 사전**

★ **면적** 면이나 바닥의 넓이의 크기.

★ **차지** 사물이나 공간, 지위 등을 자기 몫으로 가짐.

---

### 핵심만 한번 더 쓰면서 정리 !

**핵심 체크**

**1** 지구 표면의 모습 중 호수는 많은 (　　　)이/가 땅으로 둘러싸여 고여 있습니다.

**2** 오랫동안 눈이 쌓여 커다란 얼음덩어리로 변한 지형을 (　　　)(이)라고 합니다.

**3** 바다에서는 (　　　)이/가 치는 모습을 볼 수 있습니다.

**4** 우리나라에서 볼 수 있는 지구 표면의 모습은 ( 갯벌, 빙하 )입니다.

---

📖 7종 공통

**5** 지구의 표면을 크게 둘로 나눌 때 옳은 것은 어느 것입니까? (　　　)

① 산과 들 　　　② 강과 바다
③ 사막과 빙하 　④ 육지와 바다
⑤ 육지와 하늘

📖 7종 공통

**6** 지구 표면의 모습이 <u>아닌</u> 것을 골라 기호를 쓰시오.

ⓐ ▲ 호수　　　ⓑ ▲ 들
ⓒ ▲ 강　　　ⓓ ▲ 구름

(　　　　　　)

📖 7종 공통

**7** 다음은 어떤 지구 표면의 모습에 대한 설명인지 이름을 쓰시오.

> • 비가 적게 내린다.
> • 우리나라에서 보기 어렵다.
> • 모래가 많고, 모래 언덕이 있다.

(　　　　　　)

📖 7종 공통

**8** 다음 지구 표면의 특징을 알맞게 표현한 것을 찾아 선으로 이으시오.

(1) 산　•　　•ⓐ 땅을 가로질러 물이 흐른다.

(2) 강　•　　•ⓑ 주변보다 높이 솟아 있다.

| 9~10 | 다음 지구 표면의 다양한 모습을 보고, 물음에 답하시오.

▲ 바다    ▲ 빙하    ▲ 화산

**디지털 문해력**  천재(이), 천재(정)

**9** 다음은 위 ⑦~㉰ 중 한 가지를 골라 인터넷 국어 사전에 검색한 결과 화면입니다. 검색어로 옳은 것을 골라 기호를 쓰시오.



(                    )

**7종 공통**

**10** 위 ⑦~㉰ 중 지구 표면의 대부분을 차지하고 있는 모습을 골라 기호를 쓰시오.

(                    )

**7종 공통**

**11** 지구 표면의 모습에 대한 설명으로 옳지 <u>않은</u> 것을 두 가지 고르시오. (          )

① 바다는 물로 덮여 있다.
② 육지에서는 물을 찾을 수 없다.
③ 우리나라에서는 빙하를 쉽게 볼 수 있다.
④ 지구 표면에서는 다양한 지형을 볼 수 있다.
⑤ 갯벌은 바닷물이 드나드는 주변에서 볼 수 있다.

| 12~13 | 다음은 지구본에서 바다에 해당하는 부분에는 초록색 붙임쪽지를, 육지에 해당하는 부분에는 붉은색 붙임쪽지를 붙여서 면적을 비교하는 실험입니다. 물음에 답하시오.

바다 부분에 붙인    육지 부분에 붙인
초록색 붙임쪽지    붉은색 붙임쪽지

동아, 아이스크림



**12** 위 실험 결과에 대한 설명으로 옳은 것을 〈보기〉에서 골라 기호를 쓰시오.

〈보기〉
㉠ 붉은색과 초록색 붙임쪽지의 개수가 같다.
㉡ 붉은색 붙임쪽지는 붙일 수 있는 부분이 없다.
㉢ 초록색 붙임쪽지가 붉은색 붙임쪽지보다 더 많이 붙어 있다.

(                    )

**서술형**  동아, 아이스크림

**13** 위 실험을 통해 알 수 있는 사실을 쓰시오.

_______________________________________

_______________________________________

**도움말** 색깔별 붙임쪽지가 의미하는 것이 무엇인지 생각해 보세요.

학습 결과에 색칠하세요.      

➕ **육지의 물과 바닷물을 마시지 않고 구별하는 방법**

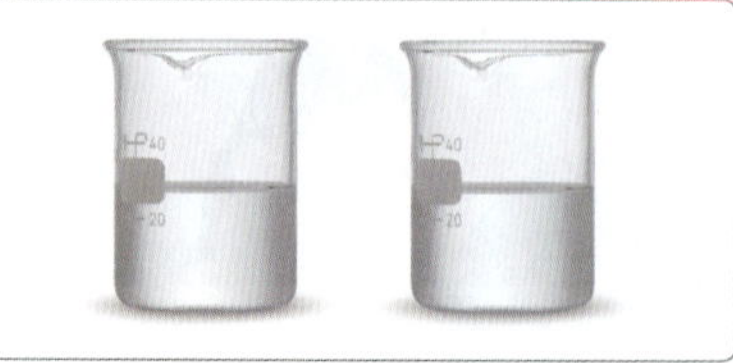

- 물을 끓여 봅니다.
- 냄새를 맡아 봅니다. ┐→ 바닷물에서는 바다 냄새가 조금 나요.
- 햇볕 아래에 오래 두고 지켜봅니다.

**탐구 팩트** 끓임쪽을 넣는 까닭은 무엇일까?

가열하는 실험을 할 때 끓임쪽을 넣으면 액체가 갑자기 끓어오르는 것을 막아주기 때문에 실험 중 화상을 예방할 수 있어.

**용어 사전**

⭐ **가열** 어떤 물질에 열을 가함.

⭐ **증발** 어떤 물질이 액체 상태에서 기체로 변함.

⭐ **끓임쪽** 물이 갑자기 끓어오르지 않도록 넣는 돌이나 유리 조각.

# 1 지구에 있는 물

**(1) 지구의 물 구분하기**

① 지구에 있는 물은 크게 바닷물과 육지의 물로 구분할 수 있습니다.

② 지구의 물은 대부분 바다에 있으며, 육지에도 강, 지하수, 호수, 계곡, 빙하 등에 물이 있습니다.

**(2) 우리가 사용하는 물**

① 몸을 씻거나 물을 마실 때에 사용하는 물은 육지의 물입니다. ➕

② 육지의 물은 빙하와 같이 얼음 상태로 있는 경우가 가장 많아 우리가 사용할 수 있는 육지의 물은 매우 적은 양을 차지합니다.

# 2 육지의 물과 바닷물

**(1) 육지의 물과 바닷물 가열하기**

실험동영상 

**교과서 대표 탐구**

### 육지의 물과 바닷물을 가열하여 남는 물질 탐구하기

| 과정 |

❶ 육지의 물과 바닷물을 각각 *증발 접시에 담고, *끓임쪽을 넣습니다.

❷ 육지의 물과 바닷물이 담긴 증발 접시를 각각 물이 없어질 때까지 가열한 뒤, 증발 접시를 관찰해 봅니다.

❸ 증발 접시에 남은 물질의 특징을 탐구해 봅니다.

| 결과 |

**[물을 가열한 뒤 증발 접시의 모습]**

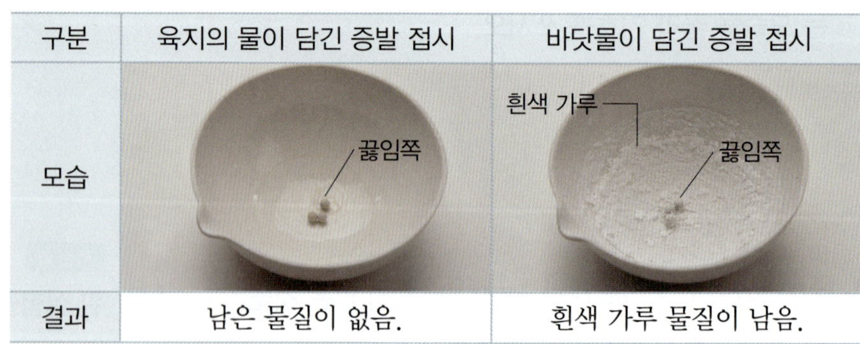


| 구분 | 육지의 물이 담긴 증발 접시 | 바닷물이 담긴 증발 접시 |
|---|---|---|
| 모습 | | |
| 결과 | 남은 물질이 없음. | 흰색 가루 물질이 남음. |

**[증발 접시에 남은 물질의 특징]**

- 흰색 가루이고, 촉감이 거칠거칠하며 아무 냄새가 나지 않습니다.
- 바닷물은 짠맛이 나기 때문에 흰색 가루는 소금일 것입니다.

**정리**

- 가열했을 때 육지의 물과 다르게 바닷물은 남는 물질이 있습니다.
- 바닷물에는 육지의 물과 달리 소금이 녹아 있습니다.

## (2) 육지의 물과 바닷물의 특징

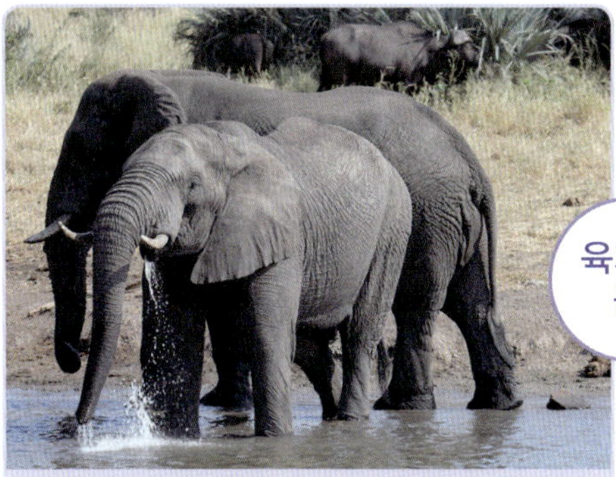

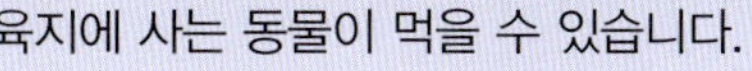


육지에 사는 동물이 먹을 수 있습니다.

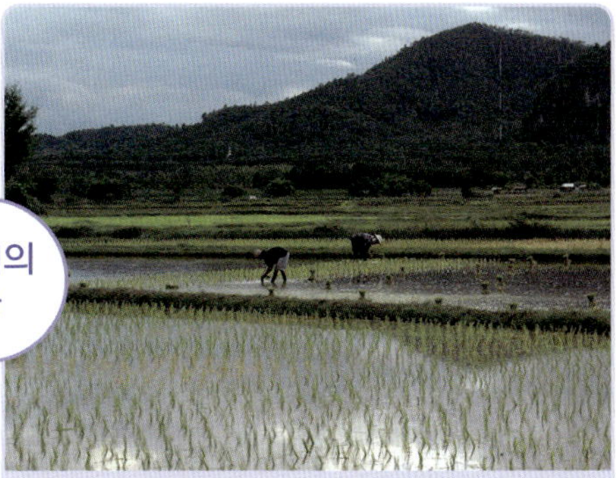

농사를 지을 때 이용합니다.

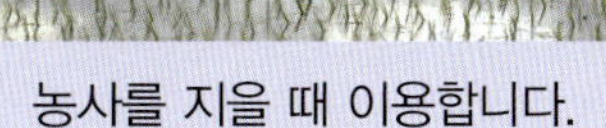

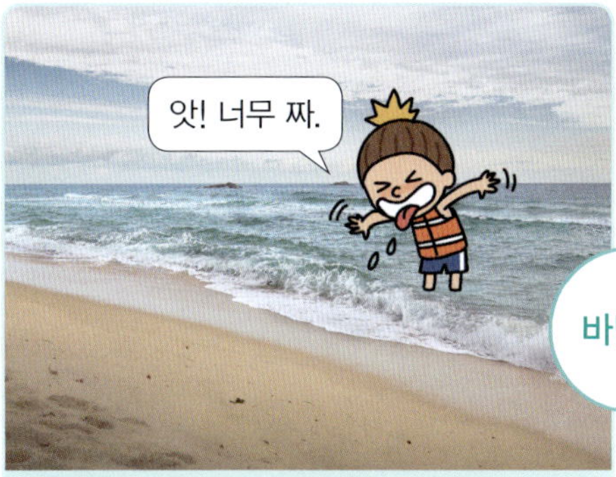

바닷물은 소금을 *포함해 여러 물질이 녹아 있어 사람이 마시기에 적당하지 않습니다. ➕

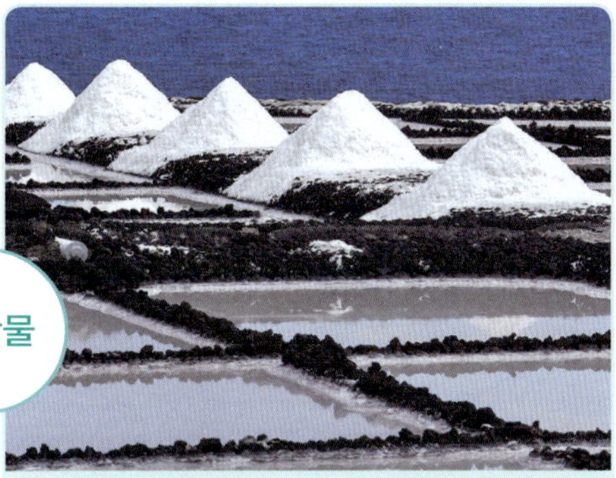

*염전에서 바닷물에 녹아 있는 소금 등을 얻습니다. ➕

## (3) 육지의 물과 바닷물 비교하기

① 육지의 물은 아무 맛이 나지 않고, 바닷물은 짠맛이 납니다.

② 육지의 물은 빙하, 강, 호수 등에 있고, 바닷물은 바다에 있습니다.

③ 바다가 육지보다 더 넓으므로 바닷물이 육지의 물보다 양이 더 많습니다.

④ 가열한 뒤에 육지의 물은 아무것도 남지 않지만, 바닷물은 흰색 가루가 남으며 대부분은 소금입니다.

⑤ 육지의 물은 육지에 사는 동물이 먹을 수 있고, 바닷물은 소금을 포함해 여러 가지 물질이 녹아 있어 사람이 마시기에 적당하지 않습니다.

---

➕ **바닷물에 녹아 있는 물질**

바닷물에는 여러 가지 물질이 녹아 있습니다. 가장 많은 것이 염화 나트륨(소금)이고, 그 외에 염화 마그네슘, 황산 마그네슘 등이 포함되어 있습니다.

➕ **바닷물로 소금을 얻는 방법**

• 바닷물을 모아 햇빛에 말립니다.
• 바닷물을 끓여 소금을 얻습니다.

**2**
단원
3회

**용어 사전**

★ **포함**  일정한 사물이나 범위 속에 함께 들어 있거나 함께 넣음.

★ **염전**  바닷물을 가둔 후 증발시켜 소금을 생산하는 곳.

---

**핵심만** **한번 더 쓰면서** 정리 !

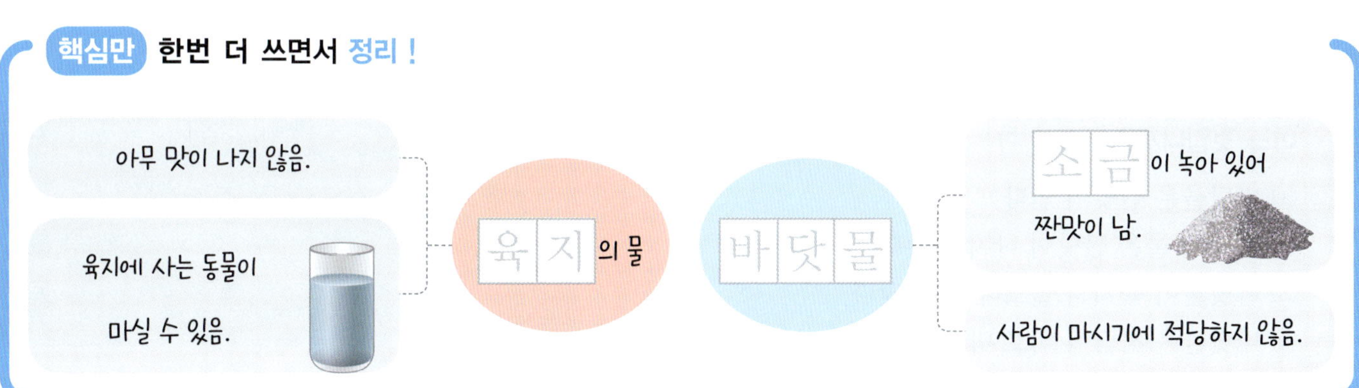

**핵심 체크**

**1** 지구에 있는 물은 크게 (          )와/과 육지의 물로 구분할 수 있습니다.

**2** 바닷물은 육지의 물보다 양이 훨씬 더 ( 많습니다, 적습니다 ).

**3** 액체를 가열하는 실험을 할 때 (          )을/를 넣으면 액체가 갑자기 끓어오르는 것을 막을 수 있습니다.

**4** ( 소금, 설탕 )은 하얀색의 작은 알갱이이며 거칠거칠하고 짠맛이 납니다.

---

📖 7종 공통

**5** 다음은 우리가 사용하는 물에 대한 설명입니다. (          ) 안에 들어갈 알맞은 말은 무엇인지 쓰시오.

> 육지의 물은 (          )와/과 같이 얼음 상태로 있는 경우가 많아 우리가 사용할 수 있는 육지의 물은 매우 적다.

(                    )

📖 7종 공통

**6** 지구에 있는 물에 대한 설명으로 옳지 <u>않은</u> 것은 어느 것입니까? (          )

① 바닷물은 짠맛이 난다.
② 육지의 물은 짠맛이 나지 않는다.
③ 바닷물이 육지의 물보다 훨씬 많다.
④ 바닷물은 사람이 바로 마셔도 된다.
⑤ 강이나 호수는 육지의 물에 해당한다.

📖 7종 공통

**7** 육지의 물에 속하지 <u>않는</u> 것을 (보기)에서 골라 기호를 쓰시오.

> (보기)
> ㉠ 빙하   ㉡ 호수   ㉢ 강   ㉣ 바다

(                    )

📖 7종 공통

**8** 다음은 지구에 있는 물을 나타낸 것입니다. 지구의 물 중 가장 많은 양을 차지하는 물은 어느 것인지 쓰시오.

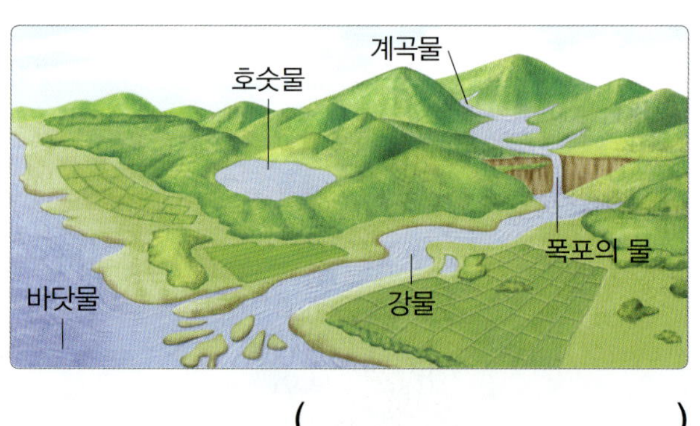


(                    )

**|9~11|** 다음은 증발 접시에 육지의 물과 바닷물을 각각 같은 양을 넣고, 증발 접시 속의 물이 없어질 때까지 가열하여 남는 물질을 비교한 모습입니다. 물음에 답하시오.

(가)

(나)




**9** 위 실험에 대한 설명으로 옳은 것에 ○표, 옳지 않은 것에 ×표 하시오.

(1) 육지의 물이 담긴 증발 접시에만 끓임쪽을 넣는다. ( )

(2) 육지의 물이 담긴 증발 접시에는 남은 물질이 없다. ( )

(3) 바닷물이 담긴 증발 접시를 가열하면 증발 접시 안에 파란색 가루가 남는다. ( )

(4) 바닷물이 담긴 증발 접시를 가열한 뒤 증발 접시 안에 남은 흰색 가루는 소금이다. ( )



**10** (가)와 (나) 중 바닷물에 해당하는 것을 골라 기호를 쓰시오.

( )



**11** 위 실험 결과를 보고 (가)와 (나) 중 사람이 마실 수 없는 물을 골라 기호를 쓰고, 그 까닭을 쓰시오.

_______________________________________

_______________________________________

**도움말** 바닷물에 녹아 있는 물질을 떠올려 보세요.



**12** 다음은 예은이가 해수욕장과 계곡에 다녀온 후 학급 게시판에 올린 글입니다. 해수욕장에 다녀온 날짜는 언제인지 쓰시오.

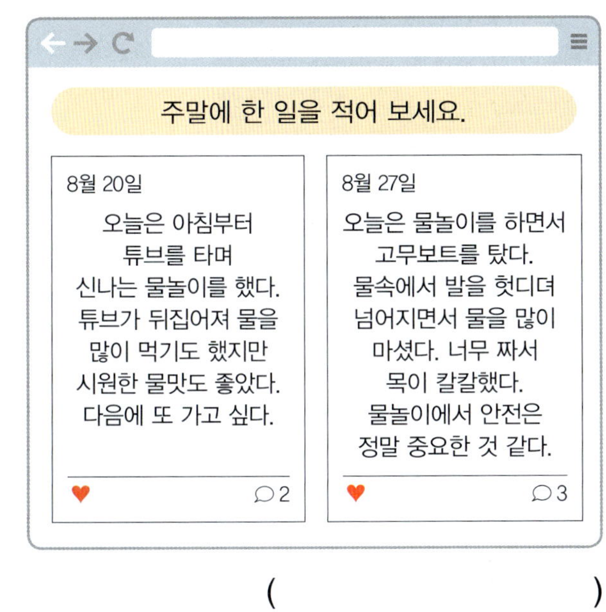


( )



**13** 육지의 물과 바닷물에 대한 설명을 각각 (보기)에서 모두 골라 기호를 쓰시오.

(보기)
㉠ 농사를 지을 때 이용한다.
㉡ 가열하면 흰색 가루가 남는다.
㉢ 육지에 사는 동물들이 먹을 수 있다.
㉣ 소금 등 여러 가지 물질이 녹아 있다.
㉤ 지구의 물에서 가장 많은 양을 차지한다.

(1) 육지의 물: ( )
(2) 바닷물: ( )

**자갈이 쌓인 바닷가 지형**

크고 작은 자갈들이 쌓여 만들어진 바닷가 지형도 있습니다.

**계속 변하는 바닷가 지형**

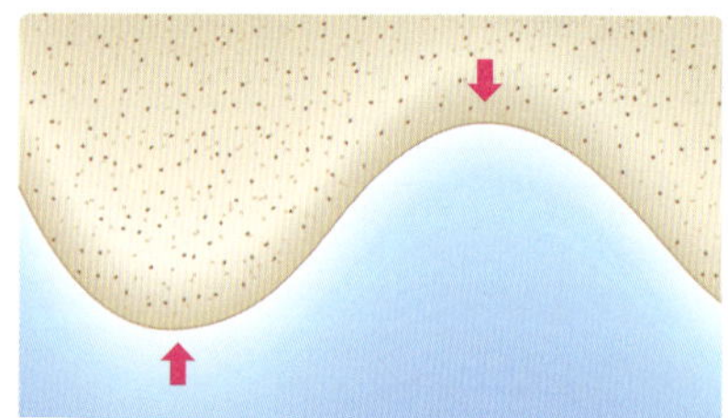

바다 쪽으로 튀어나온 곳은 파도에 의해 계속 깎이고, 육지 쪽으로 들어간 곳은 모래나 흙이 계속 쌓여 바닷가 지형이 오랜 시간에 걸쳐 계속 변합니다.

**용어 사전**

★ **가파른** 산이나 길이 몹시 기울어져 있는.

★ **분리** 서로 나뉘어 떨어지거나 떨어지게 함.

★ **운반** 물건 등을 옮겨 나름.

---

## 1 바닷가 지형

**(1) 바닷가에서 볼 수 있는 지형**

① 바닷가는 바다와 육지가 만나는 곳입니다.

② 바닷가에서는 *가파른 절벽, 동굴, 구멍 뚫린 바위, 기둥 모양 바위, 모래사장, 갯벌 등 다양한 지형을 볼 수 있습니다.

③ 우리나라는 삼면이 바다로 둘러싸여 있어 다양한 바닷가 지형을 찾을 수 있습니다.

**가파른 절벽**

바위와 바다가 만나는 부분에 파도가 계속 쳐서 바위가 깎여 가파른 절벽이 만들어집니다.

**동굴**

절벽의 약한 부분이 파도에 의해 깎여 동굴이 만들어집니다.

**구멍 뚫린 바위**

동굴이 계속해서 파도에 깎이면서 점점 넓어지고 깊어져 구멍이 뚫립니다.

**기둥 모양 바위**

파도에 의해 깎여 육지와 *분리되어 기둥 모양의 바위가 만들어집니다.

**모래사장**

파도가 *운반한 모래가 쌓여 넓은 모래사장이 만들어집니다.

**갯벌**

파도가 운반한 고운 흙과 진흙이 쌓여 넓게 펼쳐져 있는 갯벌이 만들어집니다.

**(2) 바닷가에 다양한 지형이 만들어지는 과정**

① 바닷가의 다양한 지형을 만들어 낸 것은 바람에 의해 생기는 파도입니다.

② 바위가 파도에 깎이면서 절벽이나 동굴이 만들어지고 바위에 구멍이 뚫리기도 합니다.

③ 파도에 의해 모래나 흙이 쌓여 모래사장이나 갯벌이 만들어집니다.

④ 이러한 지형은 아주 오랜 시간에 걸쳐 만들어집니다.

## ② 밀물과 썰물

### (1) 같은 장소의 바닷가 모습 비교하기
① 바닷가는 하루 동안에도 시간이 지나면서 모습이 달라집니다.
② 같은 날, 같은 장소의 바닷가 사진을 비교하면 다른 점을 찾을 수 있습니다.
③ 땅이 보였던 곳이 바닷물이 차올라 바다가 되고, 바닷물에 잠겼던 땅이
　　드러나기도 합니다.

바닷물에 배들이 떠 있습니다.

시간이 지나자 바닷물에 떠 있던 배들이 땅 위에 얹혀 있습니다.

### (2) 밀물과 썰물: 바닷가에서는 하루에 두 번 정도 바닷물이 밀려 들어왔다가 빠져나가면서 바닷물의 높이가 반복적으로 변합니다. ➕
① 밀물: 바닷물이 바다에서 육지 쪽으로 밀려 들어오면서 바닷물의 높이가 높아지는 현상입니다.
② 썰물: 바닷물이 육지에서 바다 쪽으로 빠져나가면서 바닷물의 높이가 낮아지는 현상입니다.

| 밀물일 때 | 썰물일 때 |
| --- | --- |
|  |  |
| • 바닷물이 바다에서 육지 쪽으로 밀려 들어옵니다.<br>• 바닷물의 높이가 높아집니다. | • 바닷물이 육지에서 바다 쪽으로 빠져나갑니다.<br>• 바닷물의 높이가 낮아집니다. ➕ |

➕ **밀물과 썰물일 때 바닷물의 높이 변화**

바닷가에서 바닷물과 육지가 맞닿은 위치가 달라집니다. 밀물일 때는 바닷물이 차올라 바닷물의 높이가 높아졌다가 썰물일 때는 바닷물이 빠져나가면서 바닷물의 높이가 낮아집니다.

➕ **바다갈라짐**

주변보다 ★수심이 얕은 곳의 지형이 썰물로 인해 바닷물의 높이가 낮아지면서 육지와 섬 또는 섬과 섬 사이에 길이 생기는 현상입니다.

**용어 사전**

★ **얹혀 있다**　위에 올려져 놓여 있다.
★ **수심**　강이나 바다, 호수 등의 물의 깊이.



---

**핵심만** 한번 더 쓰면서 정리 !

가파른 절벽, 동굴, 구멍 뚫린 바위, 기둥 모양 바위, 모래사장, 갯벌 등이 있음.

바닷가 지형

밀물과 썰물

밀｜물
바닷물이 바다에서 육지 쪽으로 밀려 들어오면서 바닷물의 높이가 높｜아 지는 현상

썰｜물
바닷물이 육지에서 바다 쪽으로 빠져나가면서 바닷물의 높이가 낮｜아 지는 현상

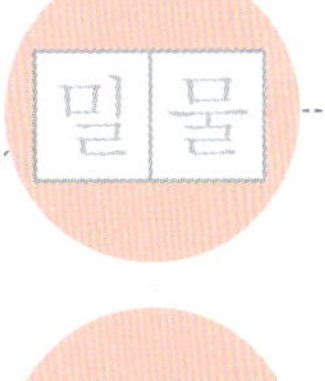

**핵심** 체크

**1** 절벽의 약한 부분이 파도에 깎여 ( 갯벌, 동굴 )이 만들어집니다.

**2** 파도가 운반한 모래가 쌓여 넓은 (        )이/가 만들어집니다.

**3** 땅이 보였던 곳이 ( 밀물, 썰물 )일 때 바다가 되기도 합니다.

**4** 바닷물에 잠겼던 땅이 ( 밀물, 썰물 )일 때 물 밖으로 드러나기도 합니다.

---

📖 7종 공통

**5** 다음 사진의 바닷가 지형의 이름은 무엇인지 쓰시오.

(                    )

📖 7종 공통

**6** 바닷가 지형에 대한 설명으로 옳은 것을 〈보기〉에서 골라 기호를 쓰시오.

〈보기〉
㉠ 바닷가에서는 모래사장만 볼 수 있다.
㉡ 바닷가 지형은 파도에 의해 오랜 시간에 걸쳐 만들어진다.
㉢ 바닷가에서 볼 수 있는 구멍 뚫린 바위는 모래가 쌓여 만들어진다.

(                    )

📖 7종 공통

**7** 바닷가에서 볼 수 있는 지형으로 옳지 <u>않은</u> 것은 어느 것입니까? (         )

①   ② 

③   ④ 

📖 7종 공통

**8** 다음 빈칸에 공통으로 들어갈 알맞은 말은 무엇인지 쓰시오.

바위가 (        )에 깎여 절벽이 만들어지고, (        )이/가 운반한 흙과 진흙이 쌓여 갯벌이 만들어진다.

(                    )

**9** 바닷가 지형의 모습과 그 이름을 선으로 이으시오.

(1) 

(2)

• • ㉠ 절벽

• • ㉡ 갯벌



**10** 다음 공유 플랫폼에 올린 글에 달린 댓글을 보고, 잘못된 내용을 쓴 친구의 이름을 쓰시오.

( )



**11** ㉠과 ㉡ 중 밀물일 때의 모습으로 옳은 것을 골라 기호를 쓰시오.

㉠   ㉡

( )



**12** 밀물과 썰물에 대한 설명으로 옳은 것은 어느 것입니까? ( )

① 바닷물이 차오르는 것을 썰물이라고 한다.
② 밀물일 때는 바닷물이 바다 쪽으로 빠져나간다.
③ 썰물일 때는 바닷가의 육지가 물에 잠기기도 한다.
④ 밀물일 때보다 썰물일 때 바닷물의 높이가 더 높다.
⑤ 바닷가에서는 하루에 두 번 정도 바닷물이 차올랐다가 빠져나간다.



**13** 바다갈라짐 현상이 나타나는 까닭은 무엇인지 (보기)의 용어를 모두 활용하여 쓰시오.

┌(보기)─────────────
│ 썰물, 바닷물의 높이, 길
└────────────────────

_______________________

**도움말** 바다에 잠겨 보이지 않던 길이 보이려면 바닷물의 높이가 어떻게 변해야 하는지 생각해 보세요.

학습 결과에 색칠하세요.   

유네스코(UNESCO)는 우리나라의 서천 갯벌, 고창 갯벌, 신안 갯벌, 보성·순천 갯벌 4개를 세계 자연 유산으로 지정했습니다.

▲ 서천 갯벌

▲ 고창 갯벌

▲ 신안 갯벌

▲ 보성·순천 갯벌

**1 우리나라의 갯벌**

**(1) 갯벌**

① 육지와 바다가 만나는 곳에서 밀물일 때는 바닷물에 잠기고 썰물일 때는 바닷물 밖으로 드러나는 편평한 땅을 갯벌이라고 합니다.

② 우리나라의 갯벌은 *유네스코에서 세계 자연 유산으로 지정할 만큼 세계적으로 그 가치가 뛰어납니다. ➕

**(2) 우리나라 갯벌의 위치**

① 우리나라 갯벌은 밀물 때와 썰물 때에 바닷물의 높이 차가 큰 서해안과 남해안에서 주로 볼 수 있습니다. └ 특히 서해안에 우리나라 갯벌의 약 83 %가 집중되어 있어요.

② 동해안은 밀물 때와 썰물 때에 바닷물의 높이 차가 서해안, 남해안보다 작아 갯벌을 찾아보기 어렵습니다.

**용어 사전**

★ **유네스코(UNESCO)** 국제 연합 전문 기구의 하나로, 교육, 과학, 문화 부문의 국제 협력을 이루어 세계 평화에 기여하는 것을 목적으로 함.

★ **염생식물** 소금기가 많은 땅에서 자라는 식물.

## 2 갯벌의 가치 ⊕

### (1) 갯벌의 역할
① 태풍이나 홍수의 피해를 줄여 줍니다.
② 조개, 게 등 다양한 생물이 살아갈 수 있는 터전이 됩니다.
③ 육지에서 온 온갖 찌꺼기를 걸러 내어 바다를 깨끗하게 만듭니다.
④ 교육이나 체험 활동이 이루어지는*생태 체험 관광지의 역할을 합니다.
⑤ *철새나 물고기들이 알을 낳고 새끼를 기르기에 좋은 환경을 제공해 줍니다.
⑥ 게나 지렁이는 갯벌에 굴을 파고 흙을 뒤집어 신선한 공기가 드나들게 하여 갯벌이 썩지 않게 합니다.

### (2) 갯벌에 사는 생물
갯벌에는 게, 조개, 갯지렁이, 짱뚱어, 철새 등의 다양한 동물과 나문재, 퉁퉁마디, 칠면초, 해국 등의 다양한 식물이 삽니다.

게

조개

갯지렁이

짱뚱어

저어새

도요새

검은머리물떼새

나문재

퉁퉁마디

---

⊕ **갯벌을 보전해야 하는 까닭**
• 다양한 생물들의 보금자리가 되어 줍니다.
• 갯벌에 사는 생물은 땅의 오염 물질을 분해해 줍니다.
• 갯벌은 거센 파도를 막아 주고 자연재해를 예방합니다.

⊕ **갯벌을 지키기 위한 노력**

▲ 기름을 제거하는 자원봉사자

• 갯벌 보전 문제에 관심을 가집니다.
• 갯벌 보전 캠페인 등에 참여합니다.
• 갯벌에 쓰레기를 함부로 버리지 않습니다.
• 갯벌 체험을 할 때 생물을 함부로 잡지 않습니다.

**2 단원 / 5회**

**용어 사전**

★ **생태**　생물이 살아가는 모양이나 상태.
★ **철새**　계절에 따라 서식지를 이동하는 새.

---

**핵심만** **한번 더 쓰면서** 정리 !

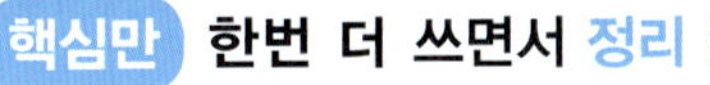

썰 물 일 때
바닷물 밖으로 드러나는 편평한 땅

갯벌　가치

다양한 생물이 살아가는 터전이 되어 줌.

갯벌의 생물들이 땅의 오염 물질을 분 해 해 줌.

태풍이나 홍수의 피해를 줄여 줌.

**핵심 체크**

**1** 우리나라의 갯벌은 (　　　)에서 세계 자연 유산으로 지정할 만큼 가치가 뛰어납니다.

**2** 우리나라 갯벌의 약 83 %가 ( 동해안, 서해안, 남해안 )에 집중되어 있습니다.

**3** 갯벌에는 나문재, 칠면초 등의 다양한 ( 동물, 식물 )이 삽니다.

**4** 갯벌은 먼 거리를 이동하는 ( 철새, 참새 )가 쉬거나 먹이를 얻을 수 있는 보금자리입니다.

---

📖 7종 공통

**5** 다음 (　　　) 안에 들어갈 알맞은 말은 무엇인지 쓰시오.

> (　　　)은/는 육지와 바다가 만나는 곳에서 밀물일 때는 바닷물에 잠기고 썰물일 때는 바닷물 밖으로 드러나는 편평한 땅이다.

(　　　　　　　　　)

📖 7종 공통

**6** 갯벌에 대한 설명으로 알맞은 것끼리 선으로 이으시오.

(1) 우리나라의 갯벌　·　·㉠　서천 갯벌, 신안 갯벌

(2) 갯벌의 역할　·　·㉡　짱뚱어, 조개, 나문재

(3) 갯벌에 사는 생물　·　·㉢　다양한 생물의 터전

📖 7종 공통

**7** 우리나라 갯벌은 어느 지역에 많이 위치하는지 (보기)에서 두 가지 골라 기호를 쓰시오.

> (보기)
> ㉠ 동해안　　㉡ 서해안　　㉢ 남해안

(　　　　　　　　　)

📖 7종 공통

**8** 갯벌이 소중한 까닭으로 옳은 것을 (보기)에서 두 가지 골라 기호를 쓰시오.

> (보기)
> ㉠ 갯벌은 바다를 오염시킨다.
> ㉡ 갯벌은 홍수의 피해를 줄여 준다.
> ㉢ 갯벌에는 다양한 생물이 살고 있다.
> ㉣ 갯벌에 사는 생물은 땅을 썩게 한다.

(　　　　　　　　　)

---

디지털 문해력　📖 7종 공통

**9** 다음은 갯벌 체험에 대한 블로그 글입니다. 다음 글을 읽고 알 수 있는 내용으로 옳은 것은 어느 것입니까? (　　　)

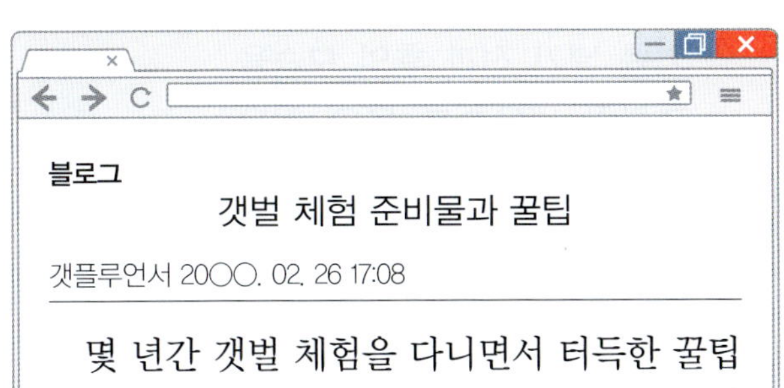


① 밀물일 때에 갯벌 체험을 즐길 수 있다.
② 갯벌에 갈 때 구명조끼는 챙겨가지 않는다.
③ 동해안이 서해안보다 바닷물 높이 차가 크다.
④ 우리나라 갯벌은 서해안과 동해안에서 주로 볼 수 있다.
⑤ 밀물과 썰물 때의 바닷물 높이 차가 작으면 갯벌을 찾기 어렵다.

📖 7종 공통

**10** 갯벌의 역할에 대해 옳게 말한 사람의 이름을 쓰시오.

> • 우영: 갯벌은 철새들의 보금자리야.
> • 다은: 갯벌은 생물이 살 수 없는 환경이야.
> • 종택: 갯벌로 인해 자연재해가 많이 발생해.

(　　　　　　　)

📖 7종 공통

**11** 갯벌을 지키기 위한 노력으로 옳은 것에 ○표, 옳지 <u>않은</u> 것에 ×표 하시오.

⑴ 갯벌 보전 문제에 관심을 가진다. (　　　)
⑵ 갯벌에 쓰레기를 아무데나 버린다. (　　　)
⑶ 갯벌의 생물을 최대한 많이 잡는다. (　　　)

서술형　📖 7종 공통

**12** 갯벌을 보전해야 하는 까닭을 갯벌의 가치와 관련지어 한 가지 쓰시오.

_______________________________________

_______________________________________

도움말　갯벌의 역할을 떠올리며 갯벌의 가치를 생각해 보세요.

📖 7종 공통

**13** 갯벌에서 볼 수 있는 생물이 <u>아닌</u> 것을 골라 기호를 쓰시오.

ⓐ  
▲ 저어새

ⓑ 
▲ 게

ⓒ 
▲ 퉁퉁마디

ⓓ   
▲ 야자나무

(　　　　　　　)

학습 결과에 색칠하세요.

## 2. 지구와 바다

■ 7종 공통

**1** 다음 (    ) 안에 들어갈 알맞은 말을 각각 쓰시오.

> 눈에 보이지 않지만 (   ㉠   )은/는 우리 주변에 있고 지구를 둘러싼 (   ㉠   )을/를 (   ㉡   )(이)라고 한다.

㉠ (                    ), ㉡ (                    )

■ 7종 공통

**2** 우리 주변에서 공기를 느낄 수 있는 예가 <u>아닌</u> 것을 골라 기호를 쓰시오.

㉠ 
▲ 돛단배가 항해한다.

㉡ 
▲ 열기구가 뜬다.

㉢ 
▲ 숨을 쉴 수 있다.

㉣ 
▲ 그림자가 생긴다.

(                    )

서술형 ■ 7종 공통

**3** 지구에 대기가 없으면 일어날 수 있는 일을 한 가지 쓰시오.

_______________________________

_______________________________

_______________________________

_______________________________

동아, 미래엔, 아이스크림, 지학사, 천재(이)

**4** 지퍼 백에 공기를 담아 입구를 닫았습니다. 지퍼 백에 공기를 넣기 전과 후의 모습을 관찰한 내용으로 옳은 것을 〈보기〉에서 골라 기호를 쓰시오.

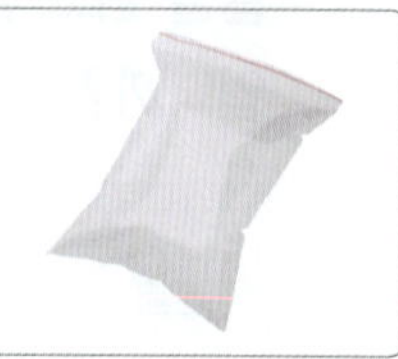

〈보기〉
> ㉠ 지퍼 백 안의 공기는 색깔이 있다.
> ㉡ 공기를 넣은 후의 지퍼 백은 접을 수 있다.
> ㉢ 공기를 넣기 전의 지퍼 백이 공기를 넣은 후의 지퍼 백보다 홀쭉하다.
> ㉣ 공기를 넣기 전의 지퍼 백을 손가락으로 누르면 조금 들어가고 말랑말랑하다.

(                    )

■ 7종 공통

**5** (    ) 안에 들어갈 알맞은 말을 〈보기〉에서 골라 쓰시오.

〈보기〉
> 지형    지구    섬    바다

> 지구 표면은 크게 산, 들, 강과 같은 육지와 (        )(으)로 나눌 수 있다.

(                    )

**|6~7|** 다음 (보기)는 다양한 지구 표면의 모습입니다. 물음에 답하시오.

(보기)

산, 들, 강, 호수, 빙하, 계곡

**7종 공통**

**6** 다음과 같이 많은 양의 물이 땅으로 둘러싸여 고여 있는 모습은 지구 표면 중 무엇을 나타낸 것인지 (보기)에서 알맞은 말을 골라 쓰시오.

(                              )

**7종 공통**

**7** 다음에서 설명하는 지구 표면의 모습은 무엇인지 (보기)에서 알맞은 말을 각각 골라 쓰시오.

(1) 땅이 넓게 펼쳐져 있다.　　　(                    )
(2) 얼음과 눈이 쌓여 있다.　　　(                    )
(3) 주변보다 높이 솟아 있다.　　(                    )

**7종 공통**

**8** 세계 지도를 같은 크기의 칸으로 나누어 육지 칸의 수와 바다 칸의 수를 세어 본 결과가 표와 같을 때 알 수 있는 사실로 옳은 것은 어느 것입니까?
(                )

| 구분 | 육지 | 바다 |
| --- | --- | --- |
| 칸의 수 | 14 | 36 |

① 육지가 바다보다 조금 더 넓다.
② 지도의 전체 칸 수를 알 수는 없다.
③ 육지 칸의 수는 바다 칸의 수와 같다.
④ 육지와 바다의 깊이를 비교할 수 있다.
⑤ 바다 칸의 수가 육지 칸의 수보다 더 많다.

**7종 공통**

**9** 다음 사진 중 육지의 물에 속하지 <u>않는</u> 것은 어느 것입니까? (              )

① 
▲ 계곡물

② 
▲ 바닷물

③ 
▲ 빙하

④ 
▲ 강물

**2**
**단원**
**6회**

**7종 공통**

**10** 육지의 물과 바닷물에 대해 옳게 설명한 사람의 이름을 쓰시오.

• 희수: 육지의 물은 바닷물보다 짜.
• 재민: 바닷물은 아무 맛도 나지 않아.
• 지선: 바닷물은 육지의 물보다 양이 적어.
• 인애: 우리가 마시는 물은 육지의 물이야.
• 형빈: 육지의 물에는 소금을 포함해 여러 가지 물질이 많이 녹아 있어.

(                              )

**▐ 7종 공통**

**11** 바닷가 주변의 지형과 그 특징을 선으로 이으시오.

(1)    •

•㉠ 바위가 깎여 안으로 패어 들어가 있다.

(2)    •

•㉡ 모래가 넓게 펼쳐져 있다.

(3)    •

•㉢ 고운 흙과 진흙이 쌓여 있다.

**▐ 7종 공통**

**12** 다음 사진 속 바닷가 지형은 무엇인지 쓰시오.

(                              )

**▐ 7종 공통**

**13** 밀물과 썰물에 관한 설명입니다. (      ) 안에 들어갈 알맞은 말에 각각 ○표 하시오.

- 밀물 때는 바닷물이 육지 쪽으로 밀려 들어와 바닷물의 높이가 ㉠( 높아진다, 낮아진다 ).
- 썰물 때는 바닷물이 바다 쪽으로 빠져나가 바닷물의 높이가 ㉡( 높아진다, 낮아진다 ).

**▐ 7종 공통**

**14** 다음은 한 바닷가의 사진입니다. ㉠, ㉡에 대한 설명으로 옳지 <u>않은</u> 것은 어느 것입니까? (        )

㉠    ㉡ 

① ㉠, ㉡은 같은 장소의 바닷가이다.
② ㉠은 밀물일 때의 모습이다.
③ ㉠은 바닷물의 높이가 높아진 모습이다.
④ ㉡은 바닷물의 높이가 낮아진 모습이다.
⑤ ㉡은 바닷물이 육지 쪽으로 밀려 들어온 모습이다.

**▐ 7종 공통**

**15** 갯벌에 대한 설명으로 옳은 것에 ○표, 옳지 <u>않은</u> 것에 ×표 하시오.

(1) 육지와 바다가 만나는 곳이다.  (        )
(2) 주로 큰 자갈로 이루어져 있다.  (        )
(3) 바닷가에서 볼 수 있는 지형이다.  (        )
(4) 밀물일 때는 바닷물에 잠기고 썰물일 때는 바닷물 밖으로 드러난다.  (        )

**서술형** **▐ 7종 공통**

**16** 우리나라 갯벌은 서해안과 남해안에 많이 있는 까닭은 무엇인지 쓰시오.

_______________________________

_______________________________

_______________________________

7종 공통

**17** 갯벌의 역할을 설명한 것으로 옳지 <u>않은</u> 것은 어느 것입니까? (　　　)

① 거센 파도를 막아 준다.

② 다양한 생물이 살고 있다.

③ 홍수나 태풍의 피해를 줄여 준다.

④ 철새가 휴식하는 장소를 제공한다.

⑤ 육지의 오염 물질이 바다로 흘러 들어가게 한다.

7종 공통

**18** 다음 갯벌에 사는 생물의 모습을 보고, 생물의 이름으로 옳은 것을 (보기)에서 각각 골라 쓰시오.

(보기)
> 게, 갯지렁이, 나문재, 도요새, 짱뚱어

(1) 
(　　　　　)

(2) 
(　　　　　)

(3) 
(　　　　　)

(4) 
(　　　　　)

| 19~20 | 다음은 육지의 물과 바닷물을 증발 접시에 같은 양만큼 넣고 가열한 뒤 증발 접시 안의 물이 모두 없어진 모습입니다. 물음에 답하시오.

(가) 

(나) 

7종 공통

**19** 위 실험에 대한 설명으로 옳지 <u>않은</u> 것을 (보기)에서 골라 기호를 쓰시오.

(보기)
> ㉠ 육지의 물이 담긴 증발 접시를 가열하면 아무것도 남지 않는다.
> ㉡ 바닷물이 담긴 증발 접시를 가열하면 흰색 가루 물질이 남는다.
> ㉢ (나)에서 남아 있는 흰색 가루 물질은 설탕이다.

(　　　　　　　　　　　)

서술형　7종 공통

**20** 위 실험 결과를 통해 알 수 있는 바닷물의 특징을 육지의 물과 비교하여 쓰시오.

_______________________________

_______________________________

_______________________________

_______________________________

학습 결과에 색칠하세요.　  

# 지구의 표면 살펴보기

○ 지구 표면의 다양한 모습을 알아봅니다.

## | 지구 표면의 다양한 모습 |

**산**

주변보다 높이 솟아 있습니다.

**들**

편평한 땅이 넓게 펼쳐져 있습니다.

**강**

땅을 가로질러 물이 흐릅니다.

**빙하**

오랜 시간에 걸쳐 쌓인 눈이 굳어서 만들어진 얼음덩어리입니다.

**바다**

많은 물로 덮여 있고, 파도가 칩니다.

**사막**

모래가 많고, 모래 언덕이 있습니다.

# 바닷가의 다양한 지형

## 가파른 절벽

바위와 바다가 만나는 부분에 파도가 계속 쳐서 바위가 깎여 가파른 절벽이 만들어집니다.

## 동굴

절벽의 약한 부분이 파도에 의해 깎여 동굴이 만들어집니다.

## 구멍 뚫린 바위

동굴이 계속해서 파도에 깎이면서 점점 넓어지고 깊어져 구멍이 뚫립니다.

## 기둥 모양 바위

파도에 깎여 육지와 분리되어 기둥 모양의 바위가 만들어집니다.

## 모래사장

파도가 운반한 모래가 쌓여 모래사장이 만들어집니다.

## 갯벌

파도가 운반한 고운 흙과 진흙이 쌓여 넓게 펼쳐진 갯벌이 만들어집니다.

# 3 소리의 성질

# 소리

물체의 떨림이 고막을 울려 귀에 들리는 것

# 전달

자극, 신호, 동력 등을 다른 기관이나 부분에 전하는 것

# 악기

음악을 연주하는 데 쓰이는 기구를 통틀어 이르는 말. 연주 방법에 따라 건반 악기, 타악기, 현악기, 관악기로 나누어짐.

# 소음

사람의 기분을 좋지 않게 하거나 건강을 해칠 수 있는 시끄러운 소리

## 다양한 악기의 소리 내는 방법

- 줄을 퉁겨 소리를 내는 악기: 기타, 가야금, 하프, 우쿨렐레, 거문고 등

▲ 기타

▲ 가야금

- 두드려서 소리를 내는 악기: 꽹과리, 캐스터네츠, 심벌즈, 북, 글로켄슈필, 트라이앵글 등

▲ 꽹과리

▲ 캐스터네츠

- 입으로 불어서 소리를 내는 악기: 리코더, 팬 플루트, 단소, 트럼펫, 대금 등

▲ 리코더

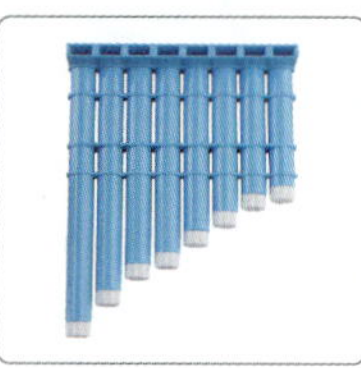
▲ 팬 플루트

---

### 1 여러 가지 물체로 소리 내 보기

(1) **소리를 내는 방법**: 문지르기, 두드리기, *퉁기기, 불기, 구기기, 찌그러뜨리기, 때리기, 흔들기, 긁기 등이 있습니다. ➕

(2) **여러 가지 물체를 이용하여 소리 내기**

① 같은 물체라도 여러 가지 방법으로 다양한 소리를 낼 수 있습니다.

② 소리를 내는 방법이 같더라도 물체의 종류에 따라 소리가 달라집니다.

| 물체 | 소리 내는 방법 | 물체 | 소리 내는 방법 |
|---|---|---|---|
| 종이 | • 구기기<br>• 흔들기 | 자 | • 퉁기기<br>• 자로 책상 두드리기 |
| 비닐봉지 | • 구겼다가 펴기<br>• 비비기 | 페트병 | • 입으로 불기<br>• 연필로 페트병 두드리기<br>• 자로 페트병 긁기 |
| 고무줄 | 길게 잡아당겨 손가락으로 퉁기기 | 풍선 | • 문지르기<br>• 풍선으로 책상 두드리기 |

### 2 소리가 나는 물체의 특징

(1) **소리가 나는 물체의 공통점**

① 기타의 줄을 퉁기면 줄이 떨리면서 소리가 납니다.

② 소리가 나는 트라이앵글이나 스피커에 손을 대면 떨림이 느껴집니다.

➡ **소리가 나는 물체는 떨림이 있습니다.** → 물체가 떨리면 소리가 나고, 반대로 물체의 떨림이 없으면 물체에서 소리가 나지 않아요.

기타의 줄을 퉁기면 줄이 떨리면서 소리가 납니다.

벌이 날갯짓하면 날개가 떨리면서 소리가 납니다.

북을 치면 *북면이 떨리면서 소리가 납니다.

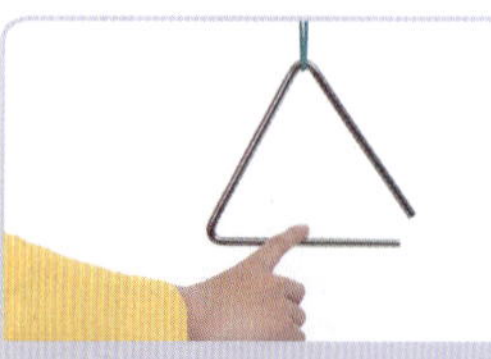
소리가 나는 트라이앵글에 손을 대면 떨림이 느껴집니다.

소리가 나는 스피커에 손을 대면 스피커의 막에서 떨림이 느껴집니다.

목소리를 내면서 목에 손을 대면 떨림이 느껴집니다.

---

## (2) 소리가 나는 *소리굽쇠 관찰하기 ✚

### 교과서 | 대표 탐구

**소리가 나는 소리굽쇠의 떨림 관찰하기**

| 과정 |

❶ 소리굽쇠를 고무망치로 쳐서 소리를 내 봅니다.

❷ 소리가 나지 않는 소리굽쇠와 소리가 나는 소리굽쇠에 손을 대 보고 손의 느낌을 비교합니다.

❸ 소리가 나는 소리굽쇠를 탁구공에 대면 어떻게 되는지 관찰합니다.

❹ 소리가 나는 소리굽쇠를 물에 대면 어떻게 되는지 관찰합니다.

| 결과 |

[소리가 나는 소리굽쇠에 손을 댈 때]

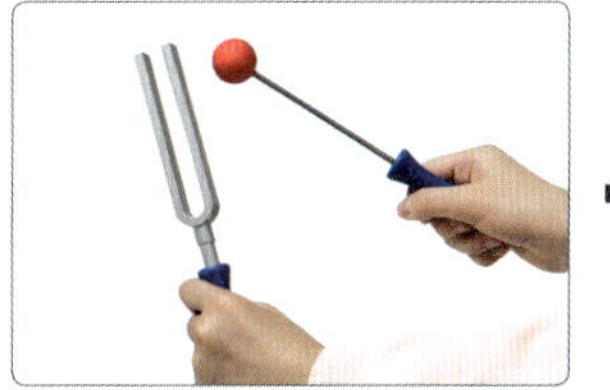 

소리가 나는 소리굽쇠에 손을 대면 소리굽쇠에서 떨림이 느껴집니다.

[소리가 나는 소리굽쇠를 탁구공에 댈 때]

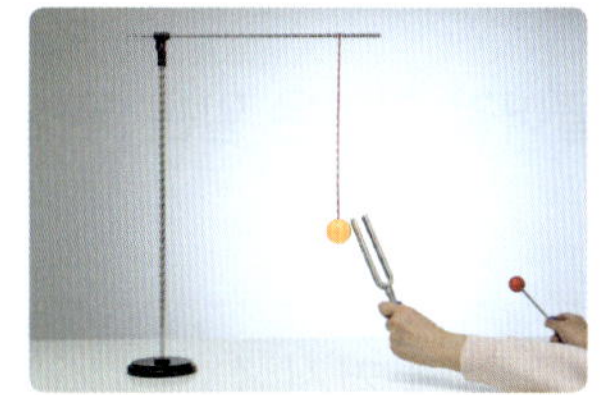 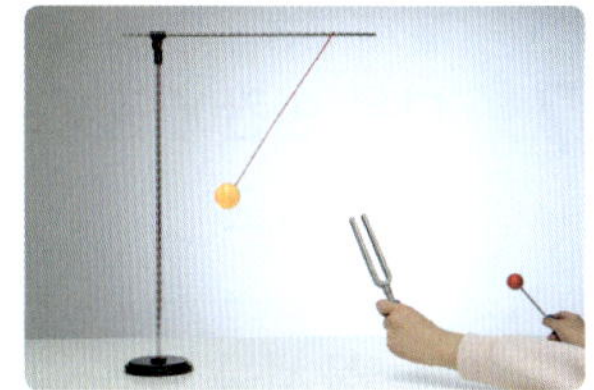

소리가 나는 소리굽쇠를 탁구공에 대면 탁구공이 튀어 오릅니다.

[소리가 나는 소리굽쇠를 물*표면에 댈 때]

소리가 나는 소리굽쇠를 물 표면에 대면 소리굽쇠 주변의 물이 튀어 오릅니다.

**정리** 소리가 나는 소리굽쇠는 떨림이 있습니다.

---

**탐구 팩트** 소리가 나는 물체에서 소리가 나지 않게 하려면 어떻게 해야 할까?

소리가 나고 있는 물체를 잡아서 떨림을 멈추게 하면 더 이상 소리가 나지 않아.



✚ 소리굽쇠의 떨림을 관찰할 수 있는 또 다른 방법

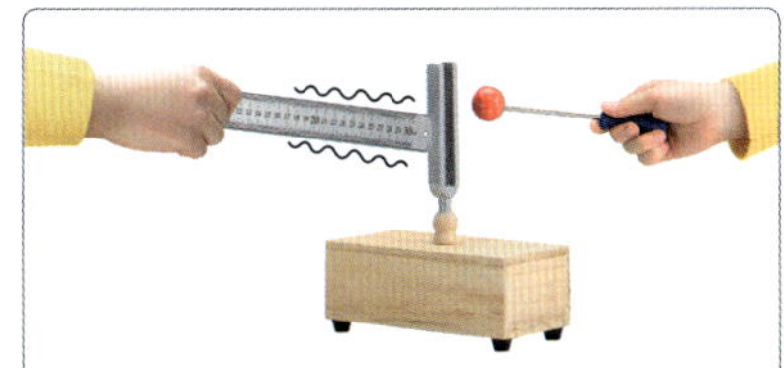

소리가 나는 소리굽쇠에 자를 대면 자를 잡은 손에서 떨림이 느껴집니다.

**용어 사전**

★ **소리굽쇠** 두드리면 같은 높이의 소리를 내는 기구.

★ **표면** 사물의 가장 바깥쪽 또는 가장 윗부분.

---

**핵심만** 한번 더 쓰면서 정리 !

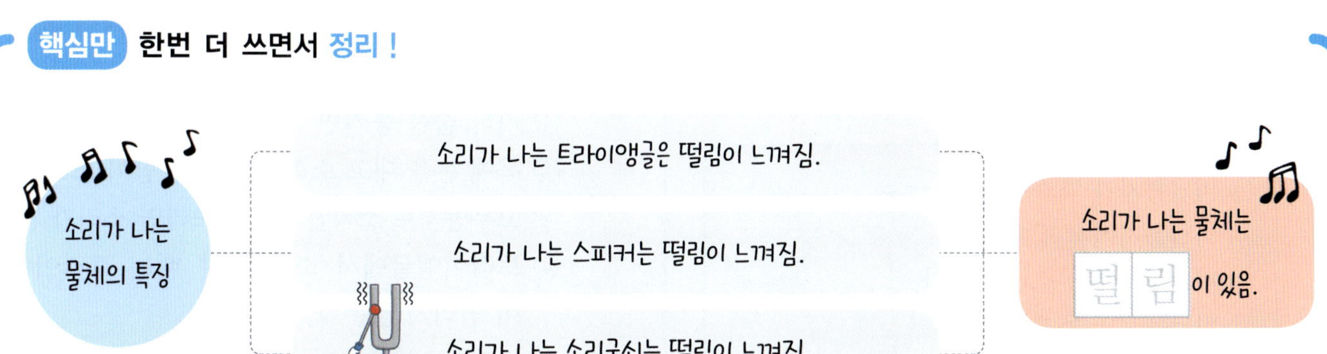

---

**핵심 체크**

**1** 같은 물체에서 ( 한, 여러 ) 가지의 소리를 낼 수 있습니다.

**2** (      )이/가 나는 물체는 떨린다는 공통점이 있습니다.

**3** 소리는 물체의 (      )(으)로 발생합니다.

**4** 소리가 나는 물체는 ( 떨림, 색깔, 냄새 )이/가 있습니다.

---

📖 7종 공통

**5** 여러 가지 물체를 이용해 소리를 내는 방법으로 알맞지 <u>않은</u> 것에 ×표 하시오.

(1) 고무줄을 퉁겨 소리를 낸다.     (      )

(2) 페트병을 입으로 불어 소리를 낸다. (      )

(3) 플라스틱 자를 구겨서 소리를 낸다. (      )

(4) 부푼 풍선을 손으로 문질러 소리를 낸다.

                             (      )

📖 7종 공통

**6** 비닐봉지를 구길 때 나타나는 현상으로 옳은 것을 〈보기〉에서 골라 기호를 쓰시오.

〈보기〉

ㄱ 비닐봉지가 차가워진다.
ㄴ 비닐봉지에서 빛이 난다.
ㄷ 비닐봉지에서 소리가 난다.
ㄹ 비닐봉지의 무게가 변한다.

(          )

📖 7종 공통

**7** 다음 빈칸에 공통으로 들어갈 알맞은 말은 무엇인지 쓰시오.

- 물체를 두드리거나 줄을 퉁겨서 (      ) 을/를 낼 수 있다.
- 물체를 입으로 불어서 (      )을/를 내기도 한다.

(          )

📖 7종 공통

**8** 소리가 나는 물체를 관찰한 내용으로 옳지 <u>않은</u> 것은 어느 것입니까? (      )

① 기타 줄을 퉁기면 소리가 난다.

② 목에 손을 대고 소리를 내면 떨림이 느껴진다.

③ 고무망치로 소리굽쇠를 두드리면 소리가 난다.

④ 트라이앵글에서 소리가 날 때는 트라이앵글이 떨리지 않는다.

⑤ 소리가 나는 소리굽쇠를 탁구공에 대면 탁구공이 튀어 오른다.

7종 공통

**9** 다음 중 소리가 나는 스피커는 어느 것인지 기호를 쓰시오.

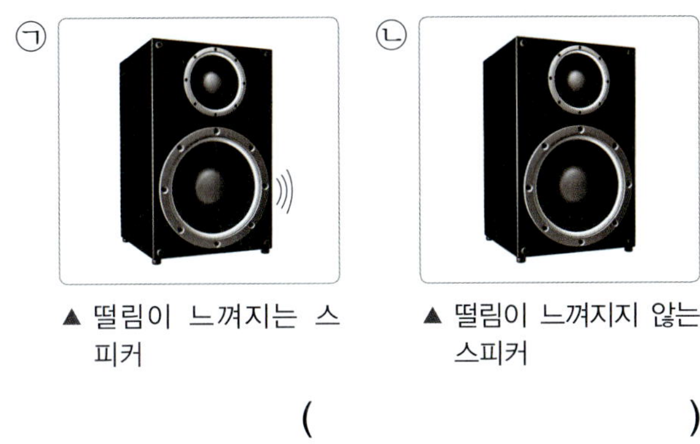



▲ 떨림이 느껴지는 스피커

▲ 떨림이 느껴지지 않는 스피커

(                              )

---

동아, 미래엔, 비상, 아이스크림, 천재(이), 천재(정)

**10** 소리가 나는 소리굽쇠를 물 표면에 댈 때 나타나는 현상으로 옳은 것은 어느 것입니까? (          )

① 아무 변화가 없다.
② 물의 색이 변한다.
③ 물이 튀어 오른다.
④ 소리굽쇠가 휘어진다.
⑤ 소리굽쇠에서 나는 소리가 커진다.

---

서술형  7종 공통

**11** 다음과 같이 "아〜" 소리를 내면서 목에 손을 대 보았을 때 손의 느낌은 어떠한지 쓰시오.

______________________________________

______________________________________

도움말 물체에서 소리가 날 때의 특징은 무엇인지 생각해 보세요.

---

미래엔, 비상, 지학사, 천재(이), 천재(정)

**12** 벌이 날 때 '윙〜'하는 소리가 나는 까닭으로 옳은 것에 ○표 하시오.

(1) 입으로 소리를 내기 때문이다.          (          )
(2) 빠른 날갯짓의 떨림 때문이다.          (          )
(3) 다리를 빠르게 비비기 때문이다.        (          )

**3**
단원
**1**회

---

디지털 문해력  7종 공통

**13** 다음은 인터넷 질문 게시판 화면입니다. 질문에 옳지 **않은** 답변을 한 사람을 골라 기호를 쓰시오.

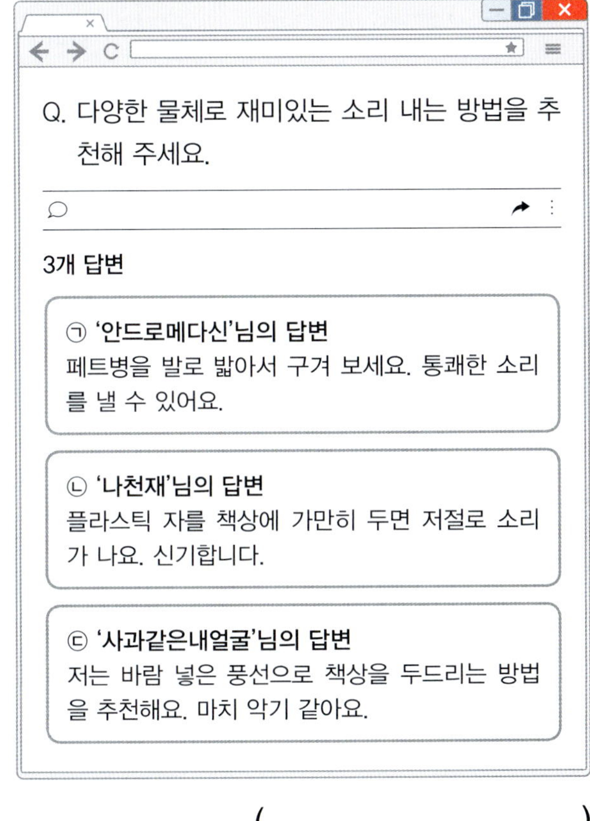



(                              )

---

학습 결과에 색칠하세요.    

## 1 큰 소리와 작은 소리

**(1) 소리의 세기**

① 멀리 있는 친구를 부를 때는 큰 소리로 부르고, 가까이 있는 친구를 부를 때는 멀리 있는 친구를 부를 때보다 작은 소리로 부릅니다.

② 이처럼 소리의 크고 작은 정도를 소리의 세기라고 합니다.

**(2) 큰 소리와 작은 소리가 날 때의 특징**

실험동영상

┌─────────────────────────────────────┐
**교과서** **대표 탐구**

### 큰 소리와 작은 소리 비교하기

| 과정 |

❶ 북채로 작은북을 치는 세기를 다르게 하면서 소리를 내 봅니다. ➕

❷ 북채로 작은북을 세게 칠 때와 약하게 칠 때의 소리를 비교해 봅니다.

❸ 작은북을 세게 칠 때와 약하게 칠 때의 소리를 디지털 탐구 도구로 측정해 봅니다.

❹ 퐁퐁이를 올려놓은 작은북을 세게 칠 때와 약하게 칠 때 퐁퐁이의 움직임이 어떻게 다른지 관찰해 봅니다.

| 결과 |

**[작은북을 세게 칠 때와 약하게 칠 때의 소리 비교하기]**

• 작은북을 세게 칠 때 큰 소리가 납니다.

➡ 디지털 탐구 도구로 소리를 측정했을 때 숫자가 큽니다.

• 작은북을 약하게 칠 때 작은 소리가 납니다.

➡ 디지털 탐구 도구로 소리를 측정했을 때 숫자가 작습니다.



**[작은북을 세게 칠 때와 약하게 칠 때의 소리 눈으로 관찰하기]**

| 구분 | 작은북을 세게 칠 때 | 작은북을 약하게 칠 때 |
|---|---|---|
| 퐁퐁이의 움직임 | | |
| 관찰 결과 | • 큰 소리가 남.<br>• 북면이 크게 떨리면서 퐁퐁이가 높게 튀어 오름. | • 작은 소리가 남.<br>• 북면이 작게 떨리면서 퐁퐁이가 낮게 튀어 오름. |

**정리**

• 작은북을 세게 치면 북면이 크게 떨리면서 큰 소리가 납니다.

• 작은북을 약하게 치면 북면이 작게 떨리면서 작은 소리가 납니다.
└─────────────────────────────────────┘

---

**탐구 팩트** 디지털 탐구 도구를 이용해 소리를 측정했을 때 소리의 세기는 어떻게 알 수 있을까?

측정한 숫자가 크면 큰 소리, 작으면 작은 소리로 구분해.

➕ **작은북을 연주하는 방법**

북채로 작은북의 북면을 칩니다. 북면을 세게 치기 위해서는 북채를 높이 들었다가 빠르게 내려서 치고, 북면을 약하게 치기 위해서는 북채를 낮게 들고 천천히 내려서 칩니다.

**용어 사전**

★ **북채** 북을 치는 조그만 방망이.

★ **측정** 일정한 양을 기준으로 하여 같은 종류의 다른 양의 크기를 잼.

## (3) 소리의 세기에 따른 물체의 떨림 ➕

① 심벌즈를 세게 치면 심벌즈가 크게 떨리면서 큰 소리가 나는 것처럼 소리가 나는 물체의 떨림이 크면 큰 소리가 납니다.

② 심벌즈를 약하게 치면 심벌즈가 작게 떨리면서 작은 소리가 나는 것처럼 소리가 나는 물체의 떨림이 작으면 작은 소리가 납니다.

➡ 소리의 세기는 소리가 나는 물체의 떨림이 크고 작은 정도에 따라 달라집니다.

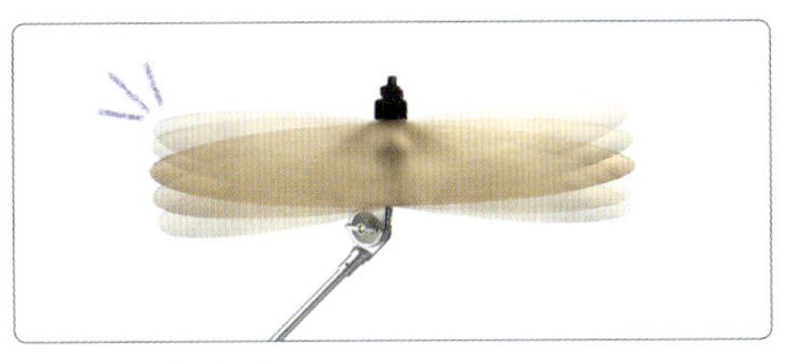

▲ 큰 소리 내기

▲ 작은 소리 내기

## 2 우리 주변에서 큰 소리와 작은 소리를 내는 경우

### (1) 큰 소리를 내는 경우

① 수업 시간에 큰 소리로 발표합니다.

② 멀리 떨어져 있는 친구를 큰 소리로 부릅니다.

③ 경기장에서 응원할 때는 큰 소리를 냅니다.

### (2) 작은 소리를 내는 경우

① 도서관에서는 작은 소리로 이야기합니다.

② 아기에게 *자장가를 작은 소리로 불러줍니다.

③ *공공장소에서 친구와 작은 소리로 이야기합니다.

▲ 큰 소리로 응원할 때

▲ 작은 소리로 자장가를 부를 때

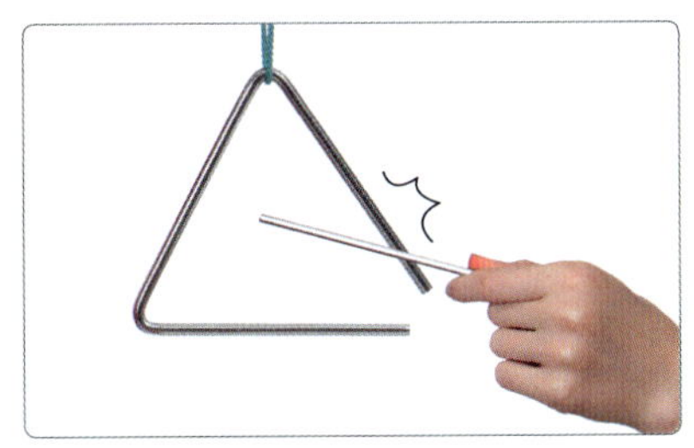

➕ 트라이앵글로 큰 소리와 작은 소리 내기

• 큰 소리를 내기 위해서는 트라이앵글을 세게 쳐서 트라이앵글이 크게 떨리게 합니다.

• 작은 소리를 내기 위해서는 트라이앵글을 약하게 쳐서 트라이앵글이 작게 떨리게 합니다.



**용어 사전**

★ **자장가**　어린아이를 재우기 위해 부르는 노래.

★ **공공장소**　사회의 여러 사람 또는 여러 단체에 다같이 속하거나 이용되는 곳.

---

**핵심만** 한번 더 쓰면서 정리 !

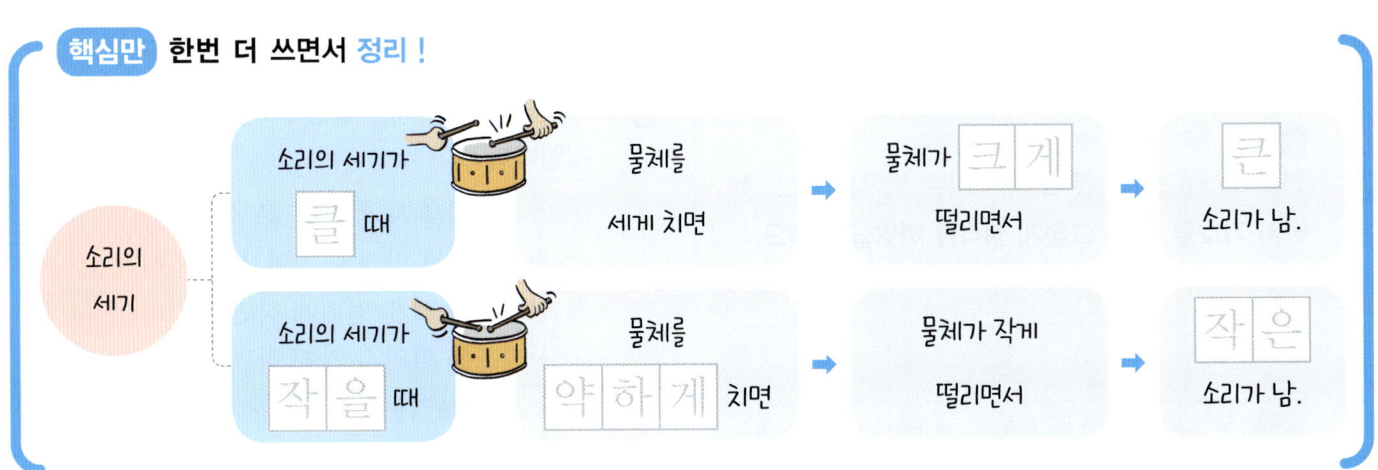

## 핵심 체크

**1** 소리의 (        )은/는 소리의 크고 작은 정도입니다.

**2** 물체가 ( 크게, 작게 ) 떨리면 작은 소리가 납니다.

**3** 작은북을 북채로 세게 치면 ( 큰, 작은 ) 소리가 납니다.

**4** 도서관이나 공공장소에서는 ( 큰, 작은 ) 소리로 이야기합니다.

---

| 5~6 | 다음은 퐁퐁이가 올려진 작은북을 북채로 치는 모습입니다. 물음에 답하시오.

(가) 
▲ 퐁퐁이가 높게 튀어 오름.

(나) 
▲ 퐁퐁이가 낮게 튀어 오름.

동아, 미래엔, 비상, 천재(이), 천재(정)

**5** 위 (가)와 (나) 중 작은북을 더 세게 친 경우는 어느 것인지 골라 기호를 쓰시오.

(                    )

서술형  동아, 미래엔, 비상, 천재(이), 천재(정)

**6** 위 (가)와 (나) 중 더 큰 소리가 나는 경우는 어느 것인지 기호를 쓰고, 그렇게 생각한 까닭을 쓰시오.

---

도움말  **5**번 답을 참고하여 작은북을 치는 세기에 따라 소리는 어떻게 달라지는지 생각해 보세요.

7종 공통

**7** 큰 소리와 작은 소리에 대한 설명으로 옳은 것은 ○표, 옳지 <u>않은</u> 것은 ×표 하시오.

(1) 물체가 작게 떨리면 큰 소리가 난다. (        )

(2) 물체가 크게 떨리면 작은 소리가 난다.

(        )

(3) 소리의 크고 작은 정도를 소리의 세기라고 한다.

(        )

7종 공통

**8** 소리의 세기에 대한 설명으로 옳지 <u>않은</u> 것은 어느 것입니까? (        )

① 소리굽쇠를 세게 치면 큰 소리가 난다.

② 소리굽쇠를 약하게 치면 작은 소리가 난다.

③ 심벌즈를 크게 떨리게 하면 큰 소리가 난다.

④ 심벌즈를 떨리지 않게 하면 큰 소리가 난다.

⑤ 소리의 세기는 물체가 떨리는 정도와 관계가 있다.

**9** 

오른쪽과 같이 소리굽쇠를 고무망치로 쳐서 소리를 내면서 디지털 탐구 도구로 소리의 세기를 측정하였습니다. 다음 중 소리굽쇠를 가장 세게 쳤을 때 디지털 탐구 도구로 측정한 값은 어느 것입니까? (     )

① 10　　　② 20　　　③ 30
④ 40　　　⑤ 50

**10** 

종으로 큰 소리를 내는 방법을 옳게 말한 사람의 이름을 쓰시오.

> • 운학: 종을 가만히 두어야 해.
> • 다정: 종을 세게 흔들면 큰 소리가 나.
> • 아름: 종을 약하게 흔들면 큰 소리가 나.

(　　　　　　　　　)

**11** 

오른쪽 트라이앵글로 작은 소리를 내는 방법으로 옳은 것을 (보기)에서 골라 기호를 쓰시오.

> (보기)
> ㉠ 트라이앵글을 세게 쳐서 트라이앵글이 크게 떨리게 한다.
> ㉡ 트라이앵글을 약하게 쳐서 트라이앵글이 작게 떨리게 한다.
> ㉢ 트라이앵글을 여러 번 쳐서 트라이앵글이 계속 떨리게 한다.

(　　　　　　　　　)

**12**  

다음은 피아노 연주자의 동영상 화면입니다. 이 영상의 설명에서 ㉠에 들어갈 알맞은 말은 어느 것입니까? (          )

[음악 용어] 크레셴도

오늘은 '크레셴도(crescendo)'에 대해 알아보겠습니다. 크레셴도는 '점점 세게' 연주하라는 의미이고, 악보에서 '＜' 모양의 기호로 나타냅니다. 크레셴도 기호가 있는 마디에서 피아노 건반을 점점 세게 쳐서 연주하면 소리가 (　㉠　).

구독중　　　↗공유

① 점점 커집니다.
② 점점 작아집니다.
③ 점점 빨라집니다.
④ 점점 느려집니다.
⑤ 점점 들리지 않습니다.

**13** 

일상생활에서 작은 소리를 내는 경우를 (보기)에서 두 가지 골라 기호를 쓰시오.

> (보기)
> ㉠ 수업 시간에 발표할 때
> ㉡ 도서관에서 이야기할 때
> ㉢ 아기에게 자장가를 불러줄 때
> ㉣ 멀리 떨어져 있는 친구를 부를 때

(　　　　　　　　　)

학습 결과에 색칠하세요.   

## 1 높은 소리와 낮은 소리

**(1) 소리의 높낮이**

① 같은 악기에서 높은 소리가 날 때도 있고, 낮은 소리가 날 때도 있습니다. ➕

② 이처럼 소리의 높고 낮은 정도를 소리의 높낮이라고 합니다.

**(2) 높은 소리와 낮은 소리가 날 때의 특징**

실험동영상

**교과서 대표 탐구**

**물체의 길이에 따른 소리의 높낮이 비교하기**

| 과정 |

❶ 간이 악기를 만들고, 간이 악기의 고무줄을 퉁기면서 소리를 내 봅니다.

**간이 악기 만드는 과정**

자를 구멍 뚫린 플라스틱 컵 옆면에 셀로판테이프로 붙입니다. → 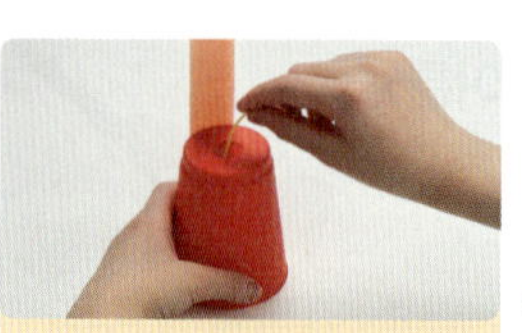 고무줄의 한쪽 끝을 컵 바닥의 구멍 속으로 넣고 고정시킵니다. →  고무줄이 팽팽해지도록 다른 한쪽 끝을 자 뒷면에 붙입니다.

❷ 간이 악기의 고무줄을 짧게 잡고 퉁길 때와 길게 잡고 퉁길 때의 소리를 비교합니다.

❸ 간이 악기의 고무줄을 짧게 잡고 퉁길 때와 길게 잡고 퉁길 때의 소리를 디지털 탐구 도구로 측정합니다. → 측정한 숫자가 크면 높은 소리, 작으면 낮은 소리로 구분해요.

| 결과 |

**[간이 악기의 고무줄을 다른 길이로 잡고 퉁길 때]**

| 구분 | 고무줄을 짧게 잡고 퉁길 때 | 고무줄을 길게 잡고 퉁길 때 |
|---|---|---|
| 고무줄을 퉁기는 모습 | | |
| 관찰 결과 | • 높은 소리가 남.<br>• 고무줄이 빠르게 떨리면서 높은 소리가 남.<br>• 디지털 탐구 도구로 측정한 숫자가 큼. | • 낮은 소리가 남.<br>• 고무줄이 느리게 떨리면서 낮은 소리가 남.<br>• 디지털 탐구 도구로 측정한 숫자가 작음. |

**정리**

• 소리를 낸 물체의 길이가 짧으면 물체가 빠르게 떨려 높은 소리가 납니다.

• 소리를 낸 물체의 길이가 길면 물체가 느리게 떨려 낮은 소리가 납니다.

---

**탐구 팩트** 높은 소리가 나지만 소리의 세기는 작을 수 있을까?

➕ **같은 높이의 음을 내는 악기와 다양한 높이의 음을 내는 악기**

• 같은 높이의 음을 내는 악기: 심벌즈, 장구, 북, 트라이앵글, 캐스터네츠 등

• 다양한 높이의 음을 내는 악기: 하프, 글로켄슈필, 피아노, 기타, 우쿨렐레, 팬 플루트, 칼림바, 리코더 등

**용어 사전**

★ **간이** 간단하고 편리함. 물건의 내용이나 형식 등을 줄이거나 간편하게 하여 이용하기 쉽게 한 상태를 이름.

★ **고정** 한곳에 꼭 붙어 있거나 붙어 있게 함.

## (3) 물체의 길이에 따른 소리의 높낮이 ➕

① 글로켄슈필의 짧은 음판을 두드리면 음판이 빠르게 떨리면서 높은 소리가 나는 것처럼 물체의 길이가 짧을수록 빠르게 떨리면서 높은 소리가 납니다.

② 글로켄슈필의 긴 음판을 두드리면 음판이 느리게 떨리면서 낮은 소리가 나는 것처럼 물체의 길이가 길수록 느리게 떨리면서 낮은 소리가 납니다.

➡ 물체의 길이에 따라 떨리는 빠르기가 달라져 소리의 높낮이가 달라집니다.

| 글로켄슈필 | 팬 플루트 | 하프 |
|---|---|---|
| 낮은 소리      높은 소리 | 낮은 소리      높은 소리 | 낮은 소리      높은 소리 |
| • 짧은 음판을 치면 높은 소리가 남.<br>• 긴 음판을 치면 낮은 소리가 남. | • 짧은 관을 불면 높은 소리가 남.<br>• 긴 관을 불면 낮은 소리가 남. | • 짧은 줄을 퉁기면 높은 소리가 남.<br>• 긴 줄을 퉁기면 낮은 소리가 남. |

| 칼림바 | 기타 | |
|---|---|---|
| 높은 소리      낮은 소리 | 높은 소리 | 낮은 소리 |
| • 짧은 음판을 퉁기면 높은 소리가 남.<br>• 긴 음판을 퉁기면 낮은 소리가 남. | 기타 줄을 짧게 잡고 퉁기면 높은 소리가 남. | 기타 줄을 길게 잡고 퉁기면 낮은 소리가 남. |

### ➕ 높낮이가 다른 소리를 내는 방법

• 유리병에 든 물의 높이를 다르게 하여 높낮이가 다른 소리를 냅니다.
• 물의 양이 적은 유리병을 칠수록 높은 소리가 나고, 물의 양이 많은 유리병을 칠수록 낮은 소리가 납니다.

**3**
단원

3회

## 2 우리 주변에서 높은 소리와 낮은 소리를 내는 경우

① *뱃고동의 낮은 소리로 먼 곳까지 신호를 보냅니다.
② 높은 소리와 낮은 소리를 내면서 *화음을 만들고 합창을 합니다.
③ 화재 비상벨(화재 경보기)의 높은 소리로 불이 난 것을 알립니다.
④ 구급차는 경보음의 높낮이를 다르게 하여 위급한 상황을 알립니다.
⑤ 수영장에서 안전 요원이 *호루라기의 높은 소리로 위험을 알립니다.
⑥ 여러 종류의 악기로 높은 소리와 낮은 소리를 내면서 음악을 연주합니다.

### 용어 사전

★ **뱃고동**   배에서 신호를 하기 위하여 내는 경적 소리. '붕' 소리를 냄.

★ **화음**   높이가 다른 둘 이상의 음이 함께 울릴 때 어울리는 소리.

★ **호루라기**   일정한 신호를 보내기 위해 입으로 불어서 소리를 내는 작은 물건.

---

**핵심만** 한번 더 쓰면서 정리 !

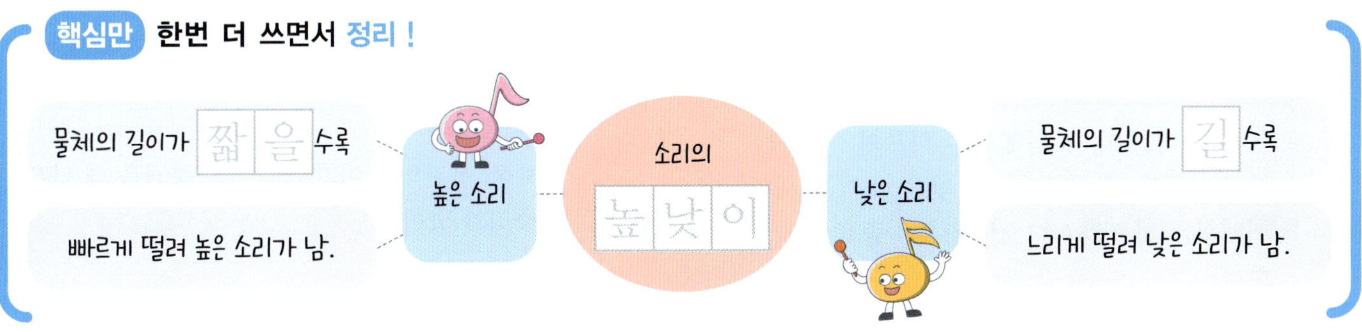

**핵심 체크**

**1** 소리의 높고 낮은 정도를 소리의 (　　　)(이)라고 합니다.

**2** 물체의 (　　　)을/를 다르게 하면 높낮이가 다른 소리를 낼 수 있습니다.

**3** 칼림바의 긴 음판을 퉁기면 ( 높은, 낮은 ) 소리가 납니다.

**4** 수영장에서 안전 요원이 위험을 알리려고 사용하는 호루라기는 ( 높은, 낮은 ) 소리를 이용하는 예입니다.

---

📖 7종 공통

**5** 다음과 같이 고무줄을 이용해 만든 간이 악기의 고무줄을 퉁겼을 때 더 낮은 소리가 나는 경우를 골라 기호를 쓰시오.

㉠ 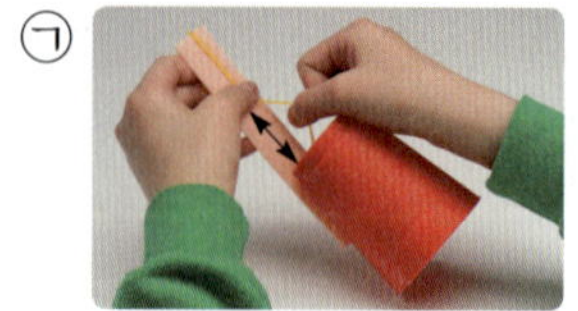
▲ 고무줄을 짧게 잡고 퉁길 때

㉡ 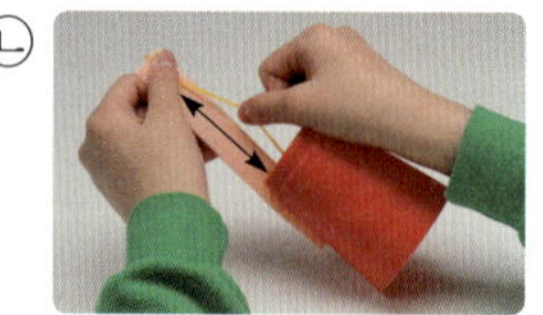
▲ 고무줄을 길게 잡고 퉁길 때

(　　　　　　　　　)

아이스크림, 지학사, 천재(정)

**6** 다음은 하프로 높은 소리와 낮은 소리를 내는 방법입니다. (　　) 안에 들어갈 알맞은 말에 각각 ○표 하시오.

하프

> 높은 소리를 내기 위해서는 하프의 ㉠ ( 긴, 짧은 ) 줄을 퉁겨야 하고, 낮은 소리를 내기 위해서는 하프의 ㉡ ( 긴, 짧은 ) 줄을 퉁겨야 한다.

📖 7종 공통

**7** 소리의 높낮이에 관한 설명으로 옳지 <u>않은</u> 것은 어느 것입니까? (　　　)

① 소리의 높고 낮은 정도이다.
② 작은북을 세게 치면 높은 소리가 난다.
③ 물체의 길이가 길수록 낮은 소리가 난다.
④ 물체의 길이가 짧을수록 높은 소리가 난다.
⑤ 소리가 나는 물체의 길이에 따라 소리의 높낮이가 달라진다.

비상, 아이스크림, 지학사, 천재(이), 천재(정)

**8** 칼림바 음판의 길이에 따른 소리의 높낮이를 옳게 설명한 사람의 이름을 쓰시오.

> • 승원: 길이가 긴 음판을 퉁기면 높은 소리가 나.
> • 도환: 길이가 긴 음판을 퉁겼더니 음판이 느리게 떨렸어.
> • 혜정: 음판의 길이가 짧을수록 퉁겼을 때 낮은 소리가 났어.

(　　　　　　　　　)

동아, 미래엔, 아이스크림, 지학사, 천재(정)

**9** 다음 글로켄슈필의 음판을 같은 힘으로 ㉠과 ㉡ 화살표 방향으로 쳤을 때, 소리의 변화가 바르게 짝 지어진 것은 어느 것입니까? (     )

|  | ㉠ | ㉡ |
|---|---|---|
| ① | 소리가 커진다. | 소리가 작아진다. |
| ② | 소리가 작아진다. | 소리가 커진다. |
| ③ | 소리가 높아진다. | 소리가 낮아진다. |
| ④ | 소리가 낮아진다. | 소리가 높아진다. |
| ⑤ | 아무 변화가 없다. | 아무 변화가 없다. |

디지털 문해력 ▌7종 공통

**10** 다음은 우리 학급 온라인 대화방에서 나눈 대화입니다. 잘못 말한 사람의 이름을 쓰시오.

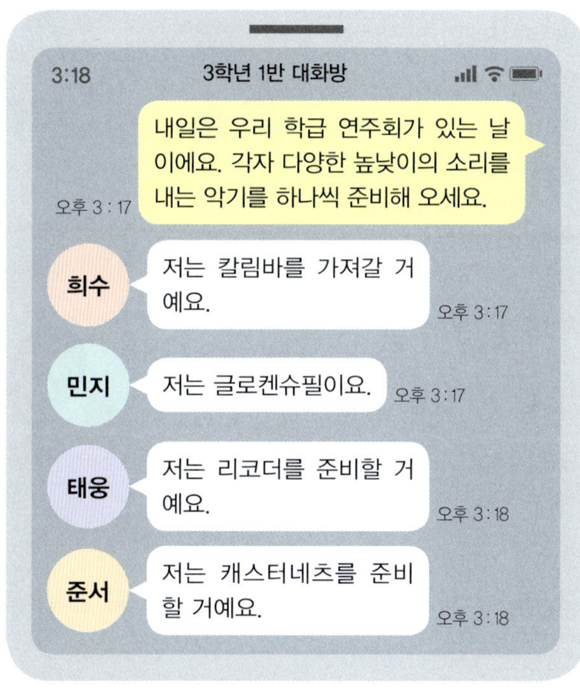


(                    )

|11~12| 다음 팬 플루트를 보고, 물음에 답하시오.

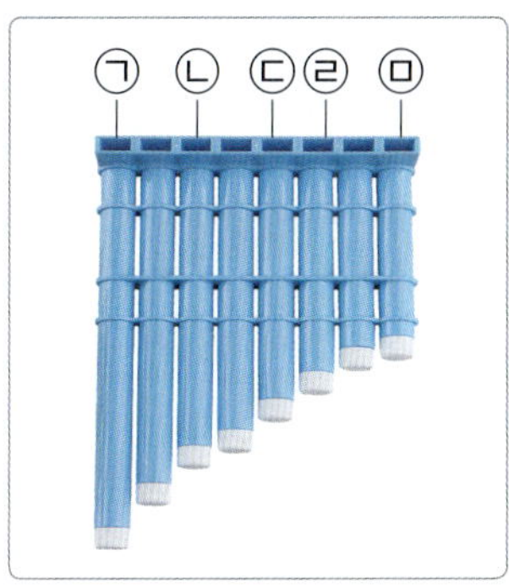


동아, 미래엔, 아이스크림, 천재(정)

**11** 위 ㉠~㉤ 중 팬 플루트를 불었을 때 가장 높은 소리가 나는 관의 기호를 쓰시오.

(                    )

동아, 미래엔, 아이스크림, 천재(정)

**12** 위 11번 답과 같이 생각한 까닭으로 빈칸에 들어갈 알맞은 말을 쓰시오.

> 팬 플루트는 관의 길이에 따라 소리의 높낮이가 달라진다. 관의 길이가 짧을수록 빠르게 떨려 (          ) 소리가 난다.

(                    )

서술형 미래엔, 지학사, 천재(이), 천재(정)

**13** 높은 소리를 이용해 위험을 알리는 경우를 한 가지 쓰시오.

______________________________________

도움말 높은 소리를 이용해 위험을 알리는 경우는 위급한 상황일 때 많이 사용해요.

학습 결과에 색칠하세요.   

## 기체를 통해 소리 전달하기

공기를 빼는 장치 안에 소리가 나는 스피커를 넣고, 손잡이를 당겨 공기를 빼낼수록 소리가 작아지고, 잘 들리지 않습니다. 용기 안에 공기가 들어가도록 하면 소리가 점점 크게 들립니다. 이 실험을 통해 스피커의 소리를 전달하는 물질은 기체 상태인 공기임을 알 수 있습니다.

**탐구 팩트** 책상에 대지 않은 귀를 손으로 막는 까닭은 무엇일까?

책상에 대지 않은 귀를 손으로 막지 않는다면 공기를 통해서도 전달되는 소리도 듣게 돼. 그러면 책상을 통해 소리가 전달되는지 정확하게 확인하기가 어려워져. 그래서 다른 쪽 귀는 막아서 공기를 통한 소리 전달을 막는 거야.

**용어 사전**

★ **전달** 자극, 신호, 동력 등이 다른 기관에 전하여짐.

★ **방수** 스며들거나 새거나 넘쳐흐르는 물을 막음.

# ① 여러 가지 물질을 통한 소리의*전달

## (1) 기체에서의 소리 전달 ⊕

① 우리가 주변에서 나는 소리를 들을 수 있는 까닭은 소리가 나는 물체의 떨림이 기체인 공기를 통해 우리에게 전달되기 때문입니다.

② 친구가 이야기하는 소리, 강아지가 짖는 소리 등 일상생활에서 듣는 대부분의 소리는 기체 상태인 공기를 통해 전달됩니다.

## (2) 액체와 고체에서의 소리 전달

① 소리는 기체 상태인 공기뿐만 아니라 액체 상태인 물, 고체 상태인 나무나 금속 같은 물질에서도 전달됩니다.

② 이처럼 소리는 기체, 액체, 고체 상태의 여러 가지 물질을 통해 전달됩니다.

**교과서  대표 탐구**

실험동영상

### 여러 가지 물질을 통해 소리 전달하기

**활동 1. 책상을 두드려 소리 전달하기**

| 과정 |

❶ 책상의 양쪽 끝에 있는 두 사람 중 한 명은 책상에 귀를 대고 책상에 대지 않은 귀는 손으로 막습니다.

❷ 책상에 귀를 댄 사람은 상대방이 책상을 두드리는 소리를 들어 봅니다.

| 결과 |

책상을 두드리는 소리는 고체인 책상을 통해 전달됩니다.

**활동 2. 물속에서 나는 소리 전달하기**

| 과정 |

❶ 소리가 나는*방수 스피커를 물이 담긴 수조 안에 넣습니다.

❷ 플라스틱 관의 한쪽 끝을 스피커에 가까이 한 뒤 다른 쪽 끝에 귀를 대고 소리를 들어 봅니다.

| 결과 |

물속의 방수 스피커의 소리가 액체인 물과 기체인 공기(플라스틱 관 속 공기)를 통해 전달됩니다.

**정리**  소리는 고체, 액체, 기체 상태의 여러 가지 물질을 통해 전달됩니다.

## 2 여러 가지 물질을 통해 소리가 전달되는 경우

### (1) 고체를 통해 소리가 전달되는 경우

놀이터의 철봉에 귀를 대면 반대편에서 철봉을 두드리는 소리가 고체 상태인 철을 통해 전달되어 잘 들립니다.

실 전화기의 한쪽 종이컵에 입을 대고 말을 하면 목소리가 고체 상태인 실을 통해 전달되어 다른 쪽 종이컵에서 들을 수 있습니다. ⊕

### (2) 액체를 통해 소리가 전달되는 경우

먼 곳에서 다가오는 배의 소리는 액체 상태인 물을 통해 물속에 있는 *잠수부에 전달됩니다.

물속의 스피커에서 나오는 음악 소리는 액체 상태인 물을 통해 *수중 발레 선수들에게 전달됩니다.

### (3) 기체를 통해 소리가 전달되는 경우 ⊕

운동장에서 친구가 부르는 소리는 공기를 통해 전달되어 들을 수 있습니다.

음악 소리, 악기 소리는 공기를 통해 전달되어 들을 수 있습니다.

---

⊕ 실을 통한 소리 전달

숟가락에 연결한 실을 귀에 걸고, 다른 사람이 젓가락으로 숟가락을 두드리면, 실을 통해 숟가락이 울리는 소리가 선명하게 들립니다.

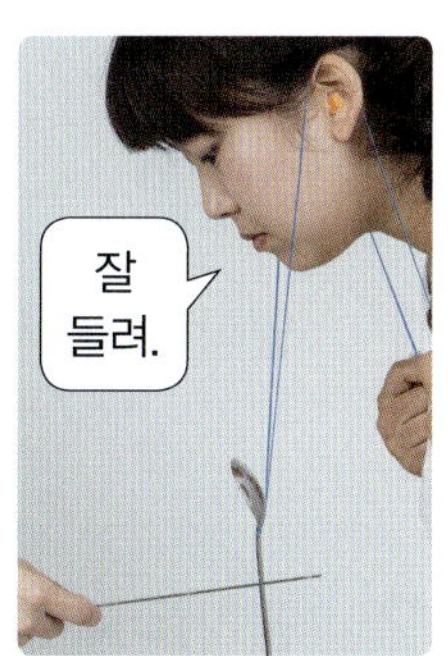




⊕ 우주에서의 소리 전달

우주에는 소리를 전달하는 물질인 공기가 없기 때문에 박수를 치거나 돌끼리 부딪쳐도 소리가 들리지 않습니다.

용어 사전

★ 잠수부 물속에 들어가 작업을 하는 사람.

★ 수중 발레 한 명 이상이 음악의 반주에 맞추어 헤엄치면서 기술과 표현의 아름다움을 겨루는 경기의 하나.

---

핵심만 한번 더 쓰면서 정리 !

공기와 같은 기 체 상태의 물질

소리를 전달하는 여러 가지 물질

나무나 금속과 같은 고 체 상태의 물질

물과 같은 액 체 상태의 물질

**핵심 체크**

**1** 일상생활에서 듣는 대부분의 소리는 (　　　) 상태인 공기를 통해 전달됩니다.

**2** 공기를 빼는 장치 안에 소리가 나는 스피커를 넣고 공기를 빼면 소리가 잘 ( 들립니다, 들리지 않습니다 ).

**3** 운동장에서 친구가 부르는 소리는 (　　　)을/를 통해 전달됩니다.

**4** 물속 스피커에서 나는 음악 소리는 (　　　)을/를 통해 수중 발레 선수들에게 전달됩니다.

---

📖 7종 공통

**5** 다음 (　　　) 안에 공통으로 들어갈 알맞은 말을 쓰시오.

> 소리는 여러 가지 물질을 통해 (　　　)된다. 우리가 소리를 들을 수 있는 까닭은 소리가 나는 물체의 떨림이 여러 가지 물질을 통해 우리에게 (　　　)되기 때문이다.

(　　　　　　　　　　)

📖 동아, 미래엔, 비상, 아이스크림, 천재(이), 천재(정)

**6** 오른쪽과 같이 책상에 귀를 댄 채 책상을 두드리는 소리를 들어 보았을 때 소리를 전달하는 물질의 상태로 옳은 것을 〈보기〉에서 골라 기호를 쓰시오.

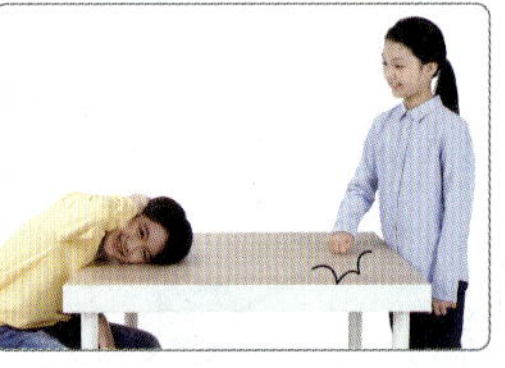

〈보기〉
　㉠ 기체　　㉡ 액체　　㉢ 고체

(　　　　　　　　　　)

📖 7종 공통

**7** 수중 발레 선수들은 물속에서 음악 소리를 들으며 몸을 움직입니다. 물속에서 음악 소리를 전달하는 물질의 상태는 무엇인지 쓰시오.

(　　　　　　　　　　)

📖 7종 공통

**8** 소리의 전달에 대해 <u>잘못</u> 설명한 사람의 이름을 쓰시오.

> • 다혜: 소리는 물을 통해서도 전달돼.
> • 소연: 소리는 액체 상태의 물질을 통해서는 전달되지 않아.
> • 하민: 우주에는 소리를 전달하는 공기가 없기 때문에 돌끼리 부딪쳐도 소리가 들리지 않아.

(　　　　　　　　　　)

**9** 각각의 상황에서 소리를 전달하는 물질의 상태를 선으로 이으시오.



(1) 

(2) 

(3) 

- ㉠ 고체
- ㉡ 액체
- ㉢ 기체

**디지털 문해력** ▌7종 공통

**10** 다음은 돌고래에 대한 텔레비전 방송 화면의 일부입니다. 방송을 보고 알 수 있는 사실로 옳지 <u>않은</u> 것은 어느 것입니까? (　　　)

① 소리가 물을 통해서 전달된다.
② 돌고래는 물 밖에서만 서로 소통한다.
③ 돌고래도 소리로 서로를 부를 수 있다.
④ 돌고래끼리 소리를 내며 의사소통을 한다.
⑤ 돌고래는 각자 고유한 소리를 가지고 있다.

---

**| 11~13 |** 다음은 여러 가지 물체를 통해 전달되는 소리를 들어 보는 모습입니다. 물음에 답하시오.

(가) 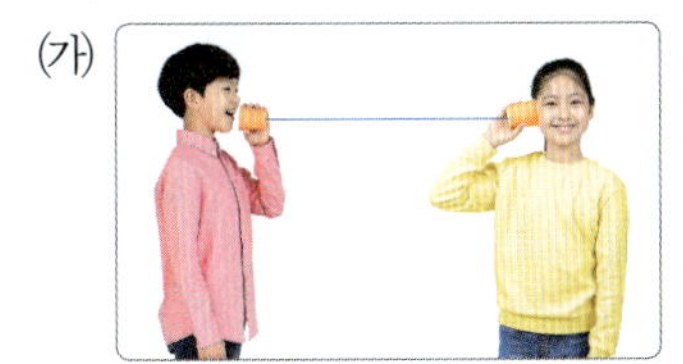
▲ 실 전화기로 친구의 목소리 듣기

(나) 

▲ 물속에 넣은 스피커의 소리 듣기



**11** 위 (가)와 (나) 중 고체에 의해 소리가 전달되는 것은 어느 것인지 기호를 쓰시오.

(　　　　　　　　　)



**12** 다음은 위 (나)에서의 소리의 전달 과정을 나타낸 것입니다. (　　) 안에 들어갈 알맞은 물질을 쓰시오.

> 물속에 있는 스피커의 소리는 수조 안의 ( ㉠ )와/과 플라스틱 관 안의 ( ㉡ )을/를 통해 전달된다.

㉠ (　　　　　　　), ㉡ (　　　　　　　)



**13** 위 실험으로 알 수 있는 사실을 소리의 전달과 관련지어 쓰시오.

---

**도움말** 소리를 전달하는 물질에는 무엇이 있는지 생각해 보세요.

학습 결과에 색칠하세요.   

## ⊕ 소음의 기준

같은 소리라도 누군가에게는 듣기 좋은 소리이지만 다른 사람에게는 소음일 수 있습니다.

# 1 소음

(1) **소음**: 사람의 기분을 좋지 않게 하거나 건강을 해칠 수 있는 시끄러운 소리를 소음이라고 합니다. ⊕

(2) **소음을 들었던 경험과 느낌** 예

① 밤늦게 가구를 끄는 소리 때문에 잠을 못 자서 힘들었습니다.

② 윗집에서 아이들이 뛰는 소리 때문에 머리가 아프고 화가 났습니다.

③ 도로에서 자동차*경적을 크게 울려 깜짝 놀랐습니다.

▲ 밤늦게 가구 끄는 소리

▲ 윗집 아이들이 뛰는 소리

▲ 자동차 경적 소리

# 2 일상생활에서 발생하는 소음

(1) **학교나 집에서 발생하는 소음**

→ 주로*공동 주택에서 발생하는 소음이에요.

| 학교에서 발생하는 소음 | 집에서 발생하는 소음 |
| --- | --- |
| 친구들이 큰 소리로 떠드는 소리 | 텔레비전 소리 |
| 복도에서 뛰는 소리 | 가구를 끄는 소리 |
| 교실 문을 세게 닫는 소리 | 위층 사람들이 뛰는 소리 |
| 운동장에서 응원하는 소리 | 세탁기 작동하는 소리 |
| 음악실에서 악기를 연주하는 소리 | 밤늦게 악기를 연주하는 소리 |

(2) **학교나 집 이외의 장소에서 발생하는 소음**

① 공사장에서 발생하는 소음에는 건설 기계 소리, 땅을 뚫는 소리, 확성기 소리 등이 있습니다.

② 도로에서 자동차가 빨리 달리거나 경적을 울릴 때 소음이 발생합니다.

③ 기차가 빠르게 달리거나 비행기가 날아갈 때도 소음이 발생합니다.

▲ 공사장 소음

▲ 자동차 소음

▲ 비행기 소음

---

**용어 사전**

★ **경적**  주의나 경계를 하도록 울리는 소리.

★ **공동 주택**  여러 가구가 한 건축물 안에서 각각 따로 생활을 할 수 있게 설계하여 지은 큰 집.

## 3  소음을 줄이는 방법

**(1) 소음을 줄이는 방법** →소음을 줄이는 가장 좋은 방법은 소음을 발생시키는 원인을 없애는 거예요.

① 소리가 나는 물체의 떨림을 줄여 소리의 세기를 약하게 하면 소음을 줄일 수 있습니다.

② 소리가 전달되는 것을 막아 소음을 줄일 수 있습니다.

**(2) 일상생활에서 소음을 줄이는 방법** ✚

① 스피커나 텔레비전의 소리를 작게 하여 소음을 줄입니다.

② 커튼이나 *이중창을 설치하여 집 밖에서 들리는 소음을 줄입니다.

③ 가구 다리에 소음 방지 패드를 *부착하거나 가구를 옮길 때 끌지 않고 들어서 옮깁니다.

④ 음악실이나 도로 주변에 *방음벽을 설치해 소음을 줄입니다. ✚

⑤ 바닥에 매트나 카펫을 깔아 발걸음 소리를 줄입니다.

⑥ 작동할 때 진동하는 가전제품 아래에 고무 받침대를 부착하면 진동으로 인한 소음을 줄입니다.

▲ 스피커 소리 줄이기

▲ 이중창 설치하기

▲ 가구를 들어서 옮기기

▲ 방음벽 설치하기

▲ 바닥에 매트 깔기

▲ 고무 받침대 부착하기

✚ 도서관에서 소음을 줄이는 방법

• 바닥에 카펫을 깝니다.
• 책장을 조용히 넘깁니다.
• 뛰지 않고 조용히 걸어 다닙니다.
• 친구와 작은 소리로 소곤소곤 이야기 합니다.



✚ 과속 방지턱

도로에서 자동차가 빨리 달릴 때 발생하는 소음은 과속 방지턱을 설치해 소음을 줄입니다.

**용어 사전**

★ **이중창** 온도의 변화나 밖의 소음을 막기 위하여 이중으로 만든 창.

★ **부착** 떨어지지 않게 붙임.

★ **방음벽** 한쪽의 소리가 다른 쪽으로 새어 나가거나 새어 들어오는 것을 막기 위하여 설치한 벽.

**핵심만** 한번 더 쓰면서 정리!

## 핵심 체크

**1** 사람의 기분을 좋지 않게 하거나 건강을 해칠 수 있는 시끄러운 소리를 (　　　)(이)라고 합니다.

**2** 텔레비전 소리, 가구 끄는 소리는 ( 집, 공사장 )에서 발생하는 소음입니다.

**3** 소리가 나는 물체의 떨림을 줄여 소리의 (　　　)을/를 약하게 하면 소음을 줄일 수 있습니다.

**4** 도로에서 생기는 소음을 줄이려고 도로 주변에 (　　　)을/를 설치합니다.

---

**디지털 문해력**　📖 7종 공통

**5** 다음 소음 민원 신고 센터에 접수된 민원을 보고, 소음에 대한 설명으로 옳은 것에 ○표 하시오.

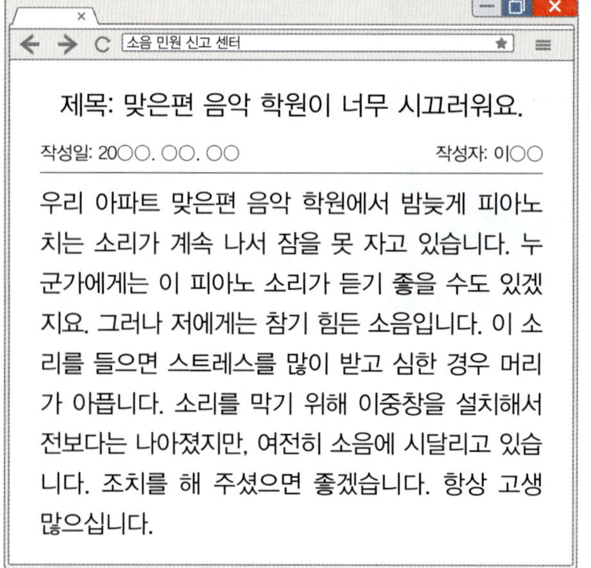


(1) 소음을 들으면 기분이 좋다. 　　　(　　　)

(2) 소음은 건강을 해칠 수 있다. 　　　(　　　)

(3) 사람마다 소리를 시끄럽다고 느끼는 정도는 같다. 　　　(　　　)

(4) 이중창은 밖에서 나는 소리가 안으로 잘 전달될 수 있게 도와준다. 　　　(　　　)

---

📖 7종 공통

**6** 소음에 대한 설명으로 옳지 <u>않은</u> 것을 (보기)에서 골라 기호를 쓰시오.

(보기)
> ㉠ 소음은 줄일 수 있다.
> ㉡ 일상생활에서 다양한 소음이 발생한다.
> ㉢ 아름다운 음악 소리는 누구에게도 소음이 되지 않는다.

(　　　　　　　　　)

---

📖 7종 공통

**7** 각 장소에서 발생하는 소음으로 알맞은 것끼리 선으로 이으시오.

(1) 공동 주택 ・　　・㉠ 세탁기 작동하는 소리

(2) 도로 ・　　・㉡ 자동차의 경적 소리

**미래엔, 아이스크림, 천재(이), 천재(정)**

**8** 학교에서 소음을 줄이기 위한 행동으로 옳지 <u>않은</u> 것은 어느 것입니까? (　　　)

① 교실 문을 살짝 닫는다.

② 큰 소리로 떠들지 않는다.

③ 복도에서 뛰어다니지 않는다.

④ 도서관에서 책장을 조용히 넘긴다.

⑤ 친구와 이야기할 때는 최대한 크게 말한다.

**동아, 미래엔**

**9** 일상생활에서 소음을 줄이는 방법으로 알맞은 것을 (보기)에서 두 가지 골라 기호를 쓰시오.

（보기）
ㄱ 스피커 소리의 세기를 줄인다.
ㄴ 음악실 벽에 확성기를 설치한다.
ㄷ 세탁기에 고무 받침대를 부착한다.
ㄹ 집의 창문을 열어 밖의 소리가 통하게 한다.

(　　　　　)

**▌7종 공통**

**10** 소음을 줄이는 방법으로 옳은 것에 ○표 하시오.

⑴ 소리의 세기를 크게 한다. (　　　)

⑵ 소리가 전달되는 것을 막는다. (　　　)

⑶ 소리가 잘 전달되는 물질을 이용한다.
(　　　)

⑷ 소리가 나는 물체의 떨림을 크게 한다.
(　　　)

**천재(이)**

**11** 다음은 무엇에 대한 설명인지 쓰시오.

• 이것은 자동차가 빠르게 달리는 것을 막기 위해 도로에 설치한 것이다.
• 이것이 설치된 도로에서는 자동차가 빠르게 달릴 때 발생하는 소음을 줄일 수 있다.

(　　　　　)

**서술형** **동아, 미래엔, 비상, 아이스크림, 지학사, 천재(이)**

**12** 가구를 옮길 때 발생하는 소음을 줄이기 위한 방법에는 무엇이 있는지 한 가지 쓰시오.

_______________________________

_______________________________

**도움말** 가구를 바닥에 끄는 소리가 잘 전달되지 않도록 하는 방법을 생각해 보세요.

**▌7종 공통**

**13** 소음 줄이기 생활 수칙을 <u>잘못</u> 정한 사람의 이름을 쓰시오.

• 성윤: 집에서 뛰어다니지 않겠습니다.
• 나희: 텔레비전 소리를 줄이겠습니다.
• 주현: 밤에만 피아노 연주를 하겠습니다.

(　　　　　)

학습 결과에 색칠하세요. 

# 마무리 평가 **6**회

**7종 공통**

**1** 다음 중 구겨서 소리를 내기에 알맞은 물체는 어느 것인지 골라 쓰시오.

> 플라스틱 자, 비닐봉지, 유리병, 나무젓가락

( )

**7종 공통**

**2** 소리가 나는 트라이앵글의 특징에 대한 설명으로 옳은 것은 어느 것입니까?

( )

① 트라이앵글의 색깔이 변한다.
② 트라이앵글이 점점 차가워진다.
③ 트라이앵글이 점점 무거워진다.
④ 트라이앵글에 손을 대면 떨림이 느껴진다.
⑤ 트라이앵글에 손을 대면 아무 느낌이 없다.

**7종 공통**

**3** 다음 중 손을 대었을 때 손에 떨림이 느껴지는 것의 기호를 쓰시오.

㉠ 
▲ 치지 않은 종

㉡ 
▲ 음악이 나오는 스피커

㉢ 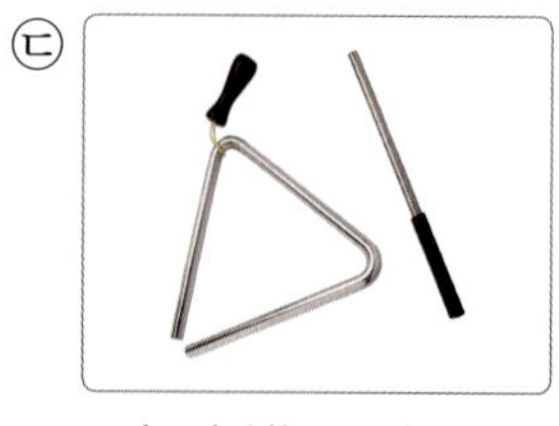
▲ 놓여 있는 트라이앵글

㉣ 
▲ 꺼져 있는 텔레비전

( )

**| 4~5 |** 다음은 작은북 위에 퐁퐁이를 올려놓고 북채로 치는 모습입니다. 물음에 답하시오.

**동아, 미래엔, 비상, 천재(이), 천재(정)**

**4** 작은북에서 작은 소리가 나는 경우에 해당하는 것을 (보기)에서 두 가지 골라 기호를 쓰시오.

(보기)
㉠ 북면이 작게 떨린다.
㉡ 북면이 크게 떨린다.
㉢ 퐁퐁이가 높게 튀어 오른다.
㉣ 퐁퐁이가 낮게 튀어 오른다.

( )

**동아, 미래엔, 비상, 천재(이), 천재(정)**

**5** 퐁퐁이를 더 높게 튀어 오르게 하는 방법으로 옳은 것은 어느 것입니까? ( )

① 작은북을 더 세게 친다.
② 작은북을 더 약하게 친다.
③ 작은북의 북면이 아닌 부분을 친다.
④ 작은북 위에 올려진 퐁퐁이의 양을 늘린다.
⑤ 작은북 위에 올려진 퐁퐁이의 크기를 크게 한다.

**서술형** **동아, 미래엔, 아이스크림, 지학사, 천재(이), 천재(정)**

**6** 일상생활에서 작은 소리를 내는 경우를 한 가지 쓰시오.

_______________________________

_______________________________

**7** 
다음은 서로 다른 세기로 친 심벌즈의 모습입니다. 두 심벌즈 중에서 더 큰 소리가 나는 경우를 골라 기호를 쓰시오.

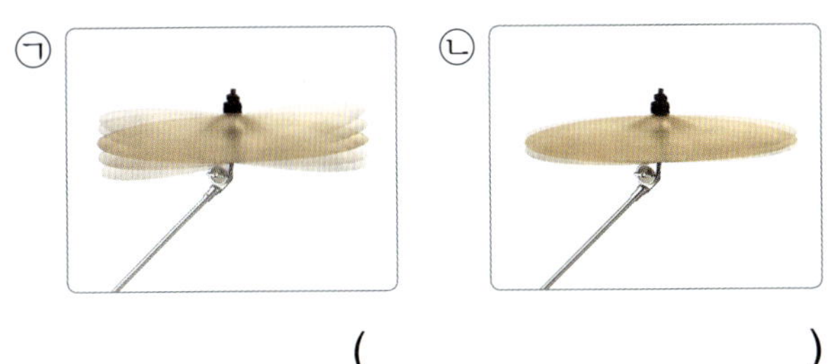

( 　　　　　　 )

**8** 
다음 ㉠과 ㉡에 들어갈 알맞은 말은 무엇인지 각각 쓰시오.

> 소리의 크고 작은 정도를 소리의 ( 　㉠　 )(이)라고 하고, 소리의 높고 낮은 정도를 소리의 ( 　㉡　 )(이)라고 한다.

㉠ ( 　　　　　 ), ㉡ ( 　　　　　 )

**9**  동아, 미래엔, 아이스크림, 지학사, 천재(정)
글로켄슈필을 연주할 때 높은 소리와 낮은 소리를 내는 방법을 쓰시오.

_______________________

_______________________

**10** 
다음 칼림바를 연주할 때 가장 높은 소리와 가장 낮은 소리가 나는 음판의 기호를 각각 쓰시오.

⑴ 가장 높은 소리가 나는 음판: ( 　　　 )

⑵ 가장 낮은 소리가 나는 음판: ( 　　　 )

**3**
단원

**6**회

**11** 
다음 기타의 ㉠~㉤을 손으로 잡고 기타 줄을 퉁겼을 때 가장 낮은 소리가 나는 것부터 기호를 쓰시오.

( 　　 ) → ( 　　 ) → ( 　　 ) → ( 　　 ) → ( 　　 )

📖 7종 공통

**12** 다양한 악기로 연주하는 관현악단의 연주를 듣고 난 후에 소리에 대해 가장 알맞게 말한 사람의 이름을 쓰시오.

> • 지환: 관현악단의 연주는 소리의 높낮이가 일정해.
> • 수진: 소리의 높낮이를 변하게 할 수 있는 악기는 없어.
> • 민주: 여러 종류의 악기로 높은 소리와 낮은 소리를 내는 연주야.

(          )

미래엔, 지학사, 천재(이), 천재(정)

**13** 소리의 높낮이를 이용하는 경우에 대한 설명으로 옳지 <u>않은</u> 것은 어느 것입니까? (     )

① 뱃고동의 낮은 소리로 먼 곳까지 신호를 보낸다.
② 화재 비상벨의 낮은 소리로 불이 난 것을 알린다.
③ 안전 요원이 호루라기의 높은 소리로 위험을 알린다.
④ 합창단은 높은 소리와 낮은 소리가 어우러져 노래를 부른다.
⑤ 구급차는 경보음의 높낮이를 다르게 하여 위급한 상황을 알린다.

( 서술형 ) 📖 7종 공통

**14** 우주에서는 우주복을 입고 장치를 해야만 서로 대화를 할 수 있는 까닭은 무엇인지 소리의 전달과 관련지어 쓰시오.

________________________________________

________________________________________

미래엔, 비상, 아이스크림

**15** 공기를 뺄 수 있는 장치 안에 스피커를 넣고 뚜껑을 닫은 후, 손잡이를 당겨 공기를 빼면서 스피커에서 나는 소리를 들어 보았습니다. 결과로 옳은 것을 ( 보기 )에서 골라 기호를 쓰시오.

( 보기 )
> ㉠ 소리의 크기가 일정하다.
> ㉡ 소리가 점점 크게 들린다.
> ㉢ 소리가 점점 작게 들린다.
> ㉣ 소리가 점점 작게 들리다가 다시 커진다.

(          )

📖 7종 공통

**16** 다음 중 소리를 전달하는 물질의 상태가 같은 것끼리 옳게 짝 지어진 것은 어느 것입니까? (     )

( 보기 )

㉠

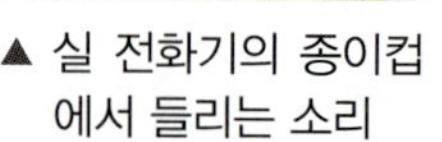
▲ 실 전화기의 종이컵에서 들리는 소리

㉡

▲ 스피커에서 나오는 소리

㉢
▲ 수중 발레 선수가 듣는 음악 소리

㉣
▲ 캐스터네츠 부딪치는 소리

① ㉠, ㉡      ② ㉠, ㉢      ③ ㉡, ㉢
④ ㉡, ㉣      ⑤ ㉢, ㉣

동아, 비상, 지학사, 천재(이), 천재(정)

**17** 오른쪽은 도로에 방음벽이 설치되어 있는 모습입니다. 방음벽을 설치한 까닭으로 알맞은 것은 어느 것입니까? (　　　)

① 도로가 어는 것을 막기 위해서이다.
② 심각한 도로의 교통 체증을 막기 위해서이다.
③ 자동차가 빠르게 달리는 것을 막기 위해서이다.
④ 도로의 소리가 전달되는 것을 줄이기 위해서이다.
⑤ 교통사고의 위험에서 어린이를 보호하기 위해서이다.

📖 7종 공통

**18** 물체와 그 물체를 사용해 소음을 줄이는 방법으로 알맞은 것을 (보기)에서 골라 각각 기호를 쓰시오.

(보기)
㉠ 걷거나 뛸 때 소리가 아래층으로 전달되는 것을 줄인다.
㉡ 창문에 설치해 밖에서 발생한 소리가 안으로 전달되는 것을 줄인다.

(1) 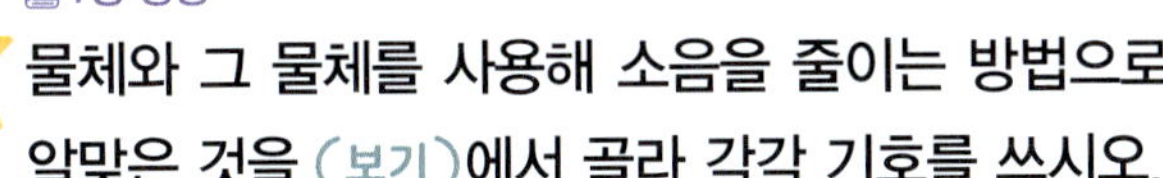 커튼　(　　　)

(2) 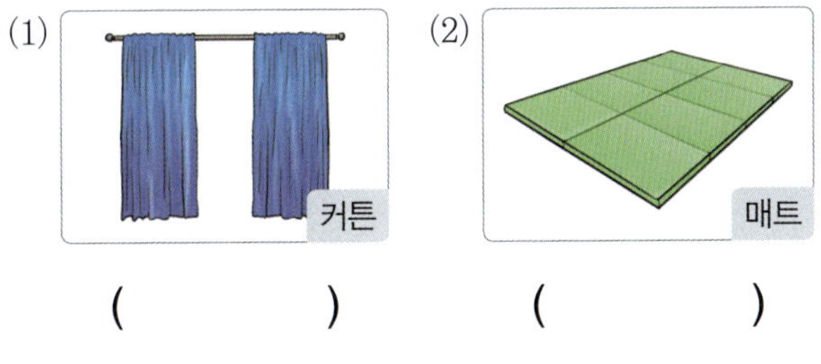 매트　(　　　)

| 19~20 | 다음은 소리가 나지 않는 소리굽쇠와 소리가 나는 소리굽쇠를 물 표면과 탁구공에 각각 대 보는 실험입니다. 물음에 답하시오.

▲ 물 표면에 소리굽쇠 대 보기

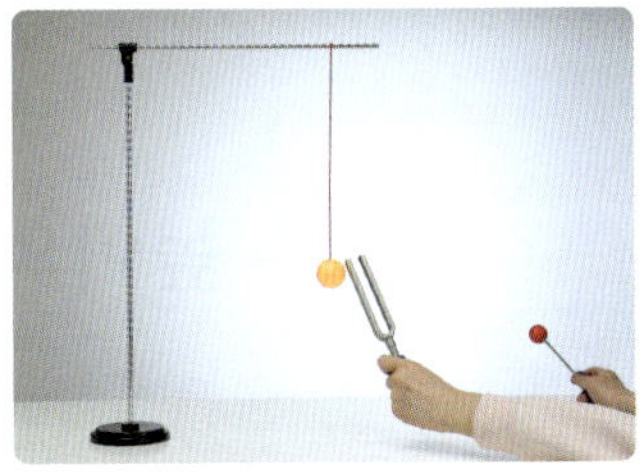

▲ 탁구공에 소리굽쇠 대 보기

동아, 미래엔, 비상, 아이스크림, 천재(이), 천재(정)

**19** 위 실험 결과에 알맞게 선으로 이으시오.

(1) 소리가 나는 소리굽쇠　·

(2) 소리가 나지 않는 소리굽쇠　·

· ㉠ 물 표면에 변화가 없다.
· ㉡ 물이 튀어 오른다.
· ㉢ 탁구공에 변화가 없다.
· ㉣ 탁구공이 튀어 오른다.

**서술형** 동아, 미래엔, 비상, 아이스크림, 천재(이), 천재(정)

**20** 위 실험을 통해 알 수 있는 소리가 나는 물체의 특징을 쓰시오.

___

학습 결과에 색칠하세요.   

# 악기 소리의 높낮이 살펴보기

○ 같은 높이의 음을 내는 악기와 다양한 높이의 음을 내는 악기를 알아봅니다.

## │ 같은 높이의 음을 내는 악기 │

**꽹과리**

놋쇠로 만들어 채로 쳐서 소리를 내는 타악기입니다.

**캐스터네츠**

조가비 모양으로 만든 두 짝의 나무를 맞부딪쳐 소리를 내는 타악기입니다.

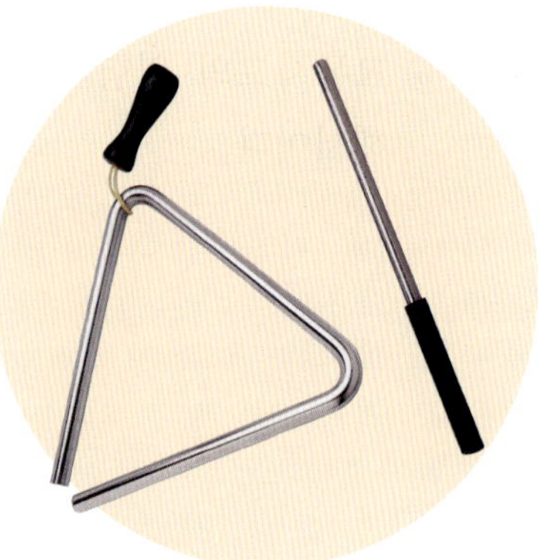

**트라이앵글**

삼각형 모양의 쇠막대를 채로 쳐서 소리를 내는 타악기입니다.

**심벌즈**

쇠붙이로 둥글고 넓적하게 만든 타악기로, 보통 두 장을 마주쳐서 소리를 내거나 한 장을 막대기로 쳐서 소리를 냅니다.

**큰북**

몸통 양쪽에 가죽을 대어 커다랗게 만들며 공 모양의 북채로 한쪽 면의 가죽을 쳐 소리를 내는 타악기입니다.

# 다양한 높이의 음을 내는 악기

## 글로켄슈필

긴 음판을 두드리면 낮은 소리가 나고, 짧은 음판을 두드리면 높은 소리가 납니다.

## 기타

기타 줄을 짧게 잡고 퉁기면 높은 소리가 나고, 길게 잡고 퉁기면 낮은 소리가 납니다.

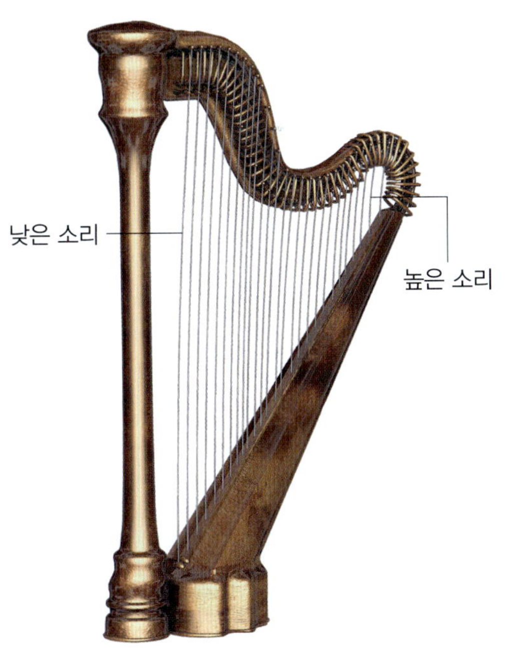


## 칼림바

긴 음판을 퉁기면 낮은 소리가 나고, 짧은 음판을 퉁기면 높은 소리가 납니다.

## 팬 플루트

긴 관을 불면 낮은 소리가 나고, 짧은 관을 불면 높은 소리가 납니다.

## 하프

긴 줄을 퉁기면 낮은 소리가 나고, 짧은 줄을 퉁기면 높은 소리가 납니다.

# 4 감염병과 건강한 생활

## ● 이번에 배울 내용

# 감염병

감기처럼 병원체가 우리 몸에 들어와 일으키는 질병

# 병원체

사람이나 동식물의 몸에 들어와 병을 일으키는 원인으로, 세균이나 바이러스, 곰팡이, 기생충 등이 있음.

# 증상

병에 걸렸을 때 나타나는 여러 가지 상태나 모양

# 습관

어떤 행위를 오랫동안 되풀이하는 과정에서 저절로 익혀진 행동 방식

## ➕ 감기와 독감

감기와 독감은 원인이 되는 병원체가 전혀 다른 감염병입니다. 감기는 코로나바이러스를 포함한 다양한 종류의 바이러스에 의해 발생하고, 독감은 인플루엔자바이러스에 의해 발생합니다. 감기는 예방 접종이 없지만, 독감은 예방 접종이 있습니다.

## ➕ 다양한 감염병의 증상

- 볼거리(유행선 이하선염): 볼이나 귀밑이 붓고 아픕니다. 열이 나거나 몸에 통증이 나타나기도 합니다.
- 무좀: 발의 피부가 허옇게 변해 벗겨지고, 간지럽습니다. 주로 발에 나타나지만, 얼굴, 손, 머리 등 몸의 다양한 곳에 증상이 생길 수 있습니다.
- 결핵: 기침이 2주 이상 계속되며, 가래가 생기고 열이 납니다.
- 코로나19: 2019년에 처음 발생하여 세계적으로 유행한 감염병으로 열, 목 아픔, 기침 등의 증상이 있습니다.



# 1 생활 속 감염병

## (1) 감염병의 의미

① 감염병: 병원체가 우리 몸에 들어와 일으키는 병을 말합니다.

② 병원체: 사람이나 동식물의 몸에 들어와 병을 일으키는 원인이 되는 세균, 바이러스, 곰팡이 등을 말합니다.

## (2) 감염병 종류와 *증상

① 우리 주변에는 감기와 같은 다양한 감염병이 있습니다. ➕

② 감염병에는 감기, 독감, 식중독, 수두, 유행성 각결막염, 수족구병, 파상풍, 볼거리, 무좀, 결핵, 코로나19 등이 있습니다. ➕

독감

열이 많이 나고, 기침, 콧물이 나오며 *몸살이 나거나 추위를 느낍니다.

식중독

상한 음식을 먹고 나서 배가 아프고, 토하며 설사를 합니다.

수두

피부에 붉은 *물집이 생기고, 가렵습니다.

유행성 각결막염

눈이 *충혈되고, 가려우며 눈곱이 낍니다.

수족구병

입안과 손발에 *발진과 물집이 생깁니다.

파상풍

흙이나 못에 상처가 오염되어 파상풍에 걸리면 근육이 굳어집니다.

## 2 감염병의 위험성

### (1) 감염병이 유행할 때 나타나는 사회의 모습 ✚

다른 사람에게 감염병을 옮길 수 있어서 *격리됩니다.

많은 사람들이 식당에 모여 식사를 할 수 없습니다.

도서관과 같은 공공시설이 문을 닫습니다.

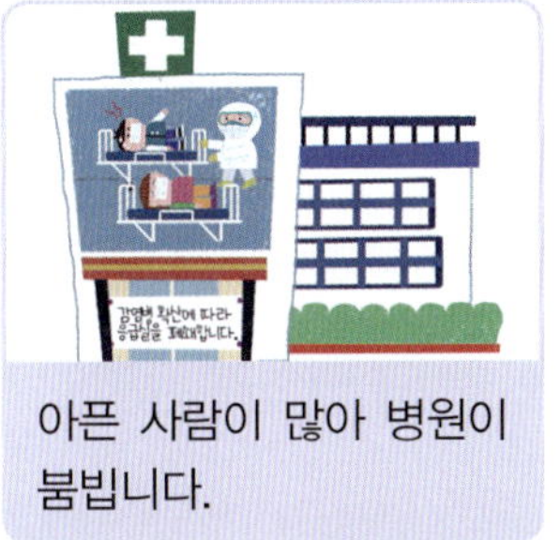

아픈 사람이 많아 병원이 붐빕니다.

공원과 놀이터에 사람들이 없습니다.

### (2) 감염병이 위험한 까닭

① 감염병은 짧은 시간 동안 많은 사람이 감염될 수 있어 매우 위험합니다.

② 몸이 아프거나 *면역력이 약한 사람이 감염병에 걸리면 생명이 위험할 수도 있습니다.

③ 감염병에 걸리면 일상생활을 하는 데 많은 불편함을 줄 수 있습니다.

짧은 시간 동안 많은 사람이 걸릴 수 있습니다.

다양한 증상이 나타나며 몸이 아픕니다.

치료를 받은 뒤에도 특정한 증상이 오랫동안 나타날 수 있습니다. → 후유증이라고 해요.

---

✚ **사회적 거리두기**

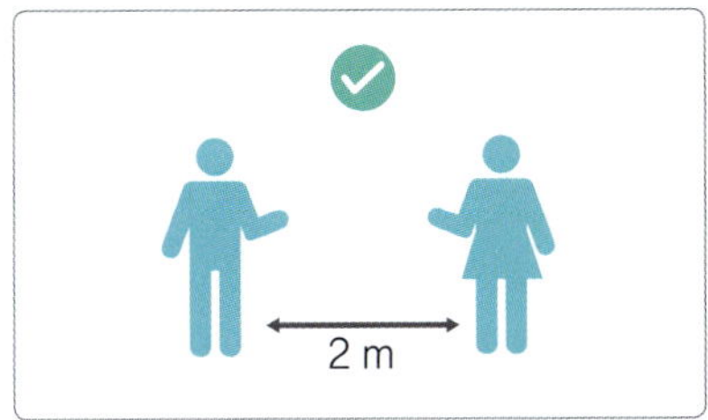


감염병이 대유행할 때 감염병이 더 퍼지는 것을 막기 위해 여러 사람이 한 장소에 모이지 못하도록 하는 것입니다.



**용어 사전**

★ **격리**   다른 사람과 만나지 못하도록 떼어 놓는 것.

★ **면역력**   사람이나 동물의 몸안에 병원체가 공격할 때 이에 저항하는 힘.

---

**핵심만** 한번 더 쓰면서 정리 !

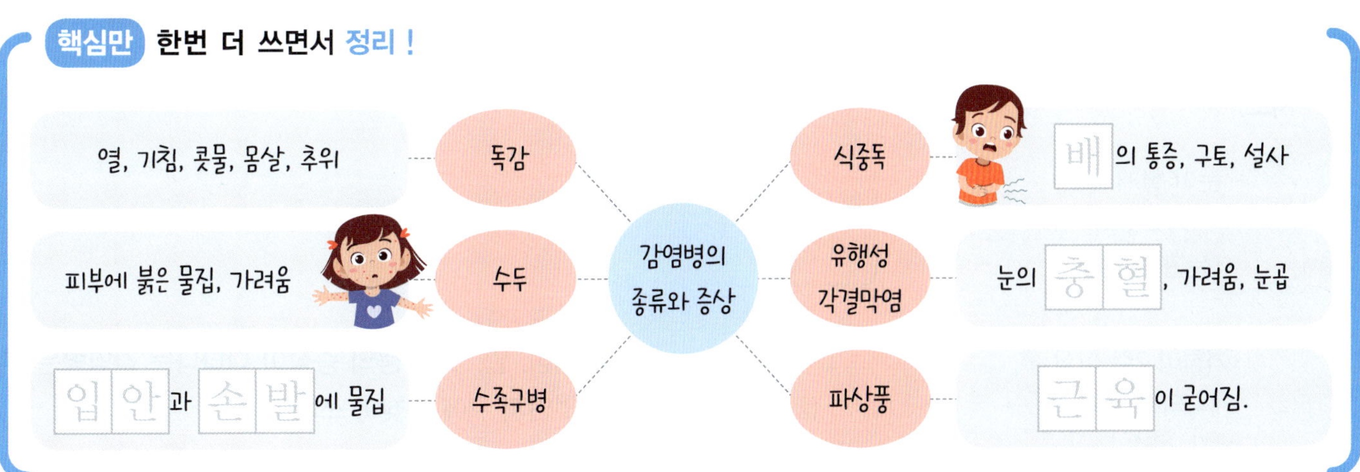

### 핵심 체크

**1** 병원체가 우리 몸에 들어와 일으키는 병을 (　　　)(이)라고 합니다.

**2** (　　　)은/는 사람이나 동식물의 몸에 들어와 병을 일으키는 원인이 되는 세균, 바이러스, 곰팡이 등을 말합니다.

**3** 상한 음식을 먹고 나서 ( 독감, 식중독 )에 걸리면 배가 아프고, 토하며 설사를 합니다.

**4** 감기와 독감은 ( 같은, 다른 ) 감염병입니다.

---



**5** 감염병에 걸린 경우가 <u>아닌</u> 것의 기호를 쓰시오.

▲ 독감에 걸림.　　▲ 팔이 부러짐.　　▲ 수두에 걸림.

(　　　　　　　　)



**6** 다음 증상과 관련 있는 감염병을 찾아 선으로 이으시오.

(1) 눈이 빨개지고, 가려우며 눈곱이 낀다.　·

　·㉠ 유행성 각결막염

(2) 기침이 2주 이상 계속되며, 가래가 생기고 열이 난다.　·

　·㉡ 결핵

| 7~8 | 다음은 여러 가지 감염병의 종류입니다. 물음에 답하시오.

| 독감 | 식중독 | 수족구병 | 파상풍 |

동아, 미래엔, 아이스크림

**7** 다음에서 설명하는 감염병은 무엇인지 위에서 찾아 쓰시오.

- 다른 사람에게 쉽게 옮길 수 있는 감염병이다.
- 입안과 손발에 발진과 물집이 생긴다.

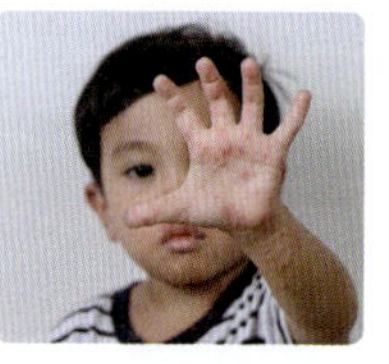

(　　　　　　　　)



**8** 기침, 열, 콧물 등의 증상이 나타나는 감염병은 무엇인지 위에서 찾아 쓰시오.

(　　　　　　　　)

**디지털 문해력**  비상, 아이스크림, 지학사, 천재(이), 천재(정)

**9** 다음 인터넷 뉴스를 보고 알 수 있는 사실로 옳지 <u>않은</u> 것을 두 가지 고르시오. (          )

한 초등학교에서 노로바이러스에 의한 식중독 환자가 집단으로 발생해 보건당국이 역학 조사를 하고 있습니다. 지난 6일 해당 초등학교에서 급식을 먹은 직후 학생 39명과 교사 6명이 복통과 설사, 구토 증상을 보여 보건소에서 역학 조사를 한 결과, 일부 반찬에서 노로바이러스가 검출되었습니다. 해당 학교는 급식을 중단하고, 긴급 대책 회의를 진행하고 있습니다.

① 식중독은 어린아이만 감염된다.
② 식중독은 음식을 통해 감염될 수 있다.
③ 바이러스에 의해 식중독에 걸릴 수 있다.
④ 식중독에 걸리면 2주 정도 후에 증상이 나타난다.
⑤ 식중독에 감염되면 복통, 설사, 구토 증상이 나타난다.

**서술형**  미래엔, 비상, 지학사

**10** 볼거리(유행성 이하선염)의 증상을 한 가지 쓰시오.

_______________________________________

**도움말** 이하선은 귀밑에 있는 침샘을 말해요.

---

**아이스크림**

**11** 무좀에 대한 설명으로 옳은 것은 어느 것입니까?
(          )

① 설사를 한다.
② 콧물이 난다.
③ 열이 많이 난다.
④ 기침이 많이 난다.
⑤ 피부가 허옇게 변해 벗겨진다.

**📖 7종 공통**

**12** 감염병이 유행할 때 사회의 모습으로 옳지 <u>않은</u> 것을 (보기)에서 골라 기호를 쓰시오.

(보기)
㉠ 감염병 환자는 격리된다.
㉡ 공공시설이 문을 닫는다.
㉢ 공원과 놀이터에 사람들이 많이 모인다.
㉣ 많은 사람들이 식당에 모여 식사를 할 수 없다.

(          )

**📖 7종 공통**

**13** 감염병이 위험한 까닭을 옳게 설명한 사람의 이름을 쓰시오.

• 우성: 다른 사람에게 옮기는 감염병은 없기 때문이야.
• 수근: 몸이 약한 사람은 생명이 위험할 수도 있기 때문이야.
• 원영: 많은 사람이 감염되려면 매우 오랜 시간이 걸리기 때문이야.

(          )

학습 결과에 색칠하세요.   

**4**
단원
1회

➕ **휴대 전화에서 병원체가 많이 발견되는 까닭**

휴대 전화는 일상생활에서 손으로 자주 만지는 물건이기 때문에 병원체가 묻기 쉽습니다.

➕ **형광 로션을 확인하는 방법**

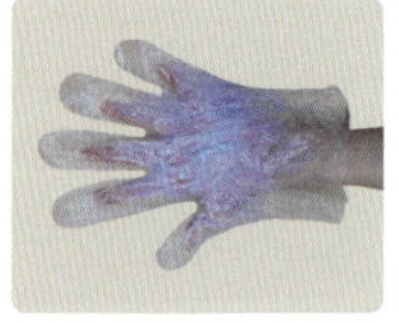

▲ 형광 로션이 묻은 비닐장갑

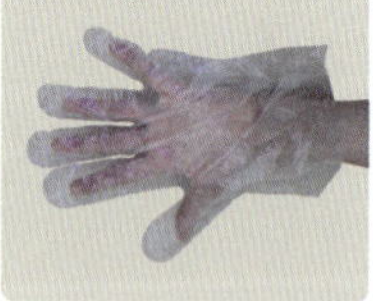

▲ 일반 로션이 묻은 비닐장갑

형광 로션은 자외선 손전등의 빛을 비추면 밝게 빛납니다. 주변을 어둡게 하면 결과를 잘 관찰할 수 있습니다.

**용어 사전**

★ **접촉** 어떤 것이 다른 것과 맞붙어서 닿음.

★ **비말** 기침이나 재채기, 말을 할 때 코나 입에서 나오는 작은 물방울.

---

## 1 *접촉과 *비말을 통한 감염 과정

**(1) 접촉(손)을 통한 감염 과정**

① 감염병에 걸린 사람과 직접 닿거나, 병원체가 묻은 옷이나 물건 등을 만지면 감염병에 걸릴 수 있습니다. ➕

② 접촉을 통한 감염을 예방하려면 손을 깨끗이 씻어야 합니다.

③ 접촉을 통한 감염 과정 알아보기

> **과정**
>
> ❶ 반 친구들 중 한 사람만 형광 로션이 묻어 있는 비닐장갑을 끼고, 나머지 사람은 일반 로션이 묻어 있는 비닐장갑을 낍니다.
>
> ❷ 각자 다섯 명의 친구를 만나 장갑을 낀 손으로 악수합니다.
>
> ❸ 교실을 어둡게 한 뒤 자외선 손전등의 빛을 비추어 장갑을 확인합니다. ➕
>
> 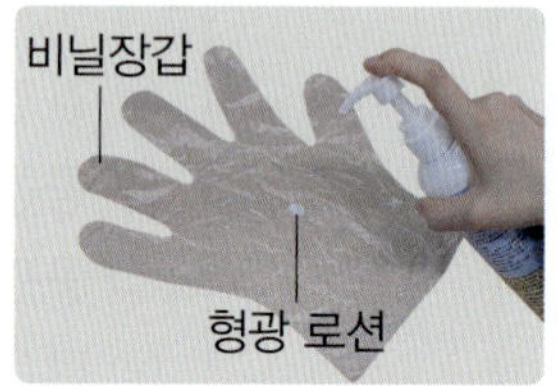
> 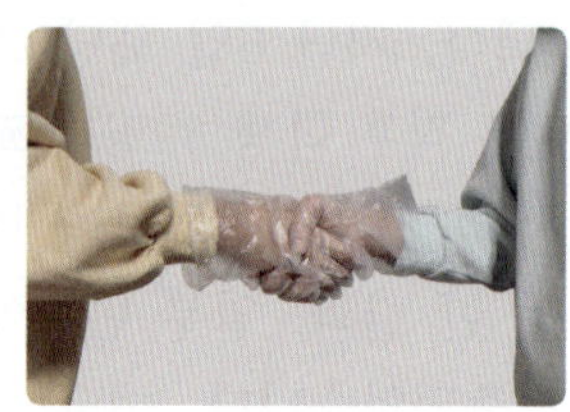
> 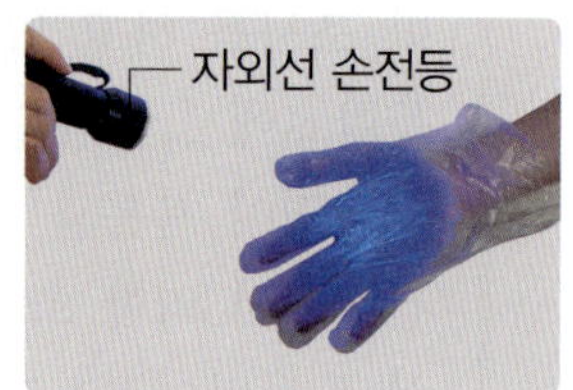
> 
>
> **결과** 예 반 전체 학생 20명 중에 15명의 장갑이 밝게 빛났습니다.
>
> ➡ 한 장갑에만 묻어 있던 형광 로션이 악수를 하면서 손에서 손으로 퍼지게 되었습니다. ┌→ 형광 로션은 병원체를 의미하고, 형광 로션이 다른 친구의 손에 닿는 것은 병원체가 손을 통해 다른 사람에게 옮겨 가는 것을 의미해요.

**(2) 비말(침방울)을 통한 감염 과정**

① 감염병에 걸린 사람이 입을 가리지 않고 기침을 하거나 말을 하면 비말이 튀어 감염병에 걸릴 수 있습니다.

② 비말을 통한 감염을 예방하려면 사람이 많은 곳에서는 거리두기를 하거나 마스크를 씁니다.

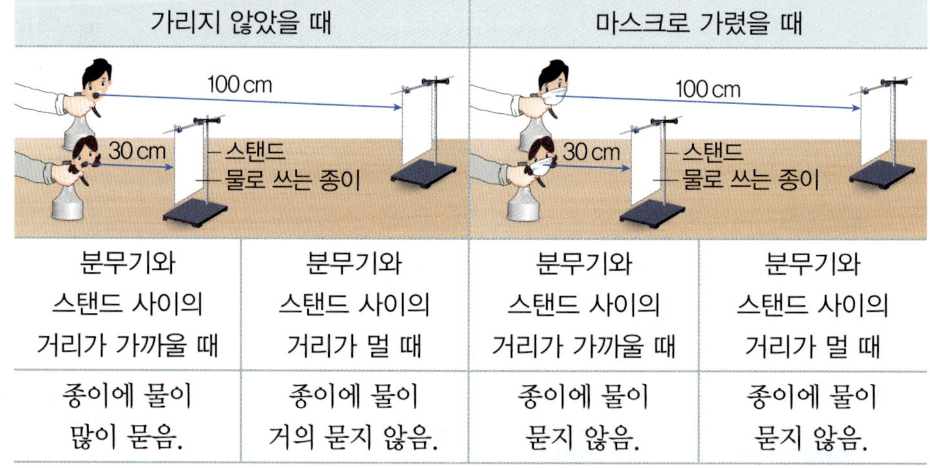


| 분무기의 물이 나오는 부분을 가리지 않았을 때 | | 분무기의 물이 나오는 부분을 마스크로 가렸을 때 | |
|---|---|---|---|
| 분무기와 스탠드 사이의 거리가 가까울 때 | 분무기와 스탠드 사이의 거리가 멀 때 | 분무기와 스탠드 사이의 거리가 가까울 때 | 분무기와 스탠드 사이의 거리가 멀 때 |
| 종이에 물이 많이 묻음. | 종이에 물이 거의 묻지 않음. | 종이에 물이 묻지 않음. | 종이에 물이 묻지 않음. |

**서술형** 미래엔, 천재(이)

**9** 앞의 **7**번과 **8**번 답을 참고하여 감염을 예방하려면 어떻게 해야 하는지 쓰시오.

**도움말** 사람이 많은 곳에서 감염을 예방하려면 어떻게 해야 하는지 생각해 보세요.

**7종 공통**

**10** 다음은 여러 가지 감염 과정 중 무엇에 해당하는 경우입니까? (　　　　)

입을 가리지 않고 기침하는 친구와 함께 놀고 난 뒤에 감기가 옮았다.

① 물을 통한 감염　　② 공기를 통한 감염
③ 음식을 통한 감염　　④ 비말을 통한 감염
⑤ 접촉을 통한 감염

**7종 공통**

**11** 감염병의 감염 과정에 대한 설명으로 옳은 것은 ○표, 옳지 <u>않은</u> 것은 ×표 하시오.

⑴ 감염 과정은 생활 습관과 관련이 없다.

(　　　　)

⑵ 감염병은 공기나 물을 통해서도 감염될 수 있다.　　　　　　　　　　(　　　　)

⑶ 감염병은 항상 감염병에 걸린 사람과 직접 접촉해야만 감염된다.　　(　　　　)

**7종 공통**

**12** 감염병에 걸리거나 감염병을 유행시킬 수 있는 생활 습관을 가진 사람의 이름을 쓰시오.

- 아리: 평소에 손을 깨끗하게 씻었어.
- 하정: 독감에 걸려서 학교에 가지 않았어.
- 서빈: 한 접시에 있는 떡볶이를 친구와 사이좋게 같이 먹었어.

(　　　　　　　　　　)

**디지털 문해력** **7종 공통**

**13** 다음은 하율이가 현장 학습을 다녀온 후에 SNS에 올린 글의 일부입니다. ㉠~㉢ 중 감염병에 걸리기 쉬운 생활 습관은 무엇인지 골라 기호를 쓰시오.

(　　　　　　　　　　)

학습 결과에 색칠하세요.　

## ➕ 일상생활에서 손을 씻어야 할 때

- 화장실을 이용한 후 손을 씻습니다.
- 음식을 준비하기 전에 손을 씻습니다.
- 밥을 먹기 전에 손을 씻습니다.
- 외출하고 집에 돌아오면 손을 씻습니다.
- 기침을 하거나 코를 푼 뒤 손을 씻습니다.

## ➕ 기침 예절

- 기침을 할 때에는 옷소매로 입과 코를 가리고 합니다.
- 사람이 없는 쪽으로 얼굴을 돌린 뒤 휴지로 입과 코를 가리고 기침을 합니다.
- 기침이 심할 때에는 마스크를 쓰는 것이 좋습니다.



★ **손깍지** 열 손가락을 서로 엇갈리게 하여 바짝 맞추어 잡은 손.

★ **환기** 탁한 공기를 맑은 공기로 바꿈.

---

## 1 감염병 예방 수칙

┌ 감염병을 예방하기 위해 생활하면서 지켜야 할 약속을 감염병 예방 수칙이라고 해요.

### (1) 병원체를 막거나 없애 감염병을 예방하는 방법

① 비누로 손을 꼼꼼하게 씻고, 씻지 않은 손으로 눈, 코, 입을 만지지 않습니다. ➕

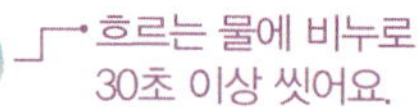
올바른 손 씻기 6단계   ┌ 흐르는 물에 비누로 30초 이상 씻어요.

손바닥과 손바닥을 마주 대고 문지릅니다.

손등과 손바닥을 마주 대고 문지릅니다.

손바닥을 마주 대고 *손깍지를 끼고 문지릅니다.

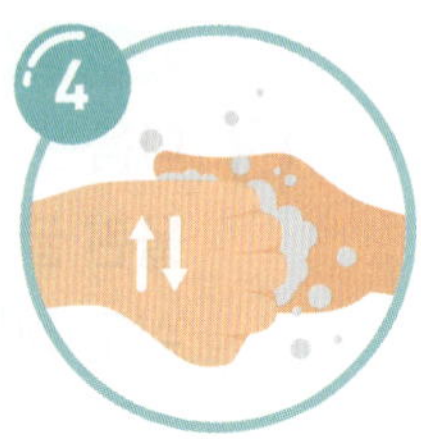
손가락을 마주 잡고 문지릅니다.

엄지손가락을 다른 편 손바닥으로 돌려 주면서 문지릅니다.

손가락을 반대편 손바닥에 놓고 문지르며 손톱 밑을 깨끗하게 합니다.

② 기침이나 재채기를 할 때에는 휴지나 옷소매로 입과 코를 가립니다. ➕

③ 음식을 충분히 익혀 먹고 깨끗한 물을 마십니다.

④ 음식을 개인 접시에 덜어 먹습니다.

⑤ 문과 창문을 열어 실내*환기를 자주 하고, 먼지가 쌓이지 않도록 주기적으로 청소합니다.

⑥ 감염병이 유행할 때에는 마스크를 씁니다.

[비누로 손을 씻는 까닭 알아보기]

> **과정**
> ❶ 세 사람이 손에 형광 로션을 바르고, 자외선 손전등의 빛을 비춥니다.
> ❷ 한 사람은 물로만 손을 씻고 자외선 손전등의 빛을 비춥니다.
> ❸ 다른 한 사람은 비누로 손을 씻고 자외선 손전등의 빛을 비춥니다.
>
> 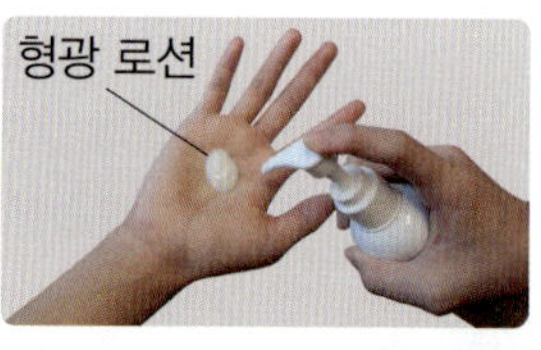
> 
> 
> 
>
> **결과** 씻지 않았을 때와 물로만 씻었을 때는 자외선 손전등을 비추면 밝게 빛나고, 비누로 씻었을 때는 밝게 빛나지 않습니다.
> ➡ 비누로 씻었을 때 형광 로션을 가장 잘 씻어 낼 수 있습니다.

## (2) 건강 관리를 통해 감염병을 예방하는 방법

① 충분히 휴식을 취합니다.

② 운동 계획을 세우고, 규칙적으로 운동을 합니다.

③ 몸을 따뜻하게 합니다.

④ 음식을 골고루 먹고, 몸을 건강하게 할 수 있는 *식습관을 가집니다.

⑤ 정해진 시기에 *예방 접종을 합니다. ➕ ┌ 예방 접종을 하기 전에는 내 몸의 상태가 어떤지 확인을 해야 하고, 가능하면 예방 접종을 한 날에는 목욕을 피하고 충분히 쉬어야 해요.

## 2 감염병으로부터 안전한 사회를 만들기 위한 노력

① 감염병으로부터 안전한 사회를 만들기 위해 개인, 학교, 지역, 국가 등이 함께 노력하고 있습니다.

② 감염병 예방 수칙 실천, 감염병 예방 교육, 예방 접종, *방역 활동 등을 통해 감염병으로부터 안전한 사회를 만들 수 있습니다.

| 개인 | 집, 학교, 놀이터 등 여러 장소에서 감염병 예방 수칙을 잘 지킵니다. |
|---|---|
| 학교 | • 학교 안에서 일어나는 감염병을 빠르게 발견하고, 신속하게 대처하여 감염병 유행을 막습니다.<br>• 감염병 예방에 대한 교육뿐만 아니라 올바른 실천 방법을 안내합니다.<br>• 학생들이 감염병의 대처 방안을 알고 예방 습관을 실천할 수 있도록 지도합니다. |
| 지역 | • 병원이나 보건소에서 여러 가지 질병을 치료합니다.<br>• 해마다 유행하는 감염병에 대해 안내하고, 예방 접종을 실시하여 지역에서 감염병이 *확산되지 않도록 합니다. |
| 국가 | • 해외의 감염병 정보를 파악하고, 감염병 치료 약을 개발하기 위해 노력합니다.<br>• 방역 정책을 실시하여 감염병이 퍼지는 것을 막습니다.<br>• 전 세계적으로 감염병이 퍼지는 것을 막기 위해 다른 나라와 협력합니다. |

➕ 예방 접종을 해야 하는 까닭

• 예방 접종을 하면 병원체가 우리 몸에 들어와도 이겨 낼 수 있는 힘이 생기기 때문입니다.
• 예방 접종을 하면 감염병에 걸리더라도 증상이 약하기 때문입니다.

**4 단원 3회**

**용어 사전**

✱ **식습관** 음식을 먹는 습관.

✱ **예방 접종** 감염병에 감염되는 것을 미리 막기 위해 예방약을 몸에 넣어 주는 일.

✱ **방역** 감염병 발생이나 유행을 미리 막는 것.

✱ **확산** 흩어져 널리 퍼짐.

---

**핵심만** 한번 더 쓰면서 정리 !

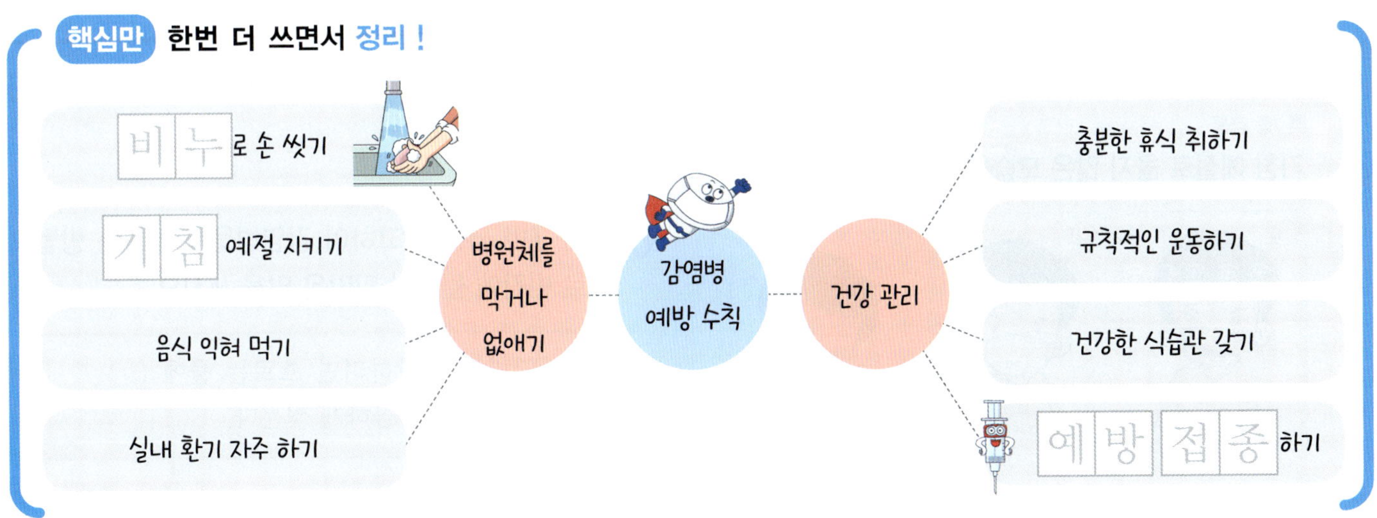

# 문제 학습



**1** 감염병을 예방하기 위해 생활하면서 지켜야 할 약속을 무엇이라고 합니까?

**2** 기침이나 재채기를 할 때에는 ( 휴지, 손 )(으)로 입과 코를 가립니다.

**3** 기침이 심할 때에는 (      )을/를 쓰는 것이 좋습니다.

**4** (      )은/는 감염병에 감염되는 것을 미리 막기 위해 예방약을 몸에 넣어 주는 일입니다.

---

📖 7종 공통

**5** 손 씻기에 대한 설명으로 옳은 것은 ○표, 옳지 않은 것은 ×표 하시오.

(1) 밥 먹기 전에만 손을 씻으면 된다. (      )

(2) 흐르는 물에 비누로 30초 이상 씻는다.
(      )

(3) 손톱 밑은 깨끗하므로 손바닥과 손등만 씻으면 된다. (      )

📖 7종 공통

**6** 기침 예절로 옳지 <u>않은</u> 모습을 골라 기호를 쓰시오.

(                    )

| 7~8 | 다음과 같이 손에 형광 로션을 바르고 손 씻기 활동을 하였습니다. 물음에 답하시오.

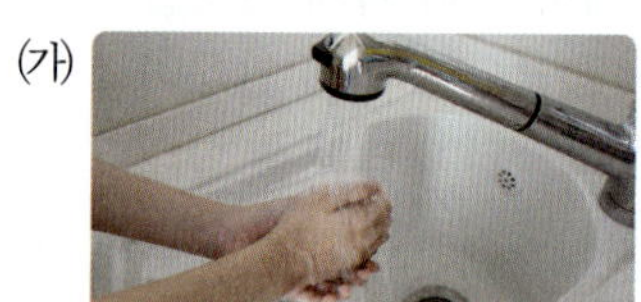

▲ 흐르는 물에 30초 동안 손 씻기

▲ 비누칠을 하여 흐르는 물에 30초 동안 손 씻기

미래엔, 비상, 천재(이), 천재(정)

**7** 위 (가)와 (나) 중 손을 씻은 후 자외선 손전등의 빛을 비추었을 때 밝게 빛나지 않는 경우는 어느 것인지 기호를 쓰시오.

(                    )

📖 7종 공통

**8** 위 **7**번 답을 참고하여 감염병을 예방하는 방법으로 빈칸에 들어갈 알맞은 말을 쓰시오.

> 감염병을 예방하려면 흐르는 물에 (      ) (으)로 손을 꼼꼼하게 씻는다.

(                    )

**7종 공통**

**9** 병원체를 막거나 없애 감염병을 예방하는 방법으로 옳은 것을 두 가지 고르시오. (        )

① 음식을 충분히 익혀 먹는다.
② 마스크는 병원 안에서만 쓴다.
③ 깨끗한 물인지 확인하고 마신다.
④ 먼지가 들어오지 않게 창문을 열지 않는다.
⑤ 세제를 아끼기 위해 음식은 한 접시에 담아 같이 먹는다.

**7종 공통**

**10** 감염병으로부터 안전한 사회를 만들기 위해 개인이 할 수 있는 노력으로 알맞은 것을 골라 기호를 쓰시오.

㉠

▲ 방역 활동

㉡

▲ 손 씻기

(                    )

**7종 공통**

**11** 감염병 예방을 위해 학교에서 하는 노력을 <u>잘못</u> 말한 사람의 이름을 쓰시오.

- 상미: 학생들에게 감염병 예방에 대한 교육을 해.
- 우진: 학교 안에서 일어나는 감염병을 빠르게 발견하고, 신속하게 대처해.
- 승재: 해외의 감염병 정보를 파악하고, 감염병 치료 약을 개발하기 위해 노력해.

(                    )

**서술형**  **7종 공통**

**12** 평소에 건강 관리를 통해 감염병을 예방하는 방법을 두 가지 쓰시오.

_______________________________

_______________________________

**도움말** 감염병을 예방하는 방법에는 병원체를 막거나 없애는 방법이 있고, 건강 관리를 하는 방법이 있어요.

**디지털 문해력**  **7종 공통**

**13** 다음은 질병관리청에서 보낸 안전안내문자입니다. 빈칸에 들어갈 알맞은 말은 무엇인지 쓰시오.

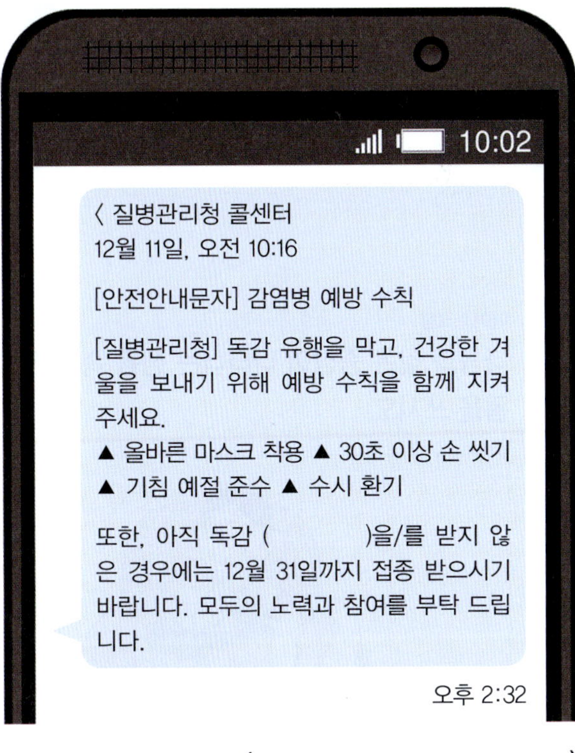


(                    )

학습 결과에 색칠하세요.     

# 마무리 평가 4회

**7종 공통**

**1** 다음 (    ) 안에 공통으로 들어갈 알맞은 말은 무엇인지 쓰시오.

> • 세균, 바이러스, 곰팡이가 우리 몸에 들어와 일으키는 병을 (        )(이)라고 한다.
> • 우리 주변에는 감기와 같은 다양한 (        )이/가 있다.

(                    )

**서술형** **7종 공통**

**2** 오른쪽과 같이 계단에서 넘어져 뼈가 부러진 것은 감염병인지, 아닌지 그 까닭과 함께 쓰시오.

_______________________________

_______________________________

**아이스크림**

**3** 다음과 같은 증상이 나타나는 생활 속 감염병의 이름을 쓰시오.

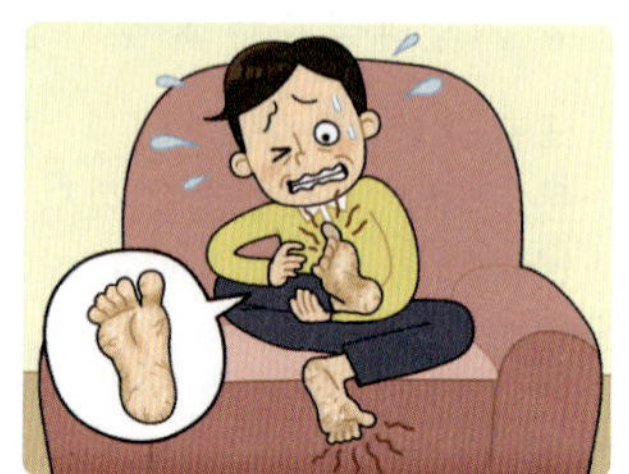

> • 발의 피부가 허옇게 벗겨지고, 간지럽다.
> • 주로 발에 나타나지만, 얼굴, 손, 머리 등 다양한 곳에 증상이 생길 수 있다.

(                    )

| 4~5 | 다음은 우리 생활 속에서 발생하는 감염병입니다. 물음에 답하시오.

> ㉠ 독감    ㉡ 식중독    ㉢ 파상풍    ㉣ 수족구병

**7종 공통**

**4** 위 ㉠~㉣ 중 다음과 같은 특징을 가진 감염병을 골라 기호를 쓰시오.

> • 열이 많이 나고, 기침, 콧물이 나오며 몸살이 나거나 추위를 느낀다.
> • 인플루엔자바이러스에 의해 발생한다.

(                    )

**동아, 미래엔, 아이스크림**

**5** 위 ㉣의 증상을 나타낸 그림은 어느 것입니까?

(          )

①  ② 

③  ④ 

**6** 
감염병이 유행할 때 나타나는 사회의 모습으로 옳은 것에 ○표 하시오.

⑴ 식당에 사람이 많다. 　　　　　　　( 　　 )
⑵ 병원에 환자가 줄어든다. 　　　　　( 　　 )
⑶ 감염병에 걸리면 격리되기도 한다. ( 　　 )
⑷ 도서관과 같은 공공시설을 자유롭게 이용할 수 있다. 　　　　　　　　　　　( 　　 )

**7** 7종 공통
감염병의 위험성에 대한 설명으로 옳지 <u>않은</u> 것은 어느 것입니까? ( 　　　 )

① 후유증이 나타날 수 있다.
② 감염병에 걸리면 몸이 아프다.
③ 모든 감염병은 기침 증상이 나타난다.
④ 몸이 약한 사람에게 더 위험할 수 있다.
⑤ 감염병에 걸리면 일상생활에 불편함을 줄 수 있다.

**8** 서술형　7종 공통
다음 그림을 보고, 감염병이 위험한 까닭은 무엇인지 한 가지 쓰시오.

___________________________________

___________________________________

**| 9~10 |** 다음 실험 과정을 보고, 물음에 답하시오.

㉮ 반 친구들 중 한 사람만 형광 로션이 묻어 있는 비닐장갑을 끼고, 나머지 사람은 일반 로션이 묻어 있는 비닐장갑을 낀다.
㉯ 각자 다섯 명의 친구를 만나 장갑을 낀 손으로 악수한다.
㉰ 교실을 어둡게 한 뒤 자외선 손전등의 빛을 비추어 장갑을 확인한다.

**9** 미래엔, 비상, 아이스크림, 천재(이)
위 ㉰ 과정에서의 결과를 옳게 말한 사람의 이름을 쓰시오.

• 지나: 모든 친구들의 장갑이 빛나지 않아.
• 해인: 처음에 형광 로션이 묻어 있던 장갑만 밝게 빛나.
• 민석: 처음에 일반 로션이 묻어 있던 장갑 중에서도 밝게 빛나는 장갑들이 있어.

( 　　　　　　　　　 )

**10** 미래엔, 비상, 아이스크림, 천재(이)
위 실험은 무엇을 알아보기 위한 것입니까?

( 　　 )

① 침을 통한 감염 과정
② 접촉을 통한 감염 과정
③ 공기를 통한 감염 과정
④ 비말을 통한 감염 과정
⑤ 물이나 음식을 통한 감염 과정

**7종 공통**

**11** 손 씻기, 마스크 쓰기, 기침 예절 지키기와 같이 감염병을 예방하기 위해 생활하면서 지켜야 할 약속을 무엇이라고 하는지 쓰시오.

(          )

**서술형** **7종 공통**

**12** 일상생활에서 손을 씻어야 하는 경우를 두 가지 쓰시오.

______________________________

______________________________

______________________________

**7종 공통**

**13** 다음 (보기)는 감염병을 예방하는 방법입니다. 분류 기준에 알맞게 분류하여 기호를 쓰시오.

(보기)
- ㉠ 음식을 골고루 먹는다.
- ㉡ 규칙적으로 운동을 한다.
- ㉢ 창문을 열어 실내 환기를 자주 한다.
- ㉣ 먼지가 쌓이지 않도록 주기적으로 청소한다.

| 병원체를 막거나 없애기 | 건강 관리하기 |
| --- | --- |
| (1) | (2) |

|14~15| 다음과 같이 두 사람이 손에 형광 로션을 각각 바르고 다른 방법으로 손을 씻었습니다. 물음에 답하시오.

(가)  (나) 

▲ 흐르는 물에 30초 동안 손 씻기     ▲ 비누칠을 하여 흐르는 물에 30초 동안 손 씻기

미래엔, 비상, 천재(이), 천재(정)

**14** 위와 같이 손을 씻은 후 자외선 손전등의 빛을 비추었을 때의 결과에 맞게 선으로 이으시오.

(1) (가) •

(2) (나) •

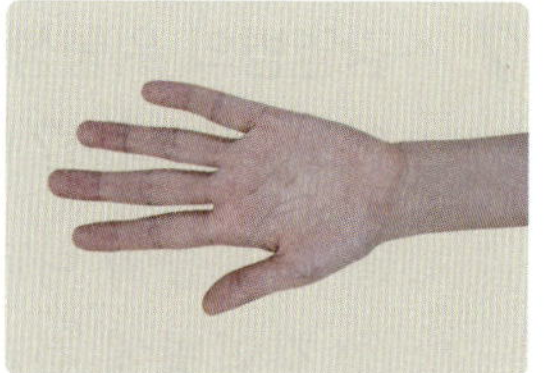

• ㉠

• ㉡

미래엔, 비상, 천재(이), 천재(정)

**15** 위 실험 결과를 통해 알 수 있는 사실로 옳은 것에 ○표 하시오.

(1) 손 씻기는 감염병 예방에 효과가 없다.

(     )

(2) 물로만 손을 씻어도 병원체가 손에 남지 않는다.

(     )

(3) 비누칠을 하여 손을 씻으면 병원체를 더 잘 씻어 낼 수 있다.

(     )

📖 7종 공통

**16** 올바른 기침 예절에 대한 설명으로 옳지 <u>않은</u> 것을
(보기)에서 골라 기호를 쓰시오.

─(보기)─

㉠ 기침이 심할 때에는 마스크를 쓴다.

㉡ 기침을 할 때 옷소매로 입과 코를 가리고
한다.

㉢ 기침을 할 때 손바닥으로 입과 코를 가리고
한다.

㉣ 사람이 없는 쪽으로 얼굴을 돌리고 기침을
한다.

(       )

📖 7종 공통

**17** 다음 빈칸에 공통으로 들어갈 알맞은 말은 무엇인
지 쓰시오.

• (     )을/를 하면 감염병에 걸리더라도
증상이 약하다.

• (     )을/를 하면 병원체가 우리 몸에 들
어와도 이겨 낼 수 있는 힘이 생긴다.

(       )

⭐ 📖 7종 공통

**18** 감염병으로부터 안전한 사회를 만들기 위한 노력
으로 옳지 <u>않은</u> 것은 어느 것입니까? (     )

① 개인은 감염병 예방 수칙을 잘 지킨다.

② 학교에서는 감염병 예방 교육을 실시한다.

③ 지역에서는 예방 접종을 실시하여 감염병 확
산을 막는다.

④ 국가에서는 방역 정책을 실시하여 감염병이
퍼지는 것을 막는다.

⑤ 국가에서는 해외의 감염병이 우리나라에 퍼
지는 것을 막기 위해 다른 나라와 협력하지
않는다.

|19~20| 다음과 같이 분무기의 물이 나오는 부분에
얼굴 그림을 끼운 뒤, 스탠드에 고정된 물로 쓰는 종이
에 물을 뿌리는 실험을 하였습니다. 물음에 답하시오.

(가)
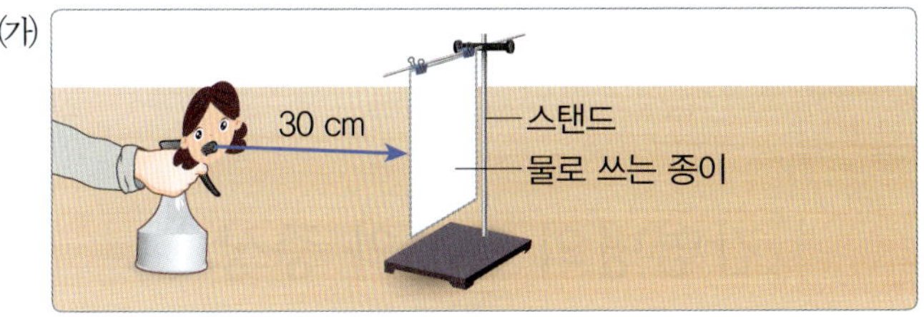

▲ 물이 나오는 부분을 가리지 않았을 때

(나)
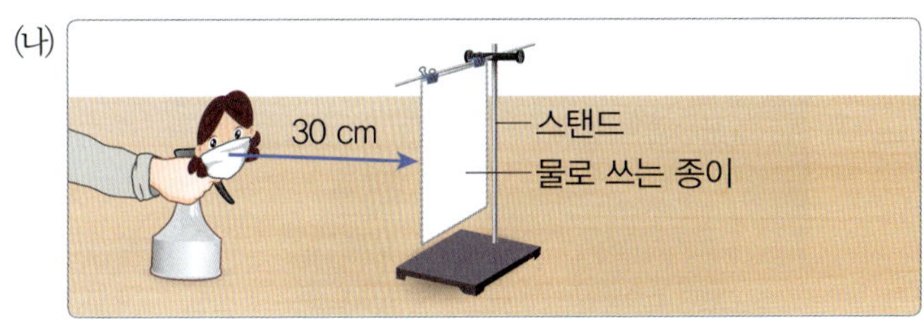

▲ 물이 나오는 부분을 마스크로 가렸을 때

미래엔, 천재(이)

**19** 위 (가)와 (나)의 실험 결과로 알맞은 말에 각각 ○표
하시오.

| 구분 | 실험 결과 |
| --- | --- |
| (가) | 종이에 물이 ( 묻지 않음, 많이 묻음 ). |
| (나) | 종이에 물이 ( 묻지 않음, 많이 묻음 ). |

서술형   미래엔, 천재(이)

**20** 위 실험 결과를 통해 알 수 있는 점을 감염병 예방
과 관련지어 쓰시오.

________________________________

________________________________

________________________________

학습 결과에 색칠하세요.   

# 감염병 살펴보기

- 생활 속 감염병의 종류와 증상을 알아봅니다.
- 병원체의 종류를 알아봅니다.

## | 감염병의 종류와 증상 |

**독감**

열이 많이 나고, 기침, 콧물이 나오며 몸살이 나거나 추위를 느낍니다.

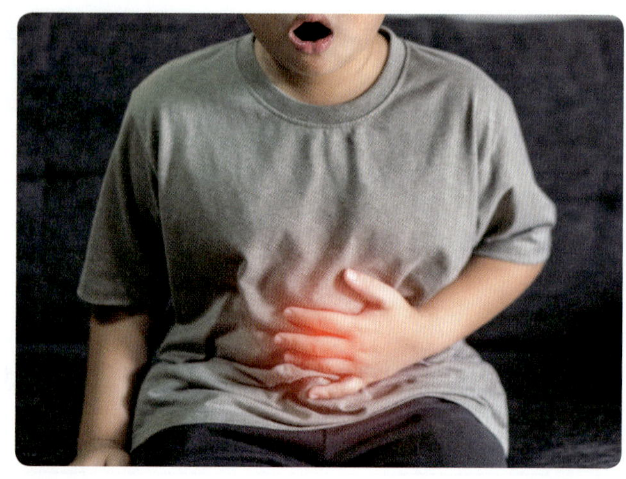

**식중독**

상한 음식을 먹고 나서 배가 아프고, 토하며 설사를 합니다.

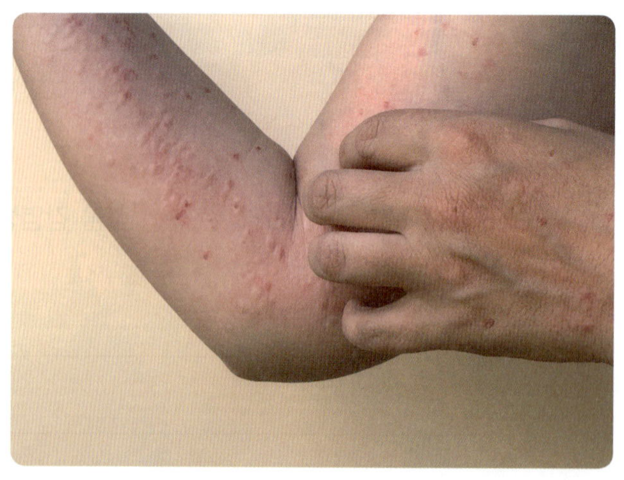

**수두**

피부에 붉은 물집이 생기고, 가렵습니다.

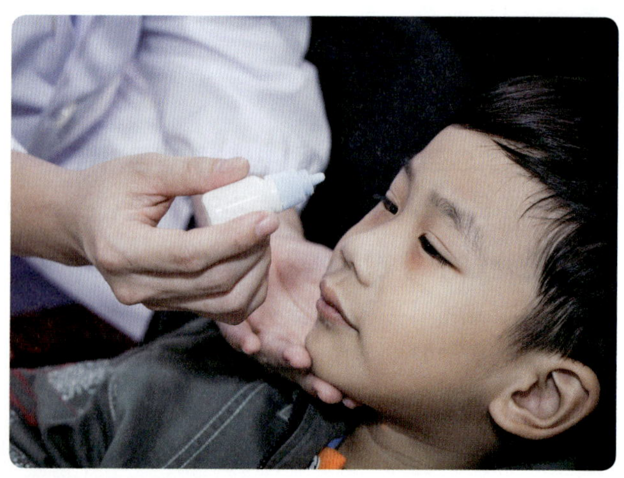

**유행성 각결막염**

눈이 충혈되고, 가려우며 눈곱이 낍니다.

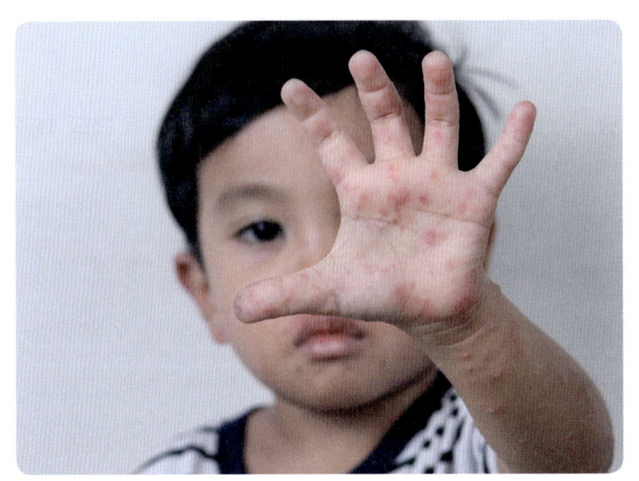

**수족구병**

입안과 손발에 발진과 물집이 생깁니다.

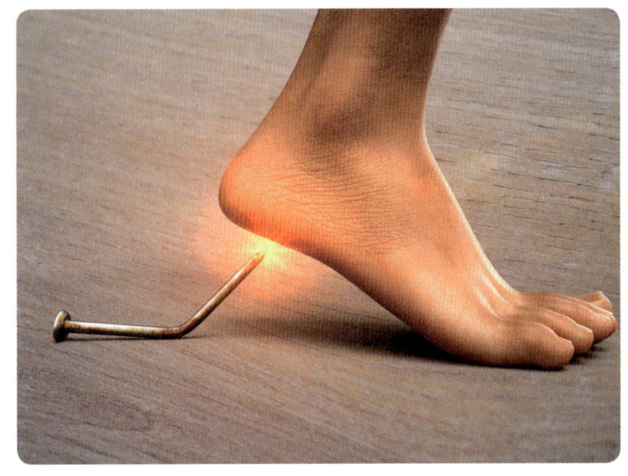

**파상풍**

흙이나 못에 상처가 오염되어 파상풍에 걸리면 근육이 굳어집니다.

## 병원체의 종류

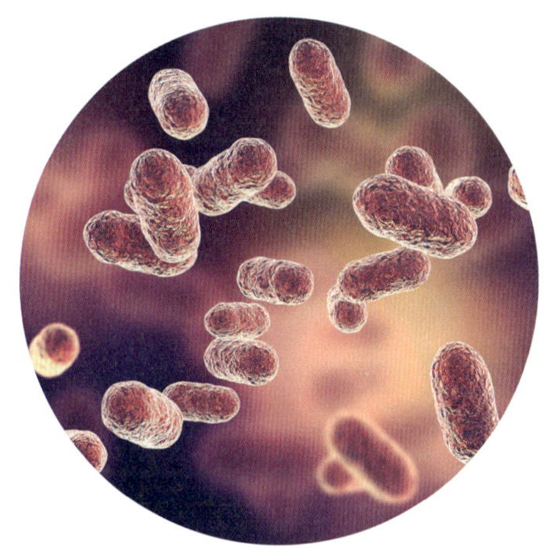

**세균**

세균은 어디에서나 살 수 있습니다. 질병을 일으키는 세균에는 충치균, 결핵균, 살모넬라균 등이 있습니다.

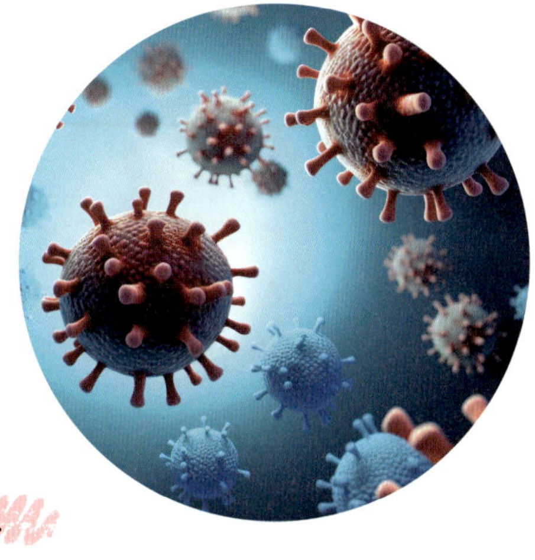

**바이러스**

바이러스는 생물의 세포 안에서만 살아갈 수 있습니다. 코로나19나 독감은 바이러스로 인한 감염병입니다.

**곰팡이**

곰팡이는 주로 덥고 습한 여름에 흔히 볼 수 있으며, 곰팡이로 인해 무좀과 같은 피부 질환에 감염될 수 있습니다.

● 가로 열쇠와 세로 열쇠를 읽고, 퍼즐을 풀어 보세요.

● 정답 18쪽

## 가로 열쇠

1 바닷물이 육지 쪽으로 밀려 들어오면서 바닷물의 높이가 높아지는 현상
3 상한 음식을 먹고 나서 복통, 구토, 설사 등의 증상이 나타나는 감염병
5 병원체가 우리 몸에 들어와 일으키는 병
6 많은 물이 땅으로 둘러싸여 고여 있는 지형
9 U자형 강철 막대를 쳐 같은 높이의 소리를 내는 기구
11 고유한 향과 무늬가 있는 물질
12 일정한 모양과 부피를 가지고 있는 물질의 상태

## 세로 열쇠

2 모양이 있고 공간을 차지하는 것
4 인플루엔자바이러스에 의해 발생하는 감염병
7 입안과 손발에 발진과 물집이 생기는 감염병
8 쉽게 다양한 모양과 색깔의 물체로 만드는 물질
9 기분을 좋지 않게 하고 건강을 해치는 시끄러운 소리
10 투명하고 충격에 의해 쉽게 깨지는 물질
12 잡아당기면 늘어났다가 놓으면 원래대로 돌아가는 성질이 있는 물질
13 일정한 모양이나 부피가 없는 물질의 상태

2022 개정 교육과정
동아출판

# 백점

## 과학 3·2

### 평가북

- 빠르게 정리하는 **단원 핵심 개념**
- 학교 시험 대비 수준별 **단원 평가**

동아출판

# 백점

## 과학 3·2

평가북

## 차례

# 1. 물체와 물질

● 정답 **19**쪽

## 1 여러 가지 물질의 성질

▶ **물체와 물질**: 모양이 있고 공간을 차지하는 것을 물체라고 하고, 물체를 만드는 재료를 ☐☐①이라고 합니다.

▶ **여러가지 물질의 성질**

| 나무 | | 금속 | |
|---|---|---|---|
| | 고유한 향과 무늬가 있으며 물에 뜸. | | 광택이 있고 단단함. |
| 유리 | | 플라스틱 | |
| | 투명하고, 단단하지만 쉽게 깨질 수 있음. | | 색깔과 모양을 다양하게 만들 수 있음. |

## 2 물질의 종류에 따른 물체 분류

▶ **물질의 종류에 따른 물체 분류**: 우리 주변의 물체는 물질의 ☐☐②에 따라 분류할 수 있습니다.

나무
북채    나무 숟가락

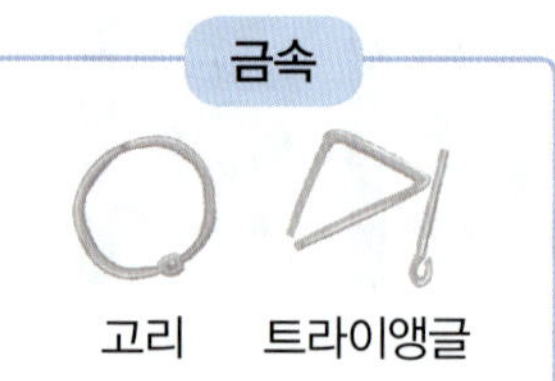
금속
고리    트라이앵글

유리
유리 주전자    꽃병

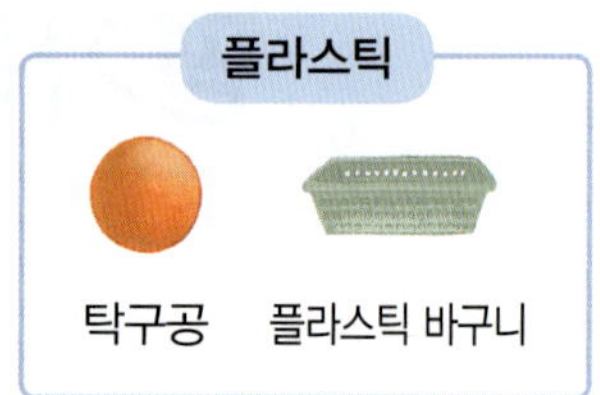
플라스틱
탁구공    플라스틱 바구니

▶ **물질의 성질을 이용한 물체**: 물체의 쓰임새에 알맞은 물질의 성질을 이용하면 물체를 더 편리하게 사용할 수 있습니다.

## 3 고체와 액체의 성질

▶ ☐☐③ : 담는 용기에 관계없이 원래의 모양과 부피가 변하지 않는 물질의 상태
　예 책, 가위, 시계, 가방, 필통, 연필 등

▶ **액체**: 담는 용기에 따라 모양은 변하지만, 부피는 변하지 않는 물질의 상태
　예 물, 우유, 식용유, 주스, 간장, 꿀 등

## 4 기체의 성질

▶ **우리 주변의 공기**: 공기는 눈으로 볼 수 없고 손으로 잡을 수 없지만, 고체, 액체와 같이 공간을 차지하고 이동하는 성질이 있습니다.

▶ ☐☐④ : 담는 용기에 따라 모양이 변하고, 용기 안의 공간을 가득 채우는 물질의 상태

▶ **기체의 성질을 이용한 예**

▲ 풍선

▲ 튜브

▲ 에어 캡

# 단원 평가 A 단계

**1. 물체와 물질**

맞은 개수 ／15

---

## 여러 가지 물질의 성질

**1** 물질에 대한 설명으로 옳은 것에 ○표 하시오.

(1) 물질의 종류가 달라도 성질은 같다. (　　　)

(2) 물질에는 시계, 풍선, 장갑 등이 있다.
　　　　　　　　　　　　　　　　　(　　　)

(3) 주변의 물체는 여러 가지 물질로 이루어져
　　있다. (　　　)

**2** 다음 물체는 각각 어떤 물질로 만들어졌는지 (보기) 에서 골라 기호를 쓰시오.

(보기)
　㉠ 금속　　㉡ 종이　　㉢ 나무
　㉣ 유리　　㉤ 섬유　　㉥ 플라스틱

(1) 

（　　　）

(2) 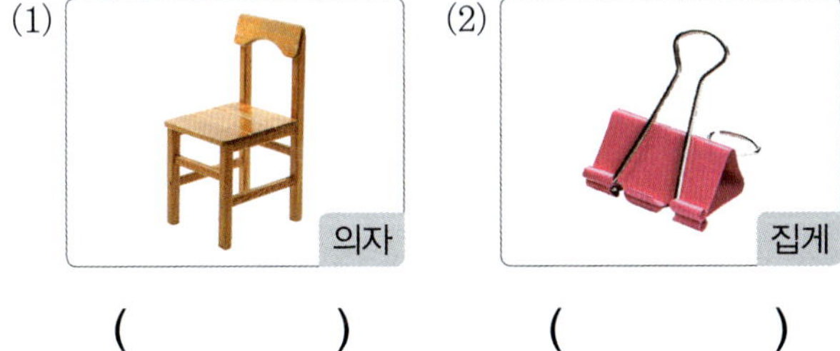

（　　　）

**3** 다음 네 가지 막대 중 물에 넣었을 때 물에 뜨는 막대를 골라 이름을 쓰시오.

   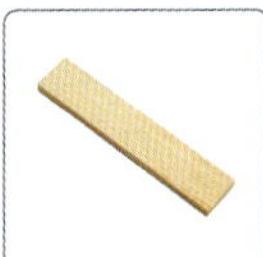
▲ 금속 막대　▲ 고무 막대　▲ 유리 막대　▲ 나무 막대
（　　　　　　　　　　　　　） 막대

---

## 물질의 종류에 따라 물체 분류하기

**4** 오른쪽의 꽃병을 이루는 물질과 같은 물질을 사용하여 만든 물체는 어느 것입니까? (　　　)

① 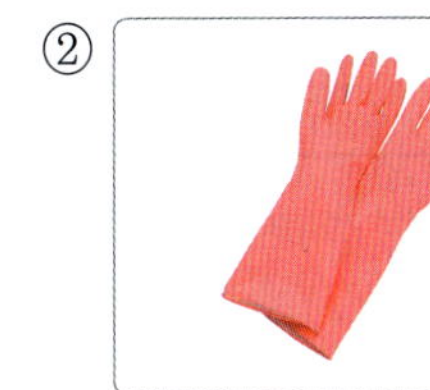
▲ 자물쇠

② 
▲ 고무장갑

③ 
▲ 어항

④ 
▲ 도마

**5** 다음 주변의 다양한 물체를 분류한 기준으로 옳은 것을 (보기)에서 골라 기호를 쓰시오.

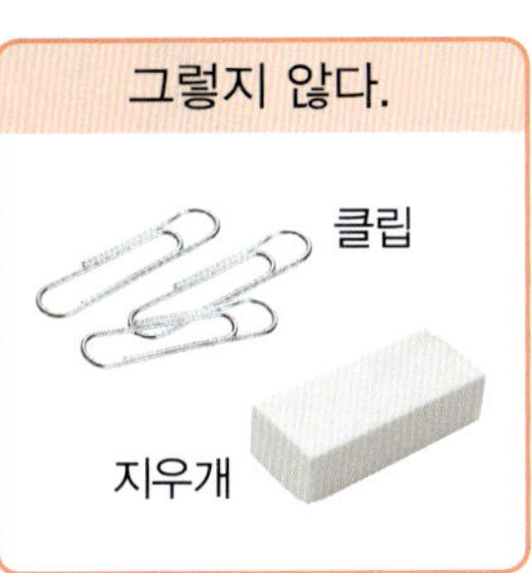


(보기)
㉠ 물에 젖는가?
㉡ 공간을 차지하는가?
㉢ 금속으로만 이루어졌는가?
㉣ 두 가지 이상의 물질로 이루어졌는가?

（　　　　　　　　　　　）

**1** 단원 A단계

**6** 다음과 같은 특징을 가진 그릇을 만들려고 합니다. 어떤 물질로 만드는 것이 가장 좋은지 (보기)에서 골라 이름을 쓰시오.

> 단단하고 광택이 있으며, 떨어뜨려도 깨지지 않는다.

(보기)
유리　금속　나무　플라스틱

( 　　　　　　 )



**7** 우리 주변 여러 가지 물질 중 눈으로 직접 볼 수 없는 것은 어느 것입니까? ( 　　　 )

① ▲ 플라스틱
② ▲ 나무
③ ▲ 물
④ ▲ 주스
⑤ ▲ 지퍼 백에 든 공기

**8** 여러 가지 물질을 주어진 분류 기준에 따라 분류하여 쓰시오.

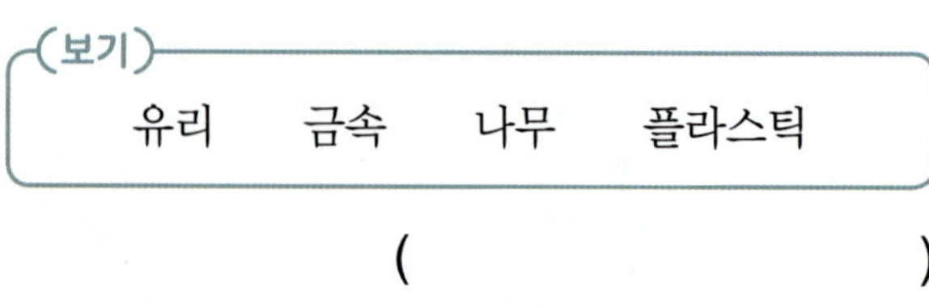


ㄱ ( 　　　　　　 )
ㄴ ( 　　　　　　 )



**9** 고체에 대한 설명에는 '고체', 액체에 대한 설명에는 '액체'라고 쓰시오.

⑴ 흐르는 성질을 가지고 있다. ( 　　　 )

⑵ 담는 그릇에 따라 모양이 변한다.
( 　　　 )

⑶ 담는 그릇이 바뀌어도 모양이 일정하다.
( 　　　 )

⑷ 눈으로 볼 수 있고, 손으로 잡을 수 있다.
( 　　　 )

**10** 오른쪽 책과 물질의 상태가 같은 것끼리 옳게 짝 지은 것은 어느 것입니까? ( 　　　 )

① 빗물, 꿀, 우산
② 가위, 시계, 우유
③ 연필, 간장, 안경
④ 설탕, 가방, 연필
⑤ 가방, 식용유, 주스

**| 11~12 |** 투명한 그릇에 물을 담고 높이를 표시한 후 여러 가지 모양의 그릇에 차례대로 옮겨 담았습니다. 물음에 답하시오.

**11** 물을 여러 가지 모양의 그릇에 옮겨 담았을 때 나타나는 변화를 옳게 말한 사람의 이름을 쓰시오.

> • 중원: 물의 색깔이 변해.
> • 보석: 물의 모양이 변해.
> • 주성: 물의 색깔과 모양이 변하지 않아.

( )

**12** 위 실험에서 다시 처음의 컵에 물을 옮겨 담았을 때 물의 높이에 대한 설명으로 옳은 것을 (보기)에서 골라 쓰시오.

> ─(보기)─
> ㉠ 처음 표시한 물의 높이와 같다.
> ㉡ 처음 표시한 물의 높이보다 낮아진다.
> ㉢ 처음 표시한 물의 높이보다 높아진다.

( )

기체의 성질

**13** 기체가 공간을 차지하는 성질을 이용한 예로 옳지 않은 것에 ×표 하시오.

(1)

▲ 비눗방울

(2)

▲ 안경

(3)

▲ 응원용 막대 풍선

( )　　( )　　( )

**| 14~15 |** 다음과 같이 뚜껑을 닫은 페트병을 수조 바닥까지 밀어 넣으며 탁구공의 위치와 수조 안 물의 높이 변화를 관찰하였습니다. 물음에 답하시오.

**14** 뚜껑을 닫은 페트병을 수조 바닥까지 밀어 넣었을 때 수조 안 물의 높이 변화로 옳은 것에 ○표 하시오.

⑴ 처음 물의 높이와 같다. ( )

⑵ 처음 물의 높이보다 높아진다. ( )

⑶ 처음 물의 높이보다 낮아진다. ( )

**15** 뚜껑을 닫은 페트병을 수조 바닥까지 밀어 넣은 상태에서 페트병의 뚜껑을 열었을 때 탁구공의 위치 변화로 옳은 것은 어느 것입니까? ( )

① 탁구공이 공중에 뜬다.

② 탁구공이 위아래로 움직인다.

③ 탁구공이 수조 바닥에 가라앉아 있다.

④ 탁구공이 물 위로 점점 떠오르면서 처음 위치와 같아진다.

⑤ 가라앉아 있던 탁구공이 물 위로 떠오르다가 물속 한가운데에서 멈춘다.

**1**<br>단원<br>**A**단계

**1** 물질에 대한 설명으로 빈칸에 들어갈 알맞은 말을 쓰시오.

> 물질은 (　　　　)을/를 만드는 재료로 금속, 나무, 플라스틱, 유리 등이 있다.

(　　　　　　　　　　)

**2** 오른쪽 물체를 만드는 데 사용된 물질의 성질로 옳은 것은 어느 것입니까? (　　　)

① 물에 젖는다.
② 쉽게 찢어진다.
③ 잡아당기면 늘어난다.
④ 고유한 향과 무늬가 있다.
⑤ 다양한 모양과 색깔로 만들 수 있다.

|3~4| 다음은 모양과 크기가 같은 네 가지 물질의 막대입니다. 물음에 답하시오.

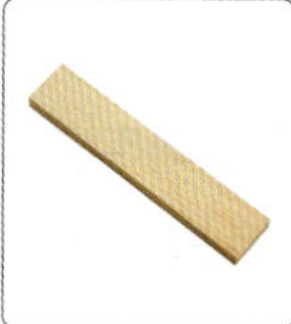

▲ 금속 막대　　▲ 고무 막대　　▲ 나무 막대　　▲ 플라스틱 막대

**3** 위 막대들을 이루는 물질의 휘어지는 정도를 비교하기 위한 방법으로 옳은 것에 ○표 하시오.

(1) 막대를 구부려 본다. (　　　)
(2) 막대를 서로 긁어 본다. (　　　)
(3) 글자 위에 막대를 올려 본다. (　　　)
(4) 막대를 물이 담긴 수조에 넣어 본다. (　　　)



**4** 앞 네 가지 막대를 서로 긁었을 때 다음과 같은 결과가 나왔습니다. 이것을 통해 알 수 있는 사실은 무엇인지 쓰시오.

> • 금속 막대와 고무 막대를 서로 긁었을 때: 고무 막대가 긁혔다.
> • 금속 막대와 나무 막대를 서로 긁었을 때: 나무 막대가 긁혔다.
> • 금속 막대와 플라스틱 막대를 서로 긁었을 때: 플라스틱 막대가 긁혔다.

_______________________________________

_______________________________________

**5** 다음 물체를 주어진 분류 기준에 맞게 분류하시오.

▲ 윷

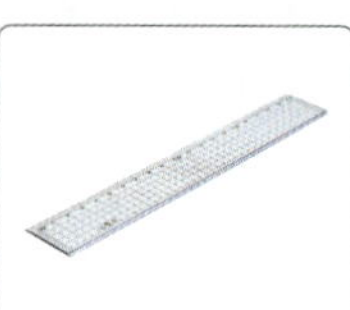
▲ 자

▲ 가위

▲ 소화기　　▲ 자물쇠

분류 기준: 물체를 이루는 물질의 개수

| 한 가지 물질로 만들어진 물체 | 두 가지 이상의 물질로 만들어진 물체 |
| --- | --- |
| (1) | (2) |

**6** 자전거의 각 부분을 이루고 있는 물질에 대한 설명으로 옳은 것을 〈보기〉에서 골라 기호를 쓰시오.

〈보기〉
㉠ 손잡이는 손에 잘 잡히도록 유리로 만든다.
㉡ 타이어는 잘 굴러가도록 부드러운 섬유로 만든다.
㉢ 몸체는 튼튼하고 잘 부러지지 않도록 금속으로 만든다.

(                    )

**서술형**

**7** 다음 여러 가지 장갑 중 설거지할 때 사용하기에 가장 편리한 장갑의 기호를 쓰고, 그 까닭을 쓰시오.

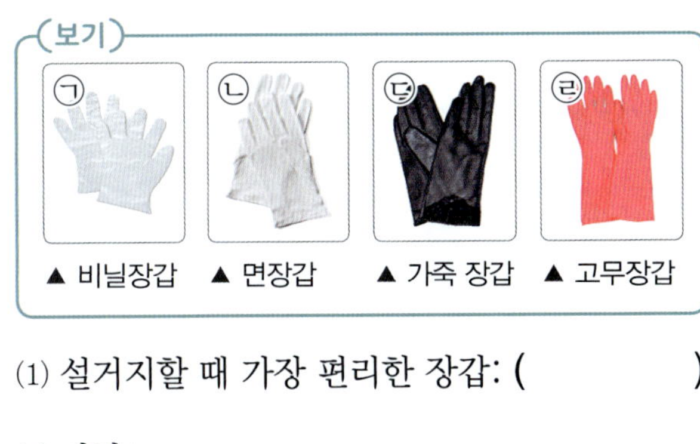


(1) 설거지할 때 가장 편리한 장갑: (                    )

(2) 까닭: ______________________________

______________________________

______________________________

**8** 그릇을 유리로 만들었을 때의 좋은 점을 옳게 말한 사람의 이름을 쓰시오.

• 지안: 단단해서 떨어뜨려도 깨지지 않아.
• 서준: 투명해서 그릇에 무엇이 있는지 쉽게 알 수 있어.
• 도윤: 플라스틱으로 만들어진 그릇에 비해 가벼운 편이야.

(                    )

| **9~10** | 나무 막대, 물, 지퍼 백에 든 공기를 눈으로 보고 손으로 잡아 보았습니다. 물음에 답하시오.

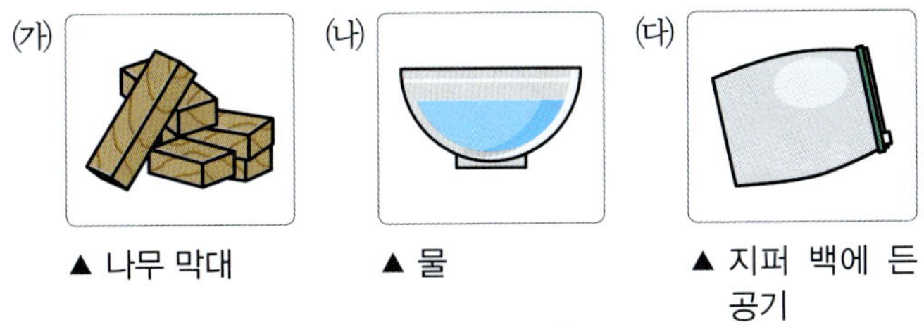


**9** 다음은 위 ⑺~⑼ 중 어느 것에 대한 질문과 답인지 기호를 쓰시오.

| 질문 | 답 |
| --- | --- |
| • 눈으로 볼 수 있나요? | 예. |
| • 손으로 잡을 수 있나요? | 예. |
| • 담는 용기에 따라 모양이 변하나요? | 아니요. |

(                    )

**10** 위 ⑺~⑼ 중 손으로 잡을 수 없는 것을 모두 골라 기호를 쓰시오.

(                    )

**11** 다음과 같은 특징을 가지는 물질끼리 옳게 짝 지은 것은 어느 것입니까? (       )

> 눈으로 직접 볼 수 있지만, 손으로 잡을 수 없다.

① 물, 종이
② 물, 주스
③ 공기, 나무
④ 주스, 고무
⑤ 플라스틱, 섬유

**12** 다음 중 '손으로 잡을 수 있는가?'라는 분류 기준으로 분류할 때, 같은 무리로 분류할 수 없는 것은 어느 것입니까? (       )

①
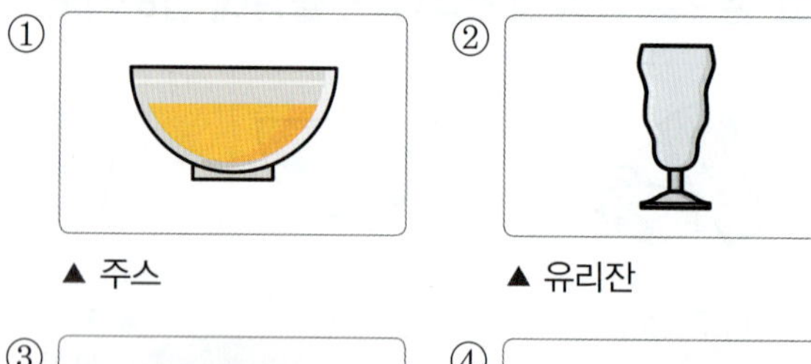
▲ 주스

②
▲ 유리잔

③
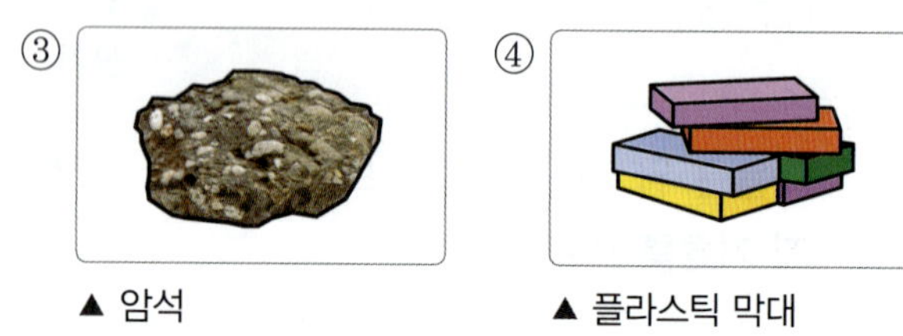
▲ 암석

④
▲ 플라스틱 막대

**13** 다음 (       ) 안에 들어갈 알맞은 말을 각각 쓰시오.

> 담는 용기가 바뀌면 (   ㉠   )이/가 바뀌는 액체와 달리, 나무나 플라스틱과 같은 (   ㉡   ) 상태의 물질은 담는 용기가 바뀌어도 (   ㉠   ) 와/과 부피가 변하지 않는다.

㉠ (                ), ㉡ (                )

**14** 식용유, 꿀, 바닷물의 공통된 성질로 옳은 것을 〈보기〉에서 골라 기호를 쓰시오.

▲ 꿀

▲ 식용유

▲ 바닷물

> 〈보기〉
> ㉠ 모양이 일정하다.
> ㉡ 눈에 보이지 않는다.
> ㉢ 손으로 잡아서 옮길 수 있다.
> ㉣ 담는 용기에 관계없이 원래의 부피는 변하지 않는다.

(                              )

서술형

**15** 물을 모양이 다른 용기에 옮겨 담았다가 처음에 사용한 용기에 다시 옮겨 담았을 때 물의 높이로 옳은 것의 기호를 쓰고, 그 까닭을 쓰시오.

㉠
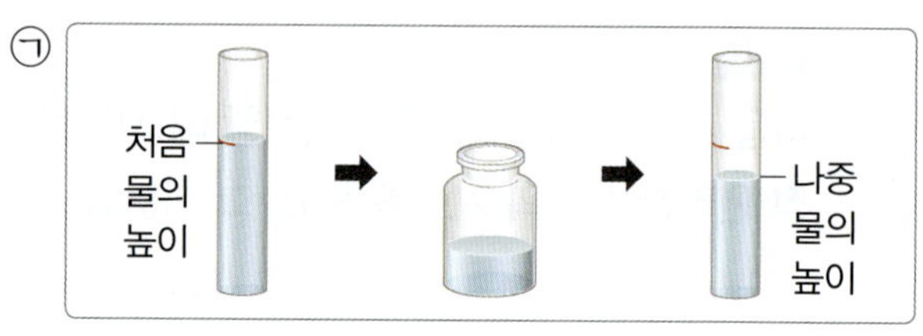


㉡
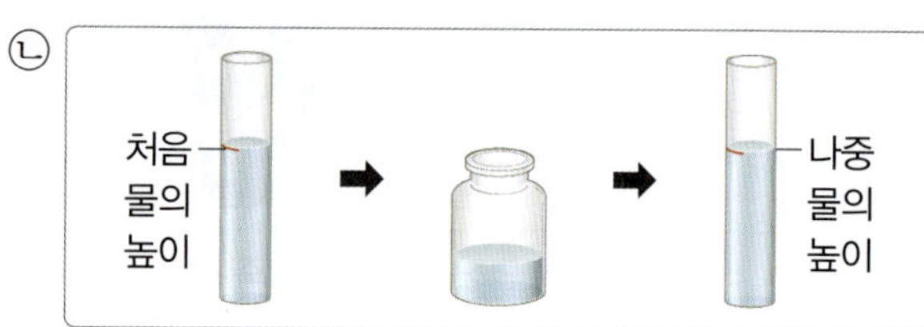


(1) 물의 높이가 옳은 것: (                    )

(2) 까닭: __________________________________

__________________________________

__________________________________

**16** 여러 가지 모양의 투명한 용기에 나무 막대와 주스를 넣은 모습을 보고 알 수 있는 차이점으로 옳은 것을 (보기)에서 골라 기호를 쓰시오.

▲ 나무 막대

▲ 주스


　㉠ 담는 용기가 바뀌면 나무 막대의 부피는 변하고, 주스는 모양이 변한다.
　㉡ 담는 용기가 바뀌면 나무 막대의 모양은 변하지 않지만, 주스의 모양은 변한다.
　㉢ 담는 용기가 바뀌면 나무 막대의 부피는 변하고, 주스의 모양은 변하지 않는다.

(　　　　　　　　　　)

**17** 다음 (　　　) 안에 들어갈 알맞은 말을 각각 쓰시오.

둥근 모양의 풍선에 들어 있는 공기는 (　㉠　) 모양이고, 하트 모양의 풍선에 들어 있는 공기는 (　㉡　) 모양이다.

㉠ (　　　　　　　　), ㉡ (　　　　　　　　)

**서술형**

**18** 풍선에 공기 주입기로 공기를 넣으면 풍선이 부풀어 오르는 까닭을 공기의 이동과 관련지어 쓰시오.

_______________________________

_______________________________

|19~20| 물이 담긴 수조에 탁구공을 띄우고, 뚜껑을 닫은 페트병으로 덮었습니다. 물음에 답하시오.

**19** 위 실험에서 뚜껑을 닫은 페트병을 수조 바닥까지 밀어 넣었을 때 탁구공의 위치와 수조 안 물의 높이가 알맞게 짝 지어진 것은 어느 것입니까?

(　　　　　)

| | 탁구공의 위치 | 수조 안 물의 높이 |
|---|---|---|
| ① | 변화 없음. | 변화 없음. |
| ② | 변화 없음. | 처음 물의 높이보다 높아짐. |
| ③ | 변화 없음. | 처음 물의 높이보다 낮아짐. |
| ④ | 수조 바닥으로 가라앉음. | 처음 물의 높이보다 높아짐. |
| ⑤ | 수조 바닥으로 가라앉음. | 처음 물의 높이보다 낮아짐. |

**20** 다음은 **19**번 답과 같은 상태에서 페트병의 뚜껑을 열었을 때의 결과입니다. 이러한 결과가 나타난 까닭을 옳게 말한 사람의 이름을 쓰시오.

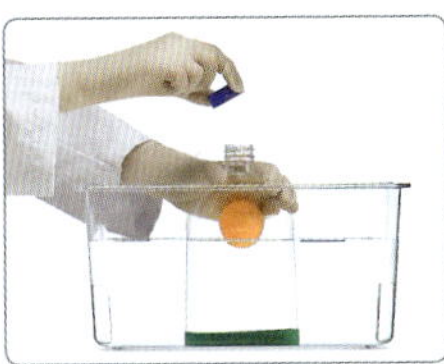

탁구공의 위치와 물의 높이가 처음과 같아진다.

・주영: 페트병 안의 공기가 물에 녹기 때문이야.
・혜진: 페트병 안의 공기가 매우 가볍기 때문이야.
・천우: 페트병 안의 공기가 병 입구를 통해 빠져나가기 때문이야.

(　　　　　　　　　　)

# 2. 지구와 바다

● 정답 22쪽

## 1 지구의 대기와 표면

> **지구의 대기**: 대기는 지구를 둘러싸고 있는 [①　　]로, 생물이 숨을 쉴 수 있게 해 주고, 다양한 기상 현상을 발생시킵니다.

> **지구 표면의 모습**
- 지구 표면에서 다양한 모습과 지형을 볼 수 있습니다.
- 지구 표면은 크게 육지와 바다로 나눌 수 있고, 바다는 육지보다 넓습니다.
- 육지에는 산, 들, 강, 호수, 빙하, 사막 등이 있고, 바다는 물로 덮여 있습니다.

산

들

바다

## 2 바닷물의 특징과 바닷가의 지형

> **육지의 물과 바닷물의 특징**

| 육지의 물 | 바닷물 |
| --- | --- |
| • 육지에 사는 동물이 먹을 수 있음.<br>• 농사를 지을 때 이용함. | • 사람이 마시기에 적당하지 않음.<br>• [②　　]이 녹아 있어서 짠맛이 남. |

> **바닷가에서 볼 수 있는 다양한 지형**

절벽

동굴과 구멍 뚫린 바위

모래사장

갯벌

## 3 밀물과 썰물

| 구분 | 밀물 | [③　　] |
| --- | --- | --- |
| 모습 | | |
| 뜻 | 바닷물이 바다에서 육지 쪽으로 밀려 들어오는 현상 | 바닷물이 육지에서 바다 쪽으로 빠져나가는 현상 |
| 바닷물의 높이 | 높아짐. | 낮아짐. |
| 바닷물과 육지가 맞닿은 위치 | 땅이 물에 잠김. | 보이지 않던 땅이 보임. |

➡ 밀물과 썰물이 하루에 두 번 반복됩니다.

## 4 갯벌의 가치와 보전

> [④　　]: 밀물일 때는 바닷물에 잠기고 썰물일 때는 바닷물 밖으로 드러나는 편평한 땅

> **갯벌의 역할과 소중함**

▲ 다양한 생물이 살아가는 터전이 됨.

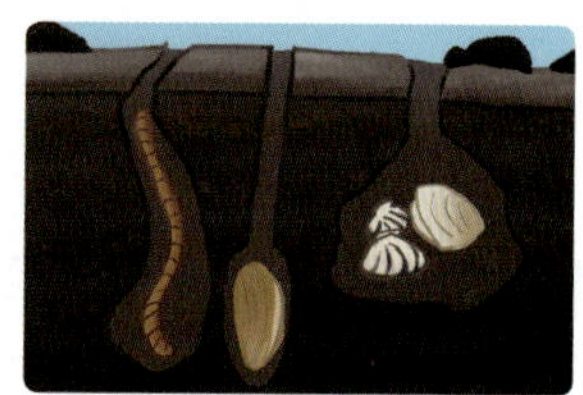
▲ 육지에서 오는 오염 물질을 분해함.

▲ 철새의 보금자리가 되어 줌.

▲ 홍수나 태풍의 피해를 줄여 줌.

# 단원 평가 Ⓐ 단계　　2. 지구와 바다

맞은 개수 　/ 15

---

## 지구의 대기

**1** 공기에 대한 설명으로 옳은 것을 〈보기〉에서 두 가지 골라 기호를 쓰시오.

〈보기〉
- ㉠ 공기는 눈으로 볼 수 있다.
- ㉡ 공기는 지구를 둘러싸고 있다.
- ㉢ 공기가 있어서 생물이 숨을 쉴 수 있다.
- ㉣ 공기를 만지면 솜사탕 같은 느낌이 난다.

(　　　　　)

**2** 대기가 있음을 보여주는 예로 옳은 것에 모두 ○표 하시오.

(1) 비나 눈이 온다. 　　　　　　　　( 　　 )
(2) 열기구가 뜰 수 있다. 　　　　　　( 　　 )
(3) 돛단배가 항해할 수 있다. 　　　　( 　　 )
(4) 물고기가 물속을 헤엄친다. 　　　( 　　 )

**3** 지퍼 백에 공기를 넣고 입구를 막은 후, 지퍼 백을 관찰한 결과로 옳지 <u>않은</u> 것은 어느 것입니까?

(　　　)

① 지퍼 백이 팽팽하다.
② 지퍼 백 안이 투명하다.
③ 지퍼 백이 부풀어 접히지 않는다.
④ 지퍼 백을 손가락으로 눌러 보면 딱딱하여 들어가지 않는다.
⑤ 지퍼 백의 입구를 조금 열고 누른 뒤 손을 대면 바람이 느껴진다.

---

## 지구 표면의 모습

**4** 다음과 같이 지구본에서 바다가 넓은 부분에는 초록색 붙임쪽지를 붙이고, 육지가 넓은 부분에는 붉은색 붙임쪽지를 붙였습니다.

바다 부분에 붙인　　　　육지 부분에 붙인
초록색 붙임쪽지　　　　　붉은색 붙임쪽지

(1) 바다를 나타내는 붙임쪽지와 육지를 나타내는 붙임쪽지의 수를 비교하여 ○ 안에 >, =, <로 나타내시오.

바다를 나타내는 붙임쪽지  육지를 나타내는 붙임쪽지

(2) 위 (1)번 답으로 보아 지구 표면에서 바다와 육지 중 어디가 더 넓은지 쓰시오.

(　　　　　)

**5** 지구 표면에서 볼 수 있는 모습 중 다음에서 설명하는 것은 무엇인지 쓰시오.

- 주위보다 높이 솟아 있는 땅의 일부분이다.
- 나무가 많이 있고, 돌이 드러나 있기도 하다.

(　　　　　)

**6** 지구 표면의 다양한 모습 중 계곡의 모습을 나타낸 것의 기호를 쓰시오.

ㄱ 　ㄴ 

ㄷ 　ㄹ 

(　　　　　　　　　)

---

**육지의 물과 바닷물의 특징**

**7** 육지의 물과 바닷물의 다른 점에 대한 설명으로 옳은 것을 (보기)에서 골라 기호를 쓰시오.

(보기)
ㄱ 바닷물이 육지의 물보다 양이 적다.
ㄴ 바닷물은 아무런 맛이 없고, 육지의 물은 짠맛이 난다.
ㄷ 육지의 물은 빙하, 강, 호수 등에 있고, 바닷물은 바다에 있다.

(　　　　　　　　　)

**8** 육지의 물과 바닷물 중 사람들이 마시기에 적당하지 않은 물은 어느 것인지 쓰시오.

(　　　　　　　　　)

---

**9** 다음은 바닷물이 담긴 증발 접시를 가열한 후 증발 접시를 관찰한 결과입니다. (　　) 안에 공통으로 들어갈 알맞은 말을 쓰시오.

바닷물에는 (　　　　)이/가 녹아 있기 때문에 바닷물이 담긴 증발 접시를 가열하면 (　　　　)이/가 남는다.

(　　　　　　　　　)

---

**바닷가 지형, 밀물과 썰물**

**10** 다음은 바닷가에서 볼 수 있는 지형입니다. 두 지형의 이름이 알맞게 짝 지어진 것은 어느 것입니까? (　　　　)

ㄱ 　ㄴ 

|  | ㄱ | ㄴ |
|---|---|---|
| ① | 동굴 | 갯벌 |
| ② | 절벽 | 갯벌 |
| ③ | 동굴 | 절벽 |
| ④ | 모래사장 | 갯벌 |
| ⑤ | 모래사장 | 절벽 |

**11** 다음 (　　) 안에 들어갈 말로 옳은 것에 각각 ○표 하시오.

> 밀물일 때는 썰물일 때보다 바닷물의 높이가 ㉠( 높아지고, 낮아지고 ), 바닷물과 육지가 맞닿은 위치가 ㉡( 육지, 바다 ) 쪽으로 가까워진다.

**12** 다음 밀물과 썰물의 모습을 보고, 옳게 설명한 사람의 이름을 쓰시오.

㉠ 　㉡ 

> • 아람: ㉠은 썰물 때의 모습이야.
> • 혜원: ㉡일 때 땅이 물에 잠기기도 해.
> • 조은: ㉡은 바닷물이 육지에서 바다 쪽으로 빠져 나갈 때의 모습이야.

(　　　　　　　　)

**갯벌**

**13** 다음에서 설명하는 것은 무엇인지 쓰시오.

> 육지와 바다가 만나는 곳에서 밀물일 때는 바닷물에 잠기고 썰물일 때는 바닷물 밖으로 드러나는 편평한 땅으로, 우리나라의 서해안과 남해안에서 주로 볼 수 있다.

(　　　　　　　　)

**14** 갯벌의 가치로 옳지 <u>않은</u> 것은 어느 것입니까?

(　　　　　)

① 육지에서 온 찌꺼기를 걸러 낸다.
② 태풍이나 홍수의 피해를 줄여 준다.
③ 사람들이 안전하게 수영할 수 있는 장소를 제공한다.
④ 조개, 게 등 다양한 생물이 살아갈 수 있는 터전이다.
⑤ 교육이나 체험 활동이 이루어지는 생태 체험 관광지의 역할을 한다.



**15** 갯벌에서 볼 수 있는 생물이 <u>아닌</u> 것을 골라 기호를 쓰시오.

㉠ 

▲ 퉁퉁마디

㉡ 

▲ 저어새

㉢ 

▲ 검은머리물떼새

㉣ 

▲ 타조

(　　　　　　　　)

**1** 공기에 대한 설명으로 옳지 <u>않은</u> 것은 어느 것입니까? (　　　)

① 만질 수 없다.
② 우리 주위에 없다.
③ 눈에 보이지 않는다.
④ 지구 주위를 둘러싸고 있다.
⑤ 생물이 숨을 쉴 수 있게 해 준다.

**2** 다음 (　　) 안에 공통으로 들어가기에 알맞은 말을 쓰시오.

> • (　　　　)은/는 지구를 둘러싸고 있는 공기이다.
> • 지구에 (　　　　)이/가 있어 생물이 살 수 있고, 다양한 기상 현상이 발생한다.

(　　　　　　　　)

**3** 일상생활에서 공기를 느낄 수 있는 방법으로 가장 알맞은 것을 (보기)에서 골라 기호를 쓰시오.

> ─(보기)─
> ㉠ 맛을 본다.
> ㉡ 사진을 찍는다.
> ㉢ 차가운 물체를 만진다.
> ㉣ 입으로 바람을 불어 촛불을 끈다.

(　　　　　　　　)



**4** 오른쪽과 같이 공기를 넣은 지퍼 백의 입구를 조금 열고 누르면서 손을 지퍼 백의 입구에 가까이 대었을 때 어떤 느낌이 드는지 쓰시오.

_______________________________________

_______________________________________

**5** 지구 표면의 모습과 이름을 알맞은 것끼리 선으로 이으시오.

(1)   •    •   강

(2)   •    •   사막

(3)   •    •   들

**6** 다음 (   ) 안에 들어갈 알맞은 말을 (보기)에서 각각 골라 쓰시오.

> 지구 표면에서는 다양한 모습을 볼 수 있다. 넓은 바다와 높게 솟은 산, 산과 산 사이에서 물이 흐르는 (   ㉠   ), 육지를 가로질러 흐르는 강, 많은 물이 땅으로 둘러싸인 (   ㉡   ), 편평한 들, 바닷가에서는 진흙으로 이루어진 (   ㉢   )을/를 볼 수 있다.

(보기)

사막, 갯벌, 빙하, 계곡, 호수

㉠ (          ), ㉡ (          ), ㉢ (          )

**7** 지구 표면의 모습 중 육지에 속하지 <u>않는</u> 것은 어느 것입니까? (          )

① 산   ② 들   ③ 강
④ 호수   ⑤ 바다

**8** 지구 표면에 대한 설명으로 옳은 것을 (보기)에서 골라 기호를 쓰시오.

(보기)

> ㉠ 지구 표면은 대부분 육지이다.
> ㉡ 빙하에는 모래가 많고 모래 언덕이 있다.
> ㉢ 육지의 물은 강이나 호수에서 찾을 수 있다.
> ㉣ 지구의 표면은 크게 육지와 연못으로 나눌 수 있다.

(          )

**9** 다음은 지구 표면의 바다와 육지의 넓이를 비교하는 모습입니다. (   ) 안에 들어갈 알맞은 말에 각각 ○표 하시오.

[탐구 과정]
지구본에서 바다가 넓은 부분에는 초록색 붙임쪽지를, 육지가 넓은 부분에는 붉은색 붙임쪽지를 붙인 뒤, 붙임쪽지의 개수를 세어 본다.

바다 부분에 붙인
초록색 붙임쪽지

육지 부분에 붙인
붉은색 붙임쪽지

[탐구 결과]

| 붙임쪽지<br>전체 수 | 초록색<br>붙임쪽지 수 | 붉은색<br>붙임쪽지 수 |
| --- | --- | --- |
| 70 | 49 | 21 |

> 지구본에 붙인 붙임쪽지는 ㉠ ( 초록색, 붉은색 ) 붙임쪽지의 수가 더 많다. 이 결과를 보고, 실제 지구 표면에서 ㉡ ( 바다, 육지 )가 ㉢ ( 바다, 육지 )보다 더 넓다는 것을 알 수 있다.

서술형

**10** 바닷물은 사람이 마시기에 적당하지 않은 까닭을 쓰시오.

___________________________

___________________________

**11** 다음 (보기)의 모습을 육지의 물과 바닷물로 분류하여 각각 기호를 쓰시오.

(1) 육지의 물: (                    )
(2) 바닷물: (                    )

**12** 바닷물이 담긴 증발 접시를 물이 없어질 때까지 가열했을 때 나타나는 결과로 옳은 것에 ◯표 하시오.

(1) 증발 접시에 남은 물질은 소금이다. (          )
(2) 증발 접시에 검정색 가루 물질이 남는다.
  (          )
(3) 증발 접시에 남은 물질은 촉감이 미끈미끈하다. (          )

**13** 육지의 물과 바닷물에 대해 옳게 말한 사람의 이름을 쓰시오.

> • 은령: 육지의 물은 바닷물보다 양이 더 많아.
> • 하일: 육지의 물을 가열하면 아무것도 남지 않아.
> • 정민: 육지의 물은 짠맛이 나지만, 바닷물은 짠맛이 나지 않아.

(                    )

**14** 다음 (보기)의 지형을 만들어지는 과정에 따라 분류하여 각각 기호를 쓰시오.

> (보기)
> ㉠ 구멍 뚫린 바위   ㉡ 모래사장
> ㉢ 절벽          ㉣ 갯벌

| 파도에 의해<br>모래나 흙이 쌓임. | 파도에 부딪쳐<br>바위가 깎임. |
| --- | --- |
| (1) | (2) |

**15** 바닷가 주변에서 볼 수 있는 모습에 대한 설명으로 옳은 것을 두 가지 고르시오. (          )

① 바닷가에서는 다양한 지형을 볼 수 있다.
② 바닷가 주변은 갯벌, 모래사장을 보기 어렵다.
③ 바닷가 지형은 오랜 시간이 지나도 모습이 변하지 않는다.
④ 바닷가 주변의 구멍 뚫린 바위와 동굴은 파도가 만들어 낸 지형이다.
⑤ 바닷가에서는 하루에 여섯 번 정도 바닷물의 높이가 반복적으로 변하는 현상이 나타나기도 한다.

**서술형**

**16** 다음과 같은 바닷가 지형의 이름과 특징을 한 가지 쓰시오.

(1) 지형의 이름: (　　　　　　　　　　)

(2) 특징: _______________________

_______________________

_______________________

**18** 다음 ㉠, ㉡ 중 앞의 사진 속 지형을 볼 수 있는 때로 옳은 것의 기호를 쓰시오.

㉠ 　　㉡ 

▲ 바닷물이 육지 쪽으로　　▲ 바닷물이 바다 쪽으로
　밀려 들어올 때　　　　　　빠져나갈 때

(　　　　　　　　　　)

**19** 갯벌의 역할을 설명한 것으로 옳지 <u>않은</u> 것을 보기에서 골라 기호를 쓰시오.

보기

㉠ 갯벌은 땅을 오염시킨다.

㉡ 갯벌은 홍수의 피해를 줄여 준다.

㉢ 갯벌은 다양한 생물이 살아가는 터전이 되어 준다.

㉣ 갯벌에 사는 생물은 바다가 오염되는 것을 막아 준다.

(　　　　　　　　　　)

| 17~18 | 다음은 바닷가에서 볼 수 있는 어느 지형의 모습입니다. 물음에 답하시오.

**17** 위 사진 속 바닷가 지형의 이름을 쓰시오.

(　　　　　　　　　　)

**서술형**

**20** 갯벌을 보전하기 위한 노력을 두 가지 쓰시오.

_______________________

_______________________

_______________________

# 3. 소리의 성질

● 정답 26쪽

## 1 소리가 나는 물체의 특징

> **소리를 내는 방법**: 문지르기, 두드리기, 퉁기기, 불기, 구기기, 찌그러뜨리기, 때리기, 흔들기, 긁기 등

> **여러 가지 물체로 소리 내기**: 종이를 구기기, 자로 책상 두드리기 등과 같이 여러 가지 물체를 이용해 다양한 소리를 낼 수 있습니다.

> **소리가 나는 물체의 특징**: 소리가 나는 물체는 [     ]이 있습니다.

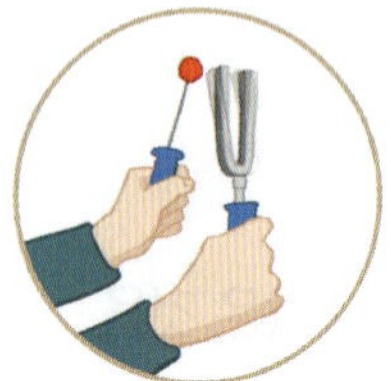
▲ 소리가 나는 소리굽쇠

▲ 소리가 나는 기타

▲ 소리가 나는 스피커

## 2 큰 소리와 작은 소리

> 소리의 [     ]: 소리의 크고 작은 정도

> **소리의 세기에 따른 물체의 떨림**: 물체가 떨리는 정도를 다르게 하면 세기가 다른 소리를 낼 수 있습니다. 떨림이 큰 물체는 큰 소리가 나고, 떨림이 작은 물체는 작은 소리가 납니다.

| 작은북을 세게 칠 때 | 작은북을 약하게 칠 때 |
| --- | --- |
|  |  |
| • 큰 소리가 남.<br>• 북면이 크게 떨리면서 콩콩이가 높게 튀어 오름. | • 작은 소리가 남.<br>• 북면이 작게 떨리면서 콩콩이가 낮게 튀어 오름. |

## 3 높은 소리와 낮은 소리

> 소리의 [     ]: 소리의 높고 낮은 정도

> **물체의 길이에 따른 소리의 높낮이**: 소리가 나는 물체의 길이가 짧으면 빠르게 떨려 높은 소리가 나고, 소리가 나는 물체의 길이가 길면 느리게 떨려 낮은 소리가 납니다.

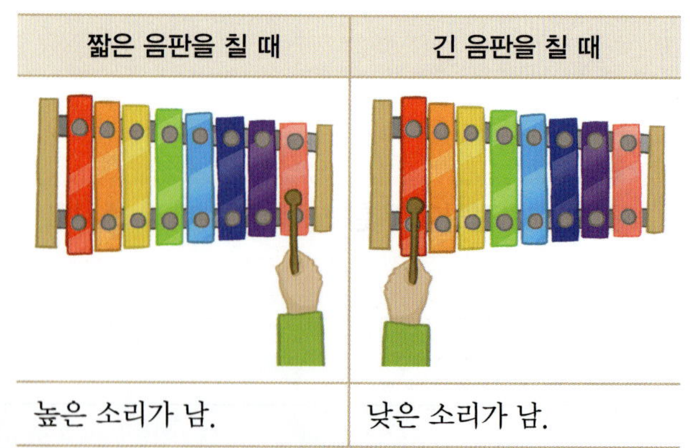

| 짧은 음판을 칠 때 | 긴 음판을 칠 때 |
| --- | --- |
| 높은 소리가 남. | 낮은 소리가 남. |

## 4 소리의 전달과 소음

> **소리를 전달하는 물질**: 소리는 주로 기체 상태인 공기를 통해 전달되며, 액체 상태인 물, 고체 상태인 나무나 금속 같은 물질에서도 전달됩니다.

> [     ]: 사람의 기분을 좋지 않게 하거나 건강을 해칠 수 있는 시끄러운 소리

> **소음을 줄이는 방법**

| 소리의 세기 줄이기 | 소리의 전달 막기 |
| --- | --- |
| ▲ 스피커의 소리를 작게 함. | ▲ 방음벽을 설치함. |

# 단원 **평가** Ⓐ 단계

**3. 소리의 성질**

맞은 개수 / 15

---



## 소리가 나는 물체의 특징

**1** 손의 느낌이 나머지 셋과 <u>다른</u> 것은 어느 것입니까? (　　　)

① 
▲ 소리가 나는 목에 손 대 보기

② 
▲ 소리가 나지 않는 트라이앵글에 손 대 보기

③ 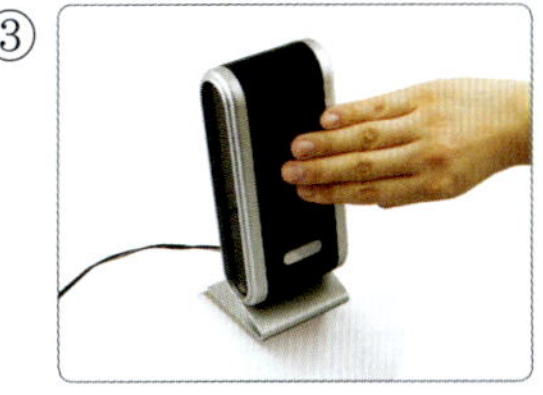
▲ 소리가 나는 스피커에 손 대 보기

④ 
▲ 소리가 나는 소리굽쇠에 손 대 보기

**2** 다음은 소리가 나는 물체의 공통점입니다. (　　) 안에 들어갈 알맞은 말을 쓰시오.

> 소리가 나는 물체는 (　　　　)이/가 있다.

(　　　　　　　　)

**3** 오른쪽과 같이 소리가 나는 소리굽쇠를 물 표면에 대 보았을 때 나타나는 현상으로 옳은 것을 (보기)에서 골라 기호를 쓰시오.

(보기)
㉠ 물 색깔이 변한다.
㉡ 물이 말라 없어진다.
㉢ 주변의 물이 튀어 오른다.

(　　　　　　　　)

## 큰 소리와 작은 소리

**4** 소리의 세기에 대한 설명으로 옳지 <u>않은</u> 것을 (보기)에서 골라 기호를 쓰시오.

(보기)
㉠ 소리의 크고 작은 정도를 소리의 세기라고 한다.
㉡ 물체가 떨리는 정도에 따라 소리의 세기가 달라진다.
㉢ 자장가 소리는 작은 소리이고, 야구장의 응원 소리는 큰 소리이다.
㉣ 물체가 크게 떨리면 작은 소리가 나고, 물체가 작게 떨리면 큰 소리가 난다.

(　　　　　　　　)

**5** 북채로 작은북을 치는 세기에 따라 나는 소리에 대한 설명으로 옳은 것은 어느 것입니까?
(　　　)

① 세게 치면 큰 소리가 난다.
② 소리의 높낮이가 달라진다.
③ 세게 치면 작은 소리가 난다.
④ 약하게 치면 낮은 소리가 난다.
⑤ 약하게 치면 높은 소리가 난다.

**6** 심벌즈를 칠 때의 소리에 대해 옳게 말한 사람의 이름을 쓰시오.

> • 호재: 심벌즈를 세게 치면 큰 소리가 나.
> • 영온: 심벌즈를 세게 치면 작은 소리가 나.
> • 채원: 심벌즈를 약하게 치면 낮은 소리가 나.
> • 준혁: 심벌즈를 약하게 치면 높은 소리가 나.

(          )

**7** 다음 중 가장 작은 소리에 ○표 하시오.

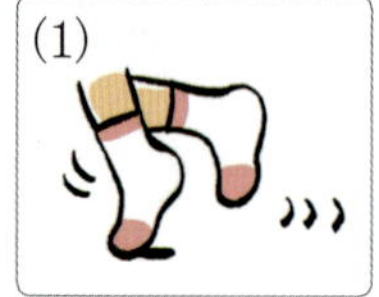

▲ 까치발로 걷는 소리

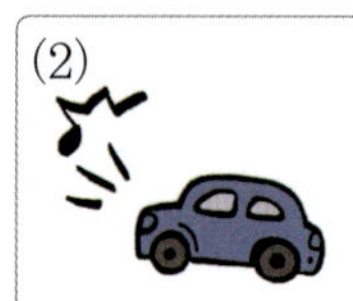

▲ 자동차 경적 소리

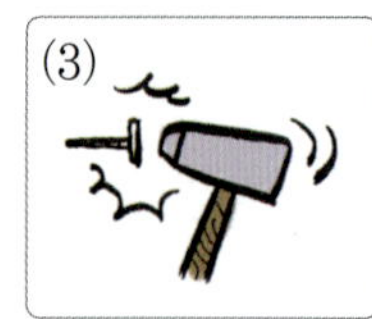

▲ 망치질 소리

(    )    (    )    (    )

---

**높은 소리와 낮은 소리**

**8** 점점 높은 소리가 나는 경우로 옳은 것에 ○표 하시오.

⑴ 작은북을 북채로 점점 세게 칠 때 (    )

⑵ 작은북을 북채로 점점 약하게 칠 때 (    )

⑶ 글로켄슈필의 음판을 길이가 짧은 것에서 긴 것 순서로 칠 때 (    )

⑷ 글로켄슈필의 음판을 길이가 긴 것에서 짧은 것 순서로 칠 때 (    )

**9** 기타 줄을 잡는 위치를 다르게 하여 퉁길 때 가장 높은 소리가 나는 것부터 순서대로 기호를 쓰시오.

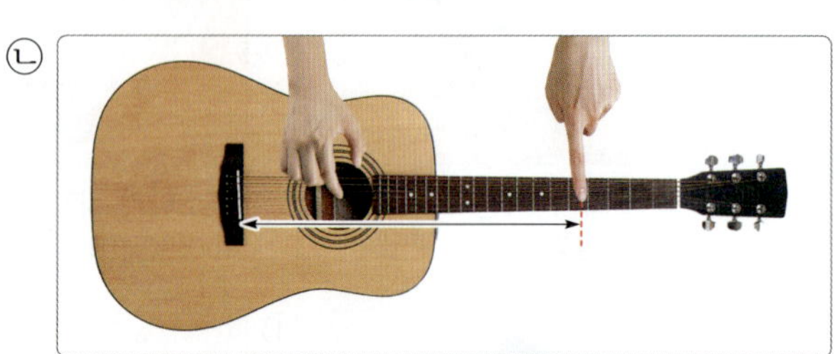

(      ) → (      ) → (      )

**10** 우리 생활에서 소리의 높낮이를 이용하는 경우가 <u>아닌</u> 것은 어느 것입니까? (      )

① 

▲ 도서관에서 책을 읽으며 책장을 넘긴다.

② 

▲ 화재 경보기는 주변에 불이 난 것을 알린다.

③ 

▲ 수영장에서 안전 요원이 호루라기로 위험을 알린다.

④ 

▲ 구급차의 경보음은 위급한 환자가 타고 있는 것을 알린다.

## 소리의 전달

**11** 다음은 태하의 일기 중 일부입니다. 밑줄 친 부분에서 소리를 전달한 물질은 어느 것입니까?

(          )

> 오늘 체육 시간에는 철봉 놀이를 했다. 체육 시간이 끝나고 <u>이진이가 나를 부르는 소리가 들렸다.</u> 이진이와 나는 함께 세면대로 가서 손을 씻고 교실로 돌아왔다.

① 철봉　　② 나무　　③ 공기
④ 체육복　　⑤ 수돗물

**12** 소리의 전달에 대한 설명으로 옳은 것에 ○표 하시오.

⑴ 소리는 여러 가지 물질을 통해 전달된다.

(          )

⑵ 우주에서는 소리가 매우 빠르게 전달된다.

(          )

⑶ 고체에서는 소리가 전달되지만, 액체와 기체에서는 소리가 전달되지 않는다. (          )

**13** 오른쪽은 공기를 뺄 수 있는 장치에 소리가 나는 스피커를 넣은 모습입니다. 각 과정에 해당하는 결과를 (보기)에서 골라 기호를 쓰시오.

—(보기)—
㉠ 스피커의 소리가 일정하게 들린다.
㉡ 스피커의 소리가 점점 크게 들린다.
㉢ 스피커의 소리가 점점 작게 들린다.

⑴ 손잡이를 당겨 공기를 뺄 때

(          )

⑵ 공기가 없던 장치 안에 공기를 다시 채울 때

(          )

## 소음을 줄이는 방법

**14** 도로에서 들리는 소음을 줄이기 위한 방법으로 알맞은 것을 두 가지 고르시오. (          )

① 도로변에 방음벽을 설치한다.
② 더 많은 자동차가 지나가게 한다.
③ 자동차가 더 빠르게 지나가게 한다.
④ 자동차의 색깔을 더 다양하게 만든다.
⑤ 자동차 운전자가 가급적 경적을 울리지 않는다.

**15** 다음은 생활에서 소음을 줄이는 방법을 정리한 것입니다. 소음과 소음을 줄이는 방법이 <u>잘못</u> 짝 지어진 것을 골라 기호를 쓰시오.

| 소음 | 소음을 줄이는 방법 |
|---|---|
| ㉠ 확성기 소리 | 확성기의 사용을 줄인다. |
| ㉡ 스피커 소리 | 스피커 소리의 세기를 줄인다. |
| ㉢ 음악실 소리 | 벽에 소리가 잘 전달되는 물질을 붙인다. |
| ㉣ 굴착기 소리 | 공사장 주변에 방음벽을 설치한다. |

(          )

**1** 물체를 이용하여 소리 내는 방법에 대해 <u>잘못</u> 설명한 사람의 이름을 쓰시오.

> • 경림: 자로 책상을 두드려서 소리를 낼 수 있어.
> • 치훈: 한 물체에서는 하나의 소리만 낼 수 있어.
> • 용빈: 페트병 입구를 입으로 불어서 소리내기도 해.
> • 영은: 심벌즈와 꽹과리는 두드려서 소리를 내는 악기야.

(       )

**2** 손을 대 보았을 때 떨림이 느껴지는 물체를 두 가지 고르시오. (      )

① 노래를 부르고 있는 목
② 소리가 나지 않는 심벌즈
③ 북채로 치고 있는 작은북
④ 소리가 나지 않는 트라이앵글
⑤ 고무망치로 치기 전의 소리굽쇠

**3** 소리에 대한 설명으로 옳은 것을 (보기)에서 두 가지 골라 기호를 쓰시오.

> (보기)
> ㉠ 소리가 나는 물체에서 떨림이 느껴진다.
> ㉡ 소리가 나는 트라이앵글을 손으로 움켜쥐면 소리가 더 커진다.
> ㉢ 모기나 벌이 날 때 들리는 '윙'하는 소리는 입에서 나는 소리이다.
> ㉣ 소리가 나지 않는 스피커에 손을 대 보면 떨림이 느껴지지 않는다.

(       )



**4** 고무망치로 쳐서 소리가 나는 소리굽쇠의 소리가 나지 않게 하려면 어떻게 해야 하는지 쓰시오.

________________________

________________________

________________________

**5** 다음은 글로켄슈필의 모습입니다. (   ) 안에 들어갈 알맞은 말에 각각 ○표 하시오.

> 글로켄슈필을 세게 치면 음판이 ㉠( 크게, 작게 ) 떨리면서 ㉡( 큰, 작은 ) 소리가 나고, 약하게 치면 음판이 ㉢( 크게, 작게 ) 떨리면서 ㉣( 큰, 작은 ) 소리가 난다.

**6** 다음과 같이 작은북 위에 퐁퐁이를 올려놓고 북채로 작은북을 칠 때의 결과로 ( ) 안에 들어갈 알맞은 말을 각각 쓰시오.

> 작은북을 약하게 치면 퐁퐁이가 ( ㉠ ) 튀어 오르고, 작은북을 세게 치면 퐁퐁이가 ( ㉡ ) 튀어 오른다.

㉠ (            ), ㉡ (            )

**7** 작은 소리를 내야 하는 경우는 어느 것입니까?

(     )

① 
▲ 다 함께 합창을 할 때

② 
▲ 수업 시간에 발표할 때

③ 
▲ 멀리 있는 친구를 부를 때

④ 
▲ 도서관에서 친구와 이야기할 때

**8** 우리 생활에서 소리의 세기를 조절하는 경우에 대한 설명으로 옳은 것을 (보기)에서 골라 기호를 쓰시오.

(보기)
㉠ 버스 안에서 통화할 때에는 큰 소리를 낸다.
㉡ 경기장에서 응원할 때에는 작은 소리를 낸다.
㉢ 수업 시간에 발표를 할 때에는 큰 소리를 낸다.
㉣ 아기에게 자장가를 불러줄 때에는 큰 소리를 낸다.

(            )

**3** 단원 **B** 단계

**9** 다음 악기에서 높은 소리가 나는 부분끼리 옳게 짝 지은 것은 어느 것입니까? (     )

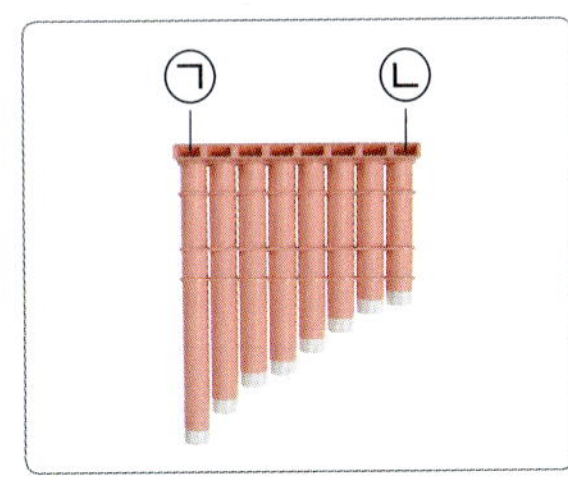
▲ 팬 플루트

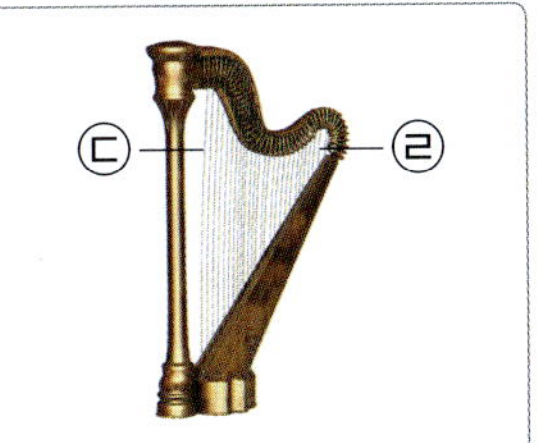
▲ 하프

① ㉠, ㉢
② ㉠, ㉣
③ ㉡, ㉢
④ ㉡, ㉣
⑤ 모두 같은 높낮이의 소리가 난다.

**10** 낮은 소리를 내는 방법으로 옳은 것은 어느 것입니까? (     )

① 큰북을 북채로 세게 칠 때
② 기타 줄을 길게 잡고 퉁길 때
③ 작은북을 북채로 약하게 칠 때
④ 피아노의 건반을 약하게 칠 때
⑤ 기타 줄을 짧게 잡고 힘차게 퉁길 때

| 11~12 | 다음은 칼림바의 모습입니다. 물음에 답하시오.

서술형

**11** 칼림바의 가장 긴 음판과 가장 짧은 음판을 같은 세기로 퉁길 때 무엇을 비교할 수 있는지 (보기)에서 골라 기호를 쓰고, 그렇게 생각한 까닭을 쓰시오.

(보기)
㉠ 소리의 세기　　㉡ 음판의 물질
㉢ 소리의 높낮이　　㉣ 음판의 떨림 정도

(1) 비교할 수 있는 것: (　　　　　　　　)

(2) 까닭: _______________________

_______________________

_______________________

**12** 위 칼림바와 같이 소리의 높낮이를 다르게 하여 연주할 수 있는 악기를 두 가지 고르시오.

(　　　　　)

① 장구　　　② 하프　　　③ 작은북
④ 팬 플루트　　⑤ 트라이앵글

**13** 소리의 전달에 대한 설명으로 옳은 것에 ○표, 옳지 않은 것에 ×표 하시오.

(1) 소리는 물을 통해서도 전달된다.　(　　　　)

(2) 대부분의 소리는 공기를 통해 전달된다.
(　　　　)

(3) 달에서는 공기를 통해 소리가 전달된다.
(　　　　)

(4) 실 전화기에서 목소리는 고체인 실을 통해 전달된다.　(　　　　)

**14** 교실에 있는 스피커에서 나오는 음악을 들을 수 있는 것은 무엇을 통해 소리가 전달되기 때문인지 쓰시오.

(　　　　　　　　　)

서술형

**15** 바닷속에서 잠수부가 먼 곳에서 오는 배의 소리를 들을 수 있는 까닭은 무엇인지 소리를 전달하는 물질과 관련지어 쓰시오.

_______________________

_______________________

_______________________

**16** 물속의 방수 스피커에서 나는 소리를 플라스틱 관을 이용해 들어 보았습니다. 이때 소리는 무엇을 통해 전달되었는지 (    ) 안에 들어갈 알맞은 말을 쓰시오. (단, 반대편 귀는 막습니다.)

> 방수 스피커의 소리는 (   ㉠   ), 플라스틱 관 속의 (   ㉡   )을/를 통해 전달된다.

㉠ (                ), ㉡ (                )

**17** 소음에 대한 설명으로 옳은 것을 〈보기〉에서 골라 기호를 쓰시오.

> 〈보기〉
> ㉠ 듣기 싫은 소리를 말한다.
> ㉡ 사람들에게 즐거움을 주는 소리이다.
> ㉢ 조용하고 사람의 마음을 편안하게 해 주는 소리이다.

(                )

**18** 다음은 소음을 줄이는 방법입니다. (    ) 안에 들어갈 알맞은 말을 쓰시오.

> 소음은 소리의 성질을 이용하여 줄일 수 있다. 스피커의 소리를 작게 하여 소리의 (   ㉠   )을/를 줄이거나 도로 방음벽을 설치하여 소리가 건물 쪽으로 잘 (   ㉡   )되지 않도록 하여 소음을 줄일 수 있다.

㉠ (                ), ㉡ (                )

**19** 소음을 줄이는 방법으로 옳지 <u>않은</u> 것은 어느 것입니까? (        )

① 이중창을 설치한다.
② 가구를 끌지 않고 들어서 옮긴다.
③ 공동 주택에서 신나게 뛰어다닌다.
④ 도로 주변에 도로 방음벽을 설치한다.
⑤ 음악실 벽에 소리가 잘 전달되지 않는 물질을 붙인다.

**3**
단원
**B**단계

서술형

**20** 도서관에서 발생하는 소음과 소음을 줄이는 방법을 한 가지 쓰시오.

(1) 소음: ________________________

________________________

(2) 소음을 줄이는 방법: ________________

________________________

________________________

# 4. 감염병과 건강한 생활

● 정답 29쪽

## 1 생활 속 감염병

> 감염병:  가 우리 몸에 들어와 일으키는 병

> 생활 속 감염병의 예

| 감기 | 독감 |
|---|---|
| 기침, 콧물이 나오며, 열이 나기도 함.  | 몸살이 나거나 추위를 느낌.  |

| 유행성 각결막염 | 수족구병 |
|---|---|
| 눈이 충혈되고, 가려우며 눈곱이 낌.  | 입안과 손발에 발진과 물집이 생김.  |

## 2 감염병의 위험성

> 감염병의 위험성: 감염병은 짧은 시간 동안 많은 사람이 감염될 수 있고  이 약한 사람이 감염병에 걸리면 생명이 위험할 수도 있습니다.

| 다양한 증상이 나타나며 몸이 아픔. | 많은 사람이 걸릴 수 있음. | 치료 후에도 증상이 나타날 수 있음. |
|---|---|---|

> 감염병이 유행할 때 나타나는 사회의 모습

| 공공시설이 문을 닫음. | 아픈 사람이 많아져 병원이 붐빔. | 사람들이 모여 식사를 할 수 없음. |
|---|---|---|

## 3 감염병의 감염 과정

> 여러 가지 감염 과정: 감염병을 일으키는 병원체가 접촉, 침, 공기, 비말, 물 등을 통해 몸속에 들어오면 감염병에 걸릴 수 있습니다.

| 더러운 손이 몸에 닿을 때 접촉을 통해 감염됨. | 음식을 함께 먹을 때 침을 통해 감염됨. |
|---|---|

| 같은 공간에 있는 공기를 통해 감염됨. | 기침할 때 나오는 <br> 을 통해 감염됨. | 오염된 물이나 음식을 통해 감염됨. |
|---|---|---|

## 4 감염병 예방과 건강한 생활

> 병원체를 막거나 없애 감염병 예방하기

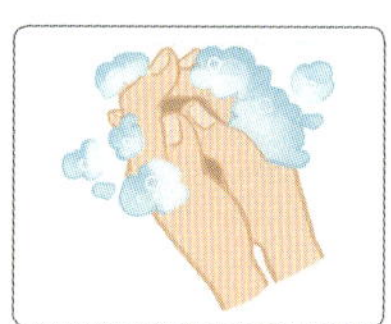

▲ 손을 깨끗이 씻기　▲ 기침 예절 지키기　▲ 음식을 익혀서 먹기

> 건강 관리를 통해 감염병 예방하기

- 정해진 시기에 　　　　 하기
- 운동 계획을 세우고, 규칙적으로 운동하기
- 충분한 휴식을 취하고, 몸을 따뜻하게 하기

> 감염병으로부터 안전한 사회 만들기: 감염병 예방 수칙 실천, 감염병 예방 교육, 예방 접종, 방역 활동 등을 통해 감염병으로부터 안전한 사회를 만들 수 있습니다.

# 단원 평가 Ⓐ 단계

**4. 감염병과 건강한 생활**

맞은 개수 ／15

---

**감염병의 종류와 위험성**

**1** 다음 (　　) 안에 들어갈 알맞은 말을 쓰시오.

> (　　　)은/는 사람이나 동식물의 몸에 들어와 병을 일으키는 원인이 되는 세균, 바이러스 등을 말하며, 감염병이 발생하는 원인이 된다.

(　　　　　　　　　　)

**2** 다음 중 감염병에 해당하지 <u>않는</u> 것은 어느 것입니까? (　　　)

① 
▲ 독감

② 
▲ 수두

③
▲ 골절

④
▲ 식중독

⑤ 

▲ 감기

**3** 다음 〈보기〉에서 감염병의 특징으로 옳지 <u>않은</u> 것을 골라 기호를 쓰시오.

> 〈보기〉
> ㉠ 감염병은 다른 사람에게 옮기지 않는다.
> ㉡ 감염병에는 파상풍, 볼거리, 무좀 등이 있다.
> ㉢ 감염병은 심한 경우 생명이 위험할 수도 있다.

(　　　　　　　　　　)

**4** 다음과 같은 증상이 나타나는 생활 속 감염병의 이름을 쓰시오.

> • 눈곱이 낀다.
> • 눈이 충혈되고 가렵다.

(　　　　　　　　　　)

**5** 감염병이 유행할 때 일어나는 일에 관한 설명으로 옳지 <u>않은</u> 것을 두 가지 고르시오. (　　　　　)

① 감염병에 걸린 사람이 격리된다.
② 사람들이 공원과 놀이터에 모여 있다.
③ 병원에 사람이 오지 않아 문을 닫는다.
④ 도서관과 같은 공공시설이 문을 닫는다.
⑤ 많은 사람들이 식당에 모여 식사를 할 수 없다.

**감염병의 감염 과정**

|6~7| 한 사람은 형광 로션이 묻어 있는 비닐장갑을 끼고, 나머지 사람은 일반 로션이 묻어 있는 비닐장갑을 낀 뒤 각각 정해진 수만큼의 친구를 만나 악수를 하는 실험입니다. 물음에 답하시오.

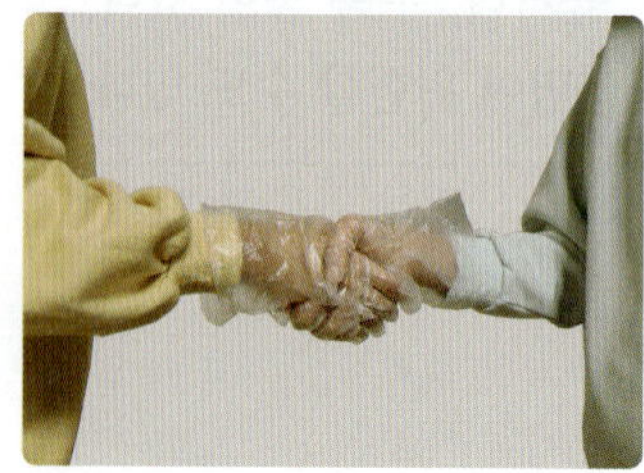
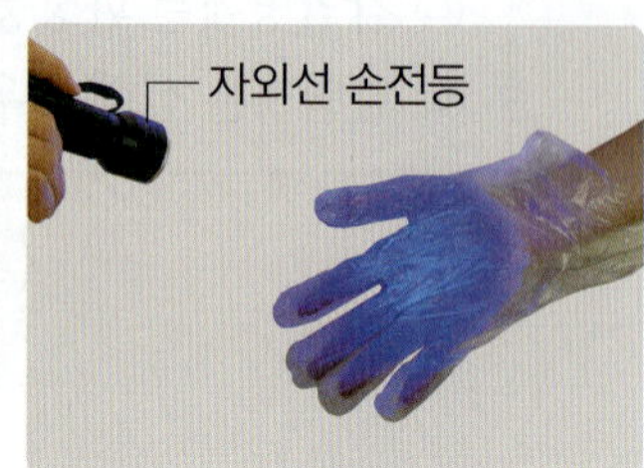


**6** 위 실험 결과가 다음과 같을 때, 위 실험은 여러 가지 감염 과정 중 무엇을 통한 감염 과정을 알아보는 실험입니까? (　　　)

> 한 장갑에만 묻어 있던 형광 로션이 악수를 하면서 다른 장갑으로도 퍼지게 되었다.

① 침　　　　② 접촉　　　　③ 비말
④ 공기　　　⑤ 물이나 음식

**7** 위 실험에 대해 옳지 <u>않게</u> 설명한 사람의 이름을 쓰시오.

> • 상헌: 형광 로션은 감염병을 일으키는 병원체를 의미해.
> • 다인: 형광 로션이 묻어 있는지 확인하려면 일반 전등으로 장갑을 비춰 보면 돼.
> • 은혜: 형광 로션이 다른 친구의 손에 닿는 것은 병원체가 손을 통해 다른 사람에게 옮겨 가는 걸 의미해.

(　　　　　　　　　)

**8** 다음 (　　) 안에 공통으로 들어갈 말로 알맞은 말을 쓰시오.

> 감염병에 걸린 사람이 입을 가리지 않고 기침을 하거나 말을 하면 (　　　)이/가 튀어 감염병에 걸릴 수 있다. (　　　)을/를 통한 감염을 예방하려면 사람이 많은 곳에서는 거리 두기를 하거나 마스크를 써야 한다.

(　　　　　　　　　)

**9** 감염병의 감염 과정에 대한 설명으로 옳은 것에 ○표, 옳지 <u>않은</u> 것에 ×표 하시오.

⑴ 감염 과정과 생활 습관은 관련이 없다.

(　　　　　)

⑵ 감염병은 공기를 통해서는 감염되지 않는다.

(　　　　　)

⑶ 감염병은 음식이나 오염된 물을 통해서도 감염될 수 있다.

(　　　　　)

**10** 다음 시원이의 그림 일기를 보고, 여러 가지 감염 과정 중 무엇에 관한 설명인지 (보기)에서 골라 기호를 쓰시오.

○월 ○일 화요일
친구와 집에 가는 길에 핫도그를 샀다.
핫도그 한 개를 사서 친구와 나눠 먹었다. 그리고 다음 날 열이 많이 나고 기침, 콧물이 나오며 온몸이 오들오들 추웠다. 독감에 걸린 것 같다.

> (보기)
> ㉠ 침을 통한 감염　　　㉡ 물을 통한 감염
> ㉢ 접촉을 통한 감염　　㉣ 공기를 통한 감염

(　　　　　　　　　)

감염병 예방과 건강한 생활

**11** 감염병 예방 수칙으로 옳은 것은 어느 것입니까?

(          )

① 자주 손을 씻지 않는다.
② 감염병이 유행할 때는 마스크를 쓴다.
③ 학교에서만 지키고 집에서는 지키지 않아도 된다.
④ 문과 창문을 닫아 외부 공기가 잘 통하지 않게 한다.
⑤ 감염병에 걸렸을 때 가족끼리는 조심하지 않아도 된다.

**12** 다음과 같이 형광 로션을 손에 바른 뒤 손을 씻지 않은 사람, 물로만 손을 씻은 사람, 비누로 손을 씻은 사람의 손을 비교하였습니다. 각각의 손에 자외선 손전등의 빛을 비추었을 때 가장 밝게 빛나는 손부터 순서대로 기호를 쓰시오.

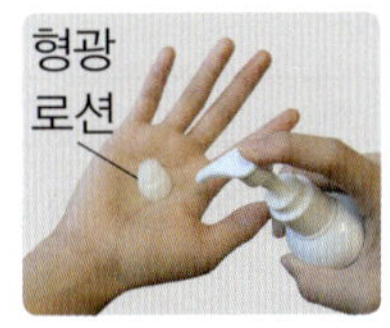

(보기)
㉠ 씻지 않은 사람의 손
㉡ 물로만 씻은 사람의 손
㉢ 비누로 씻은 사람의 손

(          ) → (          ) → (          )

**13** 올바른 기침 예절에 관한 설명으로 옳은 것을 (보기)에서 골라 기호를 쓰시오.

(보기)
㉠ 사람 쪽을 향해 얼굴을 마주보고 기침을 한다.
㉡ 기침을 할 때는 옷소매로 입과 코를 가리고 한다.
㉢ 기침이 심할 때는 입과 코를 막으면 더 심해지므로 마스크를 끼지 않는다.

(                    )

**14** 감염병으로부터 안전한 사회를 만들기 위해 개인이 할 수 있는 노력으로 알맞은 것에 ○표 하시오.

⑴ 감염병 치료 약을 개발하기 위해 노력한다.
(          )
⑵ 방역 정책을 실시하여 감염병이 퍼지는 것을 막는다. (          )
⑶ 해마다 유행하는 감염병에 대해 안내하고 예방 접종을 실시한다. (          )
⑷ 집, 학교, 놀이터 등 여러 장소에서 감염병 예방 수칙을 잘 지킨다. (          )

**15** 감염병 유행을 막기 위해 학교에서 하는 노력을 옳지 <u>않게</u> 말한 사람의 이름을 쓰시오.

• 지용: 감염병 예방에 대한 교육과 올바른 실천 방법을 알려줘.
• 해인: 학교 안에서 일어나는 감염병을 빠르게 발견하고 신속하게 대처해.
• 성우: 전 세계적으로 감염병에 퍼지는 것을 막기 위해 다른 나라와 협력해.

(                    )

**1** 다음 중 감염병에 대한 설명으로 옳지 <u>않은</u> 것은 어느 것입니까? (      )

① 우리 주변에는 다양한 감염병이 있다.
② 감염병에 걸리면 다양한 증상이 나타난다.
③ 감염병은 다른 사람에게 옮겨지지 않는다.
④ 병원체가 우리 몸에 들어와 일으키는 병이다.
⑤ 감염병에는 결핵, 무좀, 코로나19 등이 있다.

**2** 감염병과 관련된 경험으로 옳지 <u>않은</u> 것을 (보기) 에서 골라 기호를 쓰시오.

(보기)
㉠ 겨울에 독감이 걸렸다.
㉡ 동생에게서 볼거리가 옮았다.
㉢ 가족 모두 감기에 걸려서 병원에 갔다.
㉣ 운동장에서 넘어져서 무릎에 멍이 생겼다.

(        )

**3** 다음 감염병의 증상을 보고, 해당하는 생활 속 감염병은 무엇인지 (보기)에서 골라 각각 이름을 쓰시오.

(보기)
수두, 유행성 각결막염, 수족구병, 파상풍

(1) 
근육이 딱딱하게 굳어진다.

(2) 
입안과 손발에 발진과 물집이 생긴다.

(     ) (     )



**4** 다음 수진이의 일기를 읽고 수진이가 걸린 감염병의 이름이 무엇인지 쓰고, 해당 감염병의 증상을 두 가지 쓰시오.

> 20○○년 ○월 ○일
>
> 어제 학교에서 급식을 먹고 나서 배가 아프기 시작했다. 점심 먹고 나서 속이 울렁거리고, 결국 토하고 설사를 했다. 집에 오자마자 엄마와 병원에 갔더니 의사 선생님께서 급식이 문제였을 가능성이 있다고 하셨다. 주사 맞고 약 먹으니까 조금 나아졌지만, 아직 배가 아프고 피곤하다. 빨리 나아서 학교에 가고 싶다.

(1) 감염병의 이름: (          )

(2) 감염병의 증상: _________________

_________________

_________________

**5** 다음과 같은 상황에서 생길 수 있는 일을 가장 알맞게 설명한 사람의 이름을 쓰시오.

> 전 세계에 코로나19가 유행하고 있다. 특히 증상이 심해지면 생명을 잃을 수 있어 큰 문제가 되고 있다. (중략)

• 신유: 코로나19에 걸린 사람들은 더 건강해질 거야.
• 태산: 코로나19가 유행하면 학교에 가지 못하고 온라인 수업을 할 수도 있어.
• 가을: 코로나19는 몸이 아프거나 면역력이 약한 사람에게는 증상이 나타나지 않아.

(        )

**|6~7|** 한 사람만 형광 로션이 묻어 있는 비닐장갑을 끼고, 나머지 사람은 일반 로션이 묻어 있는 비닐장갑을 낀 뒤 각자 다섯 명의 친구를 만나 장갑을 낀 손으로 악수했습니다. 물음에 답하시오.

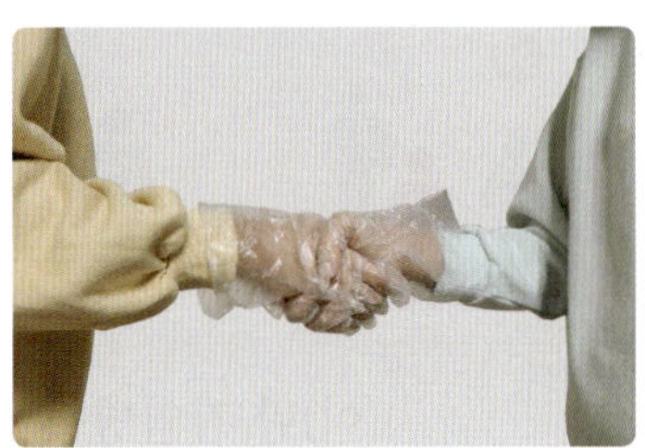

**6** 위 실험에 대한 설명으로 옳은 것을 두 가지 골라 ○표 하시오.

(1) 악수를 하면 형광 로션이 손에서 손으로 퍼진다. ( )

(2) 비말을 통한 감염 과정을 알아보기 위한 실험이다. ( )

(3) 자외선 손전등의 빛을 비추었을 때 밝게 빛나는 장갑의 수가 줄어든다. ( )

(4) 형광 로션이 묻어 있는지 확인하기 위해 자외선 손전등으로 장갑을 비춰 본다. ( )



**7** 위 실험에서 형광 로션이 병원체라고 할 때 형광 로션이 다른 친구의 손에 닿는 것은 무엇을 의미하는지 쓰시오.

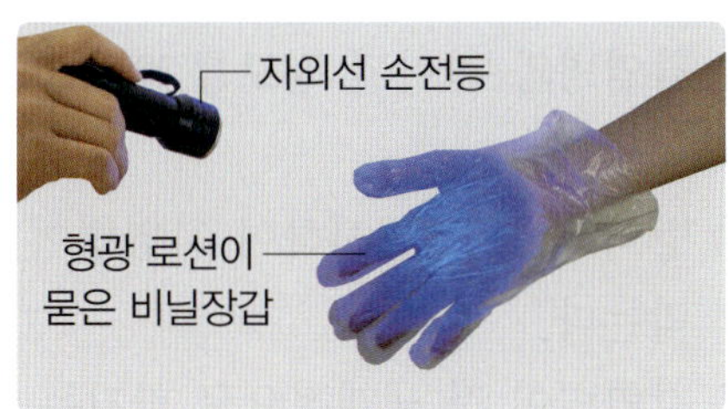


---

**|8~9|** 분무기와 스탠드 사이의 거리를 달리하여 분무기로 물을 뿌렸을 때, 종이에 묻은 물의 양을 비교하는 실험입니다. 물음에 답하시오.

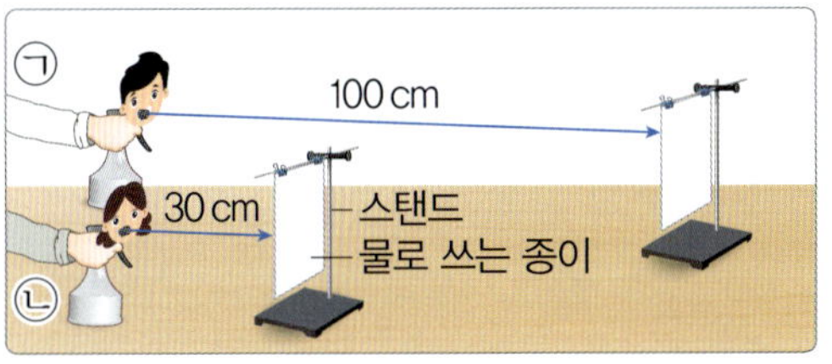

▲ 분무기의 물이 나오는 부분을 가리지 않았을 때

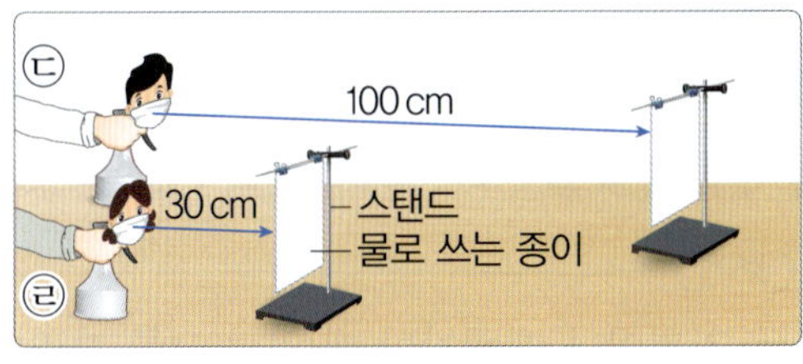

▲ 분무기의 물이 나오는 부분을 마스크로 가렸을 때

**8** 위 ㉠~㉣ 중 종이에 물이 가장 많이 묻는 것의 기호를 쓰시오.

( )

**9** 위 실험은 무엇을 통한 감염 과정을 알아보는 실험인지 알맞은 것을 골라 ○표 하시오.

| | | |
|---|---|---|
| 접촉을 통한 감염 | 물이나 음식을 통한 감염 | 비말을 통한 감염 |
| ( ) | ( ) | ( ) |

**10** 다음을 읽고 병원체가 무엇을 통해 우리 몸속에 들어왔는지 ( ) 안에 알맞은 말을 쓰시오.

> 아픈데도 학교에 가서 같은 교실에 있던 친구가 수두에 옮았다.

( )을/를 통한 감염

**서술형**

**11** 물이나 음식을 통한 감염을 예방하기 위한 생활 습관을 두 가지 쓰시오.

__________________________________

__________________________________

**12** 감염병이 퍼지는 것을 막기 위해 해야 할 행동으로 옳지 <u>않은</u> 것을 〈보기〉에서 골라 기호를 쓰시오.

〈보기〉
㉠ 기침이나 재채기할 때 입과 코를 가린다.
㉡ 감염병에 걸리면 사람이 많이 모이는 장소로 대피한다.
㉢ 외출하고 집에 돌아온 후에는 손을 비누로 30초 이상 깨끗이 씻는다.

(       )

**13** 다음 (    ) 안에 공통으로 들어갈 알맞은 말을 쓰시오.

감염병을 예방하기 위해 정해진 시기에 (    )을/를 한다. (    )을/를 하면 병원체가 우리 몸에 들어와도 이겨 낼 수 있는 힘이 생기고, 감염병에 걸리더라도 증상이 약하게 나타난다.

(       )

**14** 감염병으로부터 안전한 사회를 만들기 위한 노력 중 하나입니다. (    ) 안에 들어갈 알맞은 말을 쓰시오.

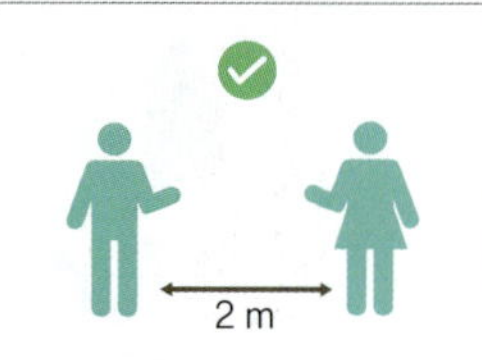


사회적 (     )(이)란 감염병이 대유행할 때 감염병이 더 퍼지는 것을 막기 위해 여러 사람이 한 장소에 모이지 못하도록 하는 것이다.

(       )

**15** 감염병으로부터 안전한 사회를 만들기 위해 국가가 할 수 있는 노력으로 알맞지 <u>않은</u> 것은 어느 것입니까? (    )

① 감염병 치료 약을 개발하기 위해 노력한다.
② 감염병과 관련된 정보를 빠르고 정확하게 제공한다.
③ 방역 정책을 실시하여 감염병이 퍼지는 것을 막는다.
④ 감염병이 전 세계적으로 퍼지는 것을 막기 위해 다른 나라와 협력한다.
⑤ 해외의 감염병은 우리나라에 퍼지지 않기 때문에 정보를 파악할 필요가 없다.

# 평가북

백점 과학 3·2

초등학교　　　　학년　　　반　　　번　　　이름

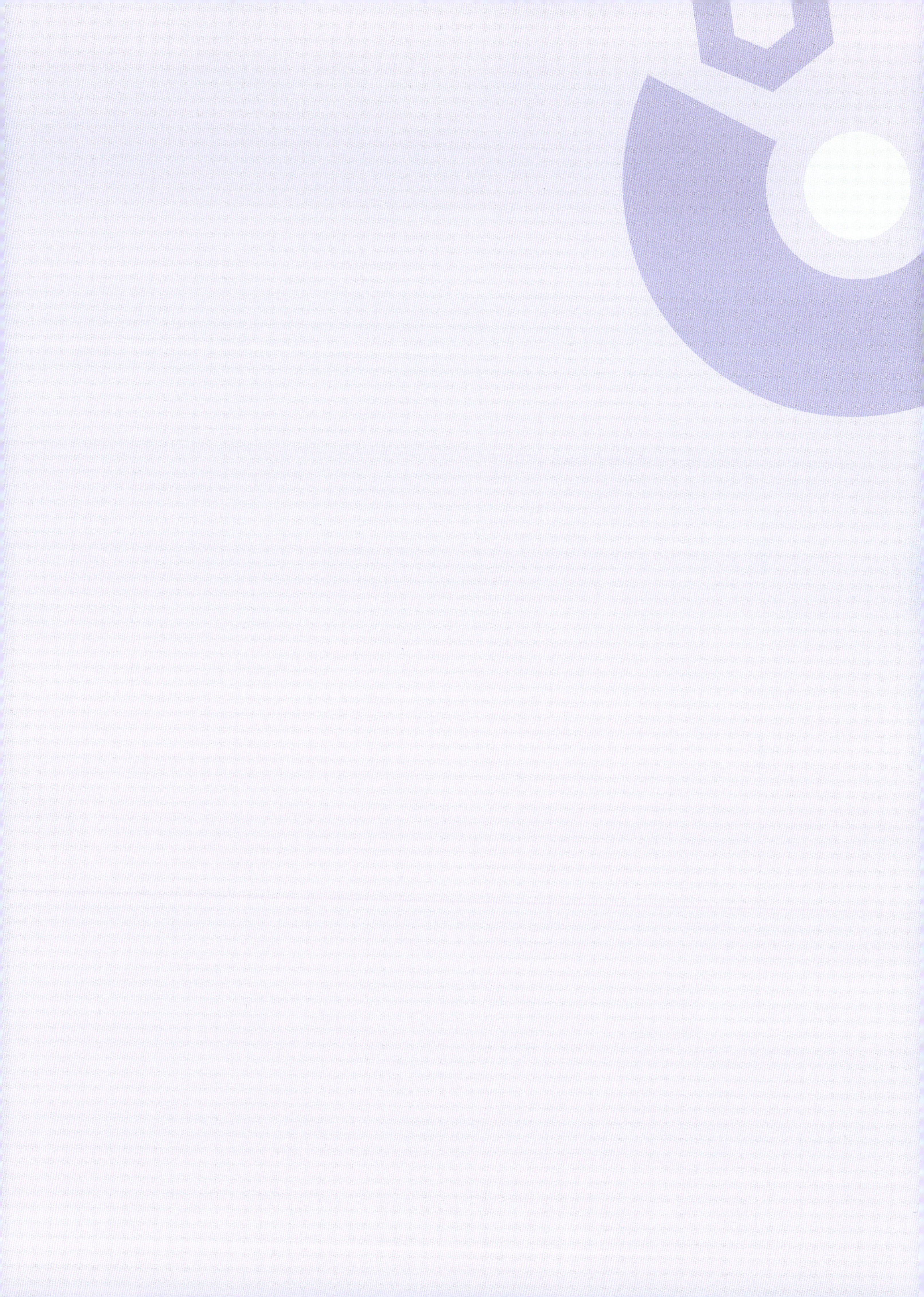

# 백점

## 과학 3·2

### 해설북

- 한눈에 보이는 **정확한 답**
- 한번에 이해되는 **자세한 풀이**

모바일
빠른 정답

동아출판

## ○ 해설북 구성과 특징

1 **다양한 보충 설명**이 있습니다.
문제 관련 내용을 깊이 있게 이해할 수 있도록 '문제 속 개념', '왜 답이 아닐까' 등의 보충 설명 제시

2 **자세한 서술형 풀이**가 있습니다.
편리한 서술형 문제 채점을 위해 '채점 기준'과 '채점 TIP', '이런 답도 가능해' 등의 구체적인 풀이 제시

## ○ 차례



## ○ 백점 과학 빠른 정답

QR코드를 찍으면 **정답과 풀이**를 쉽고 빠르게 확인할 수 있습니다.

# 1. 물체와 물질

## ◖ 1회 문제 학습  12~13쪽

**1** 물체  **2** 나무  **3** 금속  **4** 긁히지 않는
**5** 물질  **6** ③  **7** ⓒ  **8** ②  **9** 투명
**10** ⓓ 고무는 다른 물질보다 쉽게 휘어지고, 잡아당기면 늘어났다가 놓으면 원래대로 돌아갑니다.
**11** 고무 막대  **12** 유리 막대  **13** 민경

**5** 물체를 만드는 재료를 물질이라고 하고, 금속, 나무, 유리, 플라스틱, 고무, 종이, 섬유, 가죽 등이 있습니다.

**6** 모양이 있고 공간을 차지하는 것을 물체라 하고, 그 물체를 만드는 재료를 물질이라고 합니다. 장난감 블록이 물체이고, 장난감 블록을 만드는 재료인 플라스틱이 물질입니다.

**7** 금속은 나무나 플라스틱보다 단단합니다.

**8** 금속은 표면에서 빛이 반사되어 광택이 있고, 다른 물질에 비해 단단합니다. 나무는 고유한 향과 무늬가 있으며, 유리는 충격에 의해 쉽게 깨집니다. 플라스틱은 다른 물질보다 쉽게 다양한 모양과 색깔의 물체로 만들 수 있습니다. 고무는 쉽게 휘어집니다.

**9** 유리는 투명한 성질이 있어 반대편이 잘 보입니다.

**10** 고무는 쉽게 휘어지고, 탄성이 강해 잡아당기면 늘어났다가 놓으면 원래대로 돌아가는 성질이 있습니다. 이러한 성질을 이용해 고무줄, 풍선 등을 만듭니다.
채점 tip 고무는 잘 휘어지고, 당기면 늘어났다가 놓으면 다시 돌아간다는 내용 중 한 가지를 쓰면 정답으로 합니다.

**11** 네 가지 막대를 구부려 보면 고무 막대가 가장 잘 휘어지고, 나머지 막대는 잘 휘어지지 않습니다.

**12** 글자 위에 막대를 올려놓으면 유리 막대는 투명해서 글자가 보입니다.

**13** 금속 막대, 고무 막대, 유리 막대, 나무 막대를 물이 든 수조에 넣으면 나무 막대만 물에 뜨고, 나머지 막대는 아래로 가라앉습니다.

## ◖ 2회 문제 학습  16~17쪽

**1** 고무줄  **2** 물질  **3** 금속  **4** 유리그릇
**5** (1) 고무 (2) 유리  **6** (1) ⓒ (2) ⊙  **7** 클립, 자물쇠  **8** ④  **9** ⓓ 나무로 이루어진 물체와 금속으로 이루어진 물체로 분류하였습니다.  **10** (2) ○
**11** (가)  **12** ④  **13** 1번

**5** 지우개는 고무로 이루어진 물체이고, 어항은 유리로 이루어진 물체입니다.

**6** 집게는 금속, 구슬은 유리로 이루어져 있습니다.

**7** 클립과 자물쇠는 금속으로 만들어진 물체입니다. 풍선은 고무, 바구니는 플라스틱으로 만들어진 물체입니다.

**8** 풍선은 고무로 이루어져 있어 잘 늘어나면서도 질깁니다.

**9** 우리 주변의 물체는 물질의 종류에 따라 분류할 수 있습니다. 야구 방망이와 의자는 나무로 이루어진 물체이고, 고리와 손톱깎이는 금속으로 이루어진 물체입니다.
채점 tip 나무로 이루어진 물체와 금속으로 이루어진 물체로 분류하였다고 쓰면 정답으로 합니다.

**10** 연필은 흑연, 나무, 금속, 고무 등으로 이루어진 물체이고, 소화기는 금속, 고무, 플라스틱 등으로 이루어진 물체입니다. 가위는 금속, 플라스틱 등으로 이루어진 물체이고, 자전거는 금속, 플라스틱, 가죽, 고무 등으로 이루어진 물체입니다.

**11** 연필의 연필심은 흑연, 연필대는 나무, 연결 부분은 금속, 지우개는 고무로 이루어져 있습니다.

**12** 자전거의 타이어는 고무로 되어 있어 잘 늘어나기 때문에 공기를 채워 충격을 줄일 수 있습니다.

**13** 투명해서 그릇에 무엇이 있는지 쉽게 알 수 있는 그릇은 유리그릇입니다.

## 3회 문제 학습　20~21쪽

**1** 기체　**2** 다릅니다　**3** 액체　**4** 기체

**5** (나)　**6** (1) (가), (나) (2) (다)　**7** (1) ㉠ (2) ㉢ (3) ㉡

**8** 기체　**9** (3) ○　**10** (나)　**11** ⑤　**12** (1) 고체, 액체, 기체　(2) 예 어항과 자갈은 고체, 물은 액체, 공기는 기체이기 때문입니다.　**13** ㉡

## 4회 문제 학습　24~25쪽

**1** 부피　**2** 고체　**3** 모양　**4** 우유

**5** 채희　**6** ㉡, ㉣　**7** (나)　**8** (1) ㉡ (2) ㉠ (3) ㉡　**9** (2) ○　**10** ㉡　**11** 예 물은 담는 용기에 따라 모양은 변하지만, 부피는 변하지 않습니다.　**12** ⑤　**13** ⑤

**5** 나무는 손으로 잡을 수 있지만 물과 공기는 손으로 잡을 수 없습니다.

**6** 물과 나무는 눈으로 볼 수 있지만 공기는 눈으로 볼 수 없습니다.

**7** 눈으로 볼 수 있지만 손으로 잡을 수 없는 물은 액체입니다. 눈으로 볼 수 있고, 손으로 잡을 수 있는 나무는 고체입니다. 눈으로 볼 수 없고, 손으로 잡을 수 없는 지퍼 백 속 공기는 기체입니다.

**8** 고체는 눈으로 볼 수 있고, 손으로 잡을 수 있습니다. 액체는 눈으로 볼 수 있지만, 손으로 잡을 수 없습니다. 기체는 눈으로 볼 수 없고, 손으로도 잡을 수 없습니다.

**9** (가) 축구공 속 공기는 기체 상태이고, (나) 우유는 액체 상태입니다. (다) 안경과 (라) 가위는 눈으로 볼 수 있고, 손으로 잡을 수 있는 고체 상태입니다.

**10** 우유는 눈으로 볼 수 있지만 손에서 흘러내려 잡을 수 없는 액체입니다.

**11** 고체와 액체는 눈으로 볼 수 있지만 기체는 눈으로 볼 수 없습니다. 고체는 손으로 잡을 수 있지만 액체와 기체는 손으로 잡을 수 없습니다. (다), (라)는 손으로 잡을 수 있는 고체이고, (가)는 기체, (나)는 액체로 손으로 잡을 수 없습니다.

**12** 기체인 공기는 눈에 보이지 않지만 우리 주위에 있습니다. 어항과 자갈은 고체이고, 어항 속 물은 액체입니다.

채점 tip 고체는 어항과 자갈 중 한 가지만 써도 정답으로 합니다.

**13** 나무와 돌과 같은 고체는 손으로 잡을 수 있지만, 기체인 공기는 손으로 잡을 수 없어 전달하기 어렵습니다.

**5** 나무 막대를 여러 가지 모양의 용기에 옮겨 넣어도 나무 막대의 모양과 부피는 변하지 않습니다.

**6** 돌, 플라스틱 막대는 고체이므로 여러 가지 모양의 용기에 옮겨 넣었을 때 나무 막대와 같이 모양과 부피가 변하지 않습니다.

**7** 액체인 간장은 담는 용기에 따라 모양이 변하고, 고체인 가위와 우산은 담는 용기가 바뀌어도 모양이 변하지 않습니다.

**8** 가위와 우산은 담는 용기에 관계없이 원래의 모양과 부피가 변하지 않는 고체입니다. 간장은 담는 용기에 따라 모양은 변하지만 원래의 부피는 변하지 않는 액체입니다.

**9** 물은 담는 용기가 바뀌면 용기에 따라 모양이 변하지만, 색깔은 변하지 않습니다.

**10** 물을 첫 번째 용기에 다시 옮겨 담으면 물의 높이가 처음과 같습니다. 이것을 통해 물은 담는 용기가 바뀌어도 부피가 변하지 않는다는 것을 알 수 있습니다.

**11** 액체인 물은 담는 용기가 바뀌면 모양은 변하지만, 부피는 변하지 않는 성질이 있습니다.

채점 tip 담는 용기에 따른 물의 모양과 부피 변화에 대한 내용을 모두 쓰면 정답으로 합니다.

**12** 모래와 같은 가루 물질을 여러 가지 모양의 그릇에 옮겨 담으면 가루의 모양이 변하는 것처럼 보이지만, 알갱이 하나하나의 모양과 부피가 변한 것이 아니기 때문에 가루 물질은 고체입니다.

**13** 비행기를 탈 때 액체류는 가지고 탈 수 없으며, 기내에 액체를 들고 타려면 용기당 100 ml 이하여야 합니다. 생수는 액체이며, 500 ml는 반입 가능 용량을 초과했으므로 비행기에 들고 탈 가방에 넣으면 안 됩니다.

**1** 공기  **2** 풍선  **3** 변합니다  **4** 기체
**5** 기체  **6** (하트 모양)  **7** 연지  **8** (1) ○ (2) ×
(3) ×  (4) ○  **9** ①  **10** ③  **11** ㉡
**12** =  **13** ⑩ 페트병의 뚜껑을 열면 페트병 안의 공기가 병 입구를 통해 밖으로 빠져나가고 수조의 물이 페트병 안으로 들어오기 때문입니다.

**5** 공기와 같이 담는 용기에 따라 모양이 변하고, 공간을 항상 가득 채우는 물질의 상태를 기체라고 합니다.

**6** 풍선을 채우고 있는 공기의 모양은 풍선의 모양과 같습니다.

**7** 기체는 대부분 눈에 보이지 않지만, 고체, 액체와 같이 공간을 차지하고 있으며 이동할 수 있습니다.

**8** 기체는 일정한 모양이 없고 담는 용기 안의 공간을 가득 채우며, 다른 곳으로 이동할 수 있습니다. 고체는 눈으로 볼 수 있으며, 일정한 모양이 있어 담는 용기가 달라져도 모양과 부피가 변하지 않습니다.

**9** 에어백, 고무보트, 튜브, 풍선, 에어 캡 등은 기체가 공간을 차지하는 성질을 이용한 예입니다.

**10** 고무보트, 풍선, 바람 인형은 기체가 공간을 차지하는 성질을 이용한 경우입니다. 우산은 고체로, 비가 올 때 펴서 손에 들고 머리 위를 가리는 도구입니다.

**11** 뚜껑을 닫은 페트병을 수조 바닥으로 밀어 넣으면 탁구공은 수조 바닥으로 가라앉고, 수조 안 물의 높이는 처음 물의 높이보다 높아집니다. 이것은 페트병 안의 공기가 공간을 차지하고 있기 때문입니다.

**12** 페트병의 뚜껑을 열면 탁구공이 물 위로 점점 떠오르면서 처음 위치와 같아지고, 수조 안 물의 높이가 처음 물의 높이와 같아집니다.

**13** 뚜껑을 닫은 페트병 안의 공기가 공간을 차지하고 있어 물이 페트병 안으로 들어오지 못하다가 뚜껑을 열면 공기가 빠져나가 물이 페트병 안으로 들어옵니다.
채점 tip 뚜껑을 열면 페트병 안의 공기가 빠져나가 수조의 물이 들어오기 때문이라고 쓰면 정답으로 합니다.



**1** ②  **2** (1) ㉡ (2) ㉠ (3) ㉢  **3** 고무  **4** ④
**5** ⑩ ㉮, ㉢, ㉺는 나무로 이루어진 물체이고, ㉯, ㉣, ㉭는 플라스틱으로 이루어진 물체입니다.  **6** ③
**7** (1) ㉢ (2) ㉡ (3) ㉠  **8** ㉠ 고체 ㉡ 기체 ㉢ 액체
**9** 비눗방울 속 공기  **10** 기체  **11** ㉢, ㉣  **12** ②
**13** 재아  **14** ①  **15** 공기  **16** 처음보다 높아진다  **17** (1) ㉮ (2) ㉯  **18** ⑩ 공기는 공간을 차지하는 성질이 있습니다. 공기는 이동하는 성질이 있습니다.  **19** ㉠  **20** 금속 막대, ⑩ 금속 막대가 다른 막대보다 단단하기 때문입니다.

**1** 유리는 투명해서 안을 잘 볼 수 있고, 물에 젖지 않습니다. 다른 물체와 부딪치면 쉽게 깨지는 성질이 있습니다. 

**2** 금속은 대부분 광택이 있고, 나무나 플라스틱보다 단단합니다. 나무는 고유한 향과 무늬가 있고, 대부분 물에 뜨는 성질이 있습니다. 플라스틱은 다른 물질보다 쉽게 다양한 모양과 색깔의 물체를 만들 수 있습니다.

문제 속 개념

• **금속의 성질**

대부분 광택이 있고, 나무나 플라스틱보다 단단합니다.

• **나무의 성질**

고유한 향과 무늬가 있고, 대부분 물에 뜨는 성질이 있습니다.

• **플라스틱의 성질**

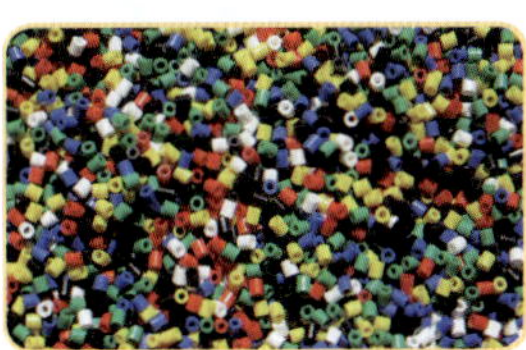

다른 물질보다 쉽게 다양한 모양과 색깔의 물체로 만들 수 있습니다.

**1** 단원 / 개념북

**3** 지우개, 풍선, 타이어는 고무로 이루어진 물체입니다. 이 외에도 고무줄, 고무장갑 등이 있습니다.

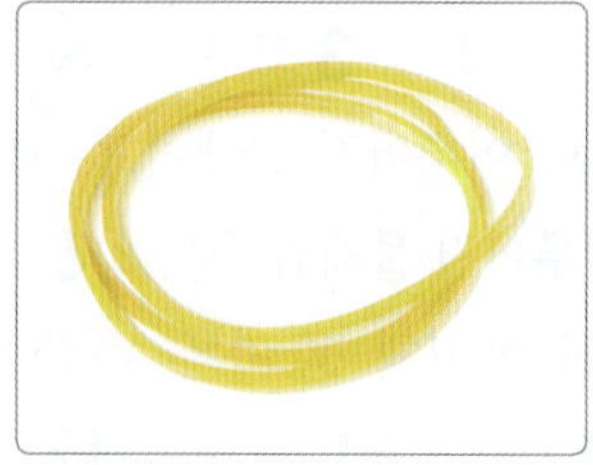
▲ 고무줄

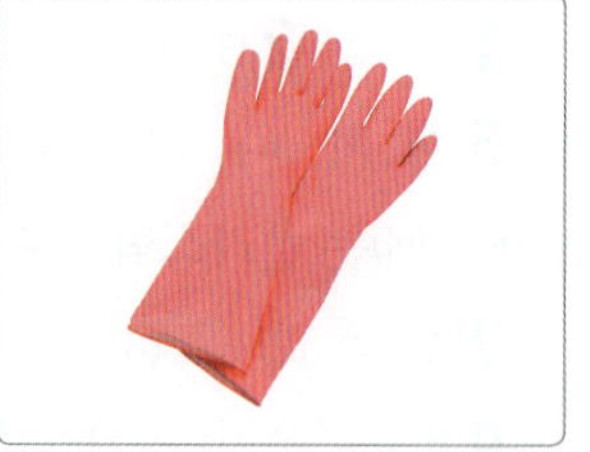
▲ 고무장갑

**4** 우리 주변의 물체는 물질의 종류에 따라 분류할 수 있습니다. 물질의 종류에는 금속, 나무, 플라스틱, 유리, 고무, 종이, 섬유, 가죽 등이 있습니다.

**5** 윷, 야구 방망이, 주걱은 나무로 이루어진 물체이고, 자, 바구니, 훌라후프는 플라스틱으로 이루어진 물체입니다.

채점 **tip** 나무로 이루어진 물체와 플라스틱으로 이루어진 물체를 모두 옳게 분류했으면 정답으로 합니다.

**6** 자전거는 각 부분의 쓰임새에 알맞은 물질로 되어 있습니다. 페달은 플라스틱, 안장은 가죽이나 플라스틱, 몸체는 금속, 손잡이는 고무나 플라스틱, 타이어는 고무로 이루어져 있습니다.

**7** 물질마다 성질이 다양하기 때문에 같은 종류의 물체라도 물체를 이루는 물질에 따라 좋은 점이 서로 다릅니다. 유리그릇은 투명해서 그릇에 무엇이 있는지 쉽게 알 수 있고, 단단하지만 깨지기 쉬운 성질이 있습니다. 금속 그릇은 단단하고 광택이 있으며, 떨어뜨려도 깨지지 않습니다. 나무 그릇은 고유한 향과 무늬가 있으며 다른 물질로 이루어진 그릇에 비해 비교적 가볍습니다.

**8** 물질은 각 특징에 따라 고체, 액체, 기체의 세 가지 상태로 나눌 수 있습니다. 고체 상태인 나무 막대는 눈으로 볼 수 있고, 손으로 잡을 수 있습니다. 액체 상태인 물은 눈으로 볼 수 있지만, 흐르는 성질이 있어 손으로 잡을 수 없습니다. 기체 상태인 공기는 눈으로 볼 수 없고, 손으로 잡을 수도 없습니다.

**9** 안경, 책은 고체 상태, 주스는 액체 상태, 비눗방울 속 공기는 기체 상태입니다.

**10** 비눗방울 속 공기는 눈으로 볼 수 없고, 손으로 잡을 수도 없는 기체 상태입니다.

**11** 나무 블록과 같이 담는 용기에 관계없이 원래의 모양과 부피가 변하지 않는 물질의 상태를 고체라고 합니다.

**왜 답이 아닐까?**

㉠ 고체는 담는 용기가 바뀌어도 모양이 변하지 않습니다.
㉡ 고체는 담는 용기가 바뀌어도 부피가 변하지 않습니다.

**12** 꿀은 액체입니다. 가방, 필통, 모래는 고체입니다. 모래를 여러 가지 모양의 그릇에 옮겨 담으면 가루의 모양이 변하는 것처럼 보이지만, 알갱이 하나하나의 모양과 부피가 변한 것이 아니기 때문에 모래는 고체입니다.

**13** 물을 ㉠, ㉡, ㉢ 그릇에 옮겨 담아도 물의 부피는 변하지 않습니다. 그릇의 모양에 따라 물의 모양만 달라집니다.

**14** 물이나 주스와 같이 담는 용기에 따라 모양은 변하지만 원래의 부피는 변하지 않는 물질의 상태를 액체라고 합니다. 가위, 우산, 지우개는 고체이며, 공기는 기체입니다.

**문제 속 개념**

고체
담는 용기에 관계없이 원래의 모양과 부피가 변하지 않는 물질의 상태

액체
담는 용기에 따라 모양은 변하지만, 원래의 부피는 변하지 않는 물질의 상태

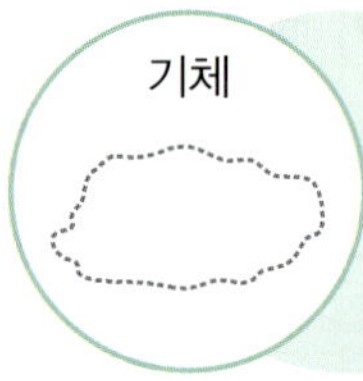
기체
담는 용기에 따라 모양이 변하고, 용기 안의 공간을 항상 가득 채우는 물질의 상태

**15** 우리 주변에는 항상 공기가 있습니다. 바람에 물체가 흔들리는 모습 외에도 풍선이나 튜브에 공기를 넣을 때, 비눗방울 놀이를 할 때에도 공기가 있음을 알 수 있습니다.

**공기가 있다는 것을 알 수 있는 모습**

▲ 돌아가는 바람개비

▲ 휘날리는 깃발

▲ 바람에 흔들리는 나뭇가지

▲ 풍선에 공기를 넣을 때

▲ 비눗방울 놀이를 할 때

▲ 자전거 타이어에 공기를 넣을 때

**16** 컵 안의 공기가 공간을 차지하고 있어 수조의 물이 컵 안으로 들어오지 못하기 때문에 컵 안 공기의 부피만큼 물이 밀려나와 수조 안 물의 높이가 높아집니다.

**17** 바닥에 구멍이 뚫리지 않은 플라스틱 컵의 압축 물휴지는 젖지 않고, 바닥에 구멍이 뚫린 플라스틱 컵의 압축 물휴지는 젖어 부풀어 오릅니다.

**18** ㈎의 경우 컵 안의 공기가 공간을 차지하여 컵 안으로 물이 들어오지 못하기 때문에 압축 물휴지에 변화가 없습니다. ㈏의 경우 컵 안의 공기가 구멍을 통해 밖으로 빠져나가 컵 안으로 물이 들어오기 때문에 압축 물휴지가 젖어 크기가 커집니다.

> 채점 tip 공기는 공간을 차지하며, 이동하는 성질이 있다는 내용을 모두 쓰면 정답으로 합니다.

**19** 물이 든 수조에 넣었을 때 물에 뜨는 막대는 나무 막대와 플라스틱 막대입니다.

**20** 막대를 서로 긁었을 때 잘 긁히지 않는 막대가 더 단단한 막대입니다. 금속 막대는 다른 막대들로 긁었을 때 긁히지 않습니다. 이것은 금속 막대가 다른 막대들보다 더 단단하기 때문입니다.

> 채점 tip 금속 막대를 쓰고, 다른 물질보다 금속이 단단하기 때문이라는 내용을 쓰면 정답으로 합니다.

## 2. 지구와 바다

### 1회 문제 학습　　40~41쪽

**1** 보이지 않습니다　**2** 바람　**3** 대기　**4** 태양

**5** ㉢　**6** ①　**7** ③　**8** 공기　**9** ⑶ ×

**10** 희도　**11** 예 지구에 대기가 있기 때문입니다.

**12** ㉡　**13** 정훈



**5** 바람에 펄럭이는 태극기, 하늘을 나는 연, 선풍기 바람에 날리는 머리카락 등을 보고 공기가 있다는 것을 알 수 있습니다.

**6** 우리가 숨을 쉴 수 있는 까닭은 우리 주변에 공기가 있기 때문입니다.

**7** 공기가 든 지퍼 백은 팽팽하게 부풀어 잘 접히지 않습니다. 손가락으로 누르면 조금 들어가고 말랑말랑합니다.

**8** 눈에 보이지 않지만 지퍼 백을 열어 누르면 안에 들어 있던 공기가 빠져나오는 것을 느낄 수 있습니다.

**9** 지구에는 대기가 있어서 생물이 호흡하며 살아갈 수 있고, 지구의 온도가 생물이 살아가기에 적당하게 유지됩니다. 또 태양에서 오는 해로운 빛인 자외선을 막아 주기도 합니다.

**10** 풍력 발전은 바람의 힘으로 발전기를 돌려 전기를 만드는 방법입니다. 풍력 발전을 할 수 있는 것은 지구에 대기가 있기 때문입니다.

**11** 대기는 눈에 보이지 않고 손으로 잡을 수도 없지만, 대기가 있기 때문에 연을 날리거나 새가 하늘을 날 수 있습니다.

> 채점 tip 대기가 있다는 내용이나 공기가 지구를 둘러싸고 있다는 내용이 포함되어 있으면 정답으로 합니다.

**12** 지구에 대기가 있어 바람개비가 돌아가고, 구름, 비, 눈 등의 기상 현상이 발생합니다. 달이 뜨는 것은 대기와 관련이 없습니다.

**13** 지구에 대기가 없다면 바람이 불지 않고 기상 현상이 발생하지 않아 구름을 볼 수 없습니다.

## 2회 문제 학습    44~45쪽

**1** 물    **2** 빙하    **3** 파도    **4** 갯벌

**5** ④    **6** ㉣    **7** 사막    **8** (1) ㉡ (2) ㉠    **9** (다)
**10** (가)    **11** ②, ③    **12** ㉢    **13 예** 지구 표면에서 바다가 육지보다 넓습니다.

**5** 지구 표면은 크게 육지와 바다로 이루어져 있으며, 다양한 모습과 지형을 볼 수 있습니다.

**6** 호수, 들, 강은 지구 표면의 모습입니다. 지구 표면은 지구의 가장 바깥쪽을 의미합니다. 구름은 지구에서 보이는 하늘에 있는 것이므로 지구 표면의 모습이 아닙니다.

**7** 사막은 비가 적게 내려 매우 건조하고, 많은 양의 모래로 덮여 있습니다. 우리나라에서는 볼 수 없는 지형입니다.

**8** 지구 표면의 모습은 다양합니다. 산은 높은 나무들이 많아 주변보다 높이 솟아 있습니다. 강은 땅을 가로질러 물이 흐릅니다.

**9** 지구 표면의 모습 중 화산 활동에 의해 만들어진 산을 화산이라고 합니다.

**10** 지구 표면의 대부분은 바다로 이루어져 있습니다. 육지에는 산, 들, 강, 계곡, 사막, 빙하, 화산 등 다양한 모습이 있습니다.

**11** 육지에서는 강, 계곡, 빙하, 호수 등에서 물을 찾을 수 있습니다. 빙하나 사막과 같은 모습은 우리나라에서 볼 수 없습니다.

**12** 바다를 나타내는 초록색 붙임쪽지가 육지를 나타내는 붉은색 붙임쪽지보다 더 많이 붙어 있습니다. 지구 표면에서 바다가 육지보다 더 넓기 때문입니다.

**13** 육지에 붙인 붉은색 붙임쪽지보다 바다에 붙인 초록색 붙임쪽지의 개수가 더 많습니다. 따라서 이 실험을 통해 바다가 육지보다 더 넓다는 것을 알 수 있습니다.
**채점 tip** 바다가 육지보다 더 넓다는 내용이 포함되면 정답으로 합니다.

## 3회 문제 학습    48~49쪽

**1** 바닷물    **2** 많습니다    **3** 끓임쪽    **4** 소금

**5** 빙하    **6** ④    **7** ㉣    **8** 바닷물    **9** (1) × (2) ○ (3) × (4) ○    **10** (나)    **11** (나), **예** 바닷물에는 짠맛이 나는 소금 등 여러 가지 물질이 녹아 있어 사람이 마시기에 적당하지 않습니다.    **12** 8월 27일    **13** (1) ㉠, ㉢ (2) ㉡, ㉣, ㉤

**5** 우리가 몸을 씻거나 물을 마실 때 사용하는 물은 육지의 물입니다.

**6** 바닷물은 짜고 깨끗하지 않기 때문에 사람이 바로 마실 수 없습니다.

**7** 육지의 물은 빙하, 호수, 강, 지하수, 계곡 등에 있고, 바닷물은 바다에 있습니다.

**8** 바다는 지구 표면의 약 70 %를 차지하기 때문에 바닷물이 지구의 물 중 대부분을 차지합니다.

**9** 육지의 물과 바닷물이 담긴 증발 접시에 같은 개수만큼 끓임쪽을 넣은 후 가열합니다. 육지의 물이 담긴 증발 접시를 가열하면 남은 물질이 없고, 바닷물이 담긴 증발 접시를 가열하면 흰색 가루가 남습니다. 이때의 흰색 가루는 소금입니다.

**10** 육지의 물이 담긴 증발 접시에는 아무것도 남아 있지 않고, 바닷물이 담긴 증발 접시에는 흰색 가루가 남아 있습니다.

**11** 바닷물은 육지의 물과 다르게 소금 등 여러 가지 물질이 녹아 있어 짠맛이 납니다.
**채점 tip** 바닷물은 소금이 녹아 있어 짠맛이 나기 때문에 마실 수 없다는 내용을 쓰면 정답으로 합니다.

**12** 바닷물에는 소금 등의 여러 가지 물질이 녹아 있기 때문에 물맛이 짜다고 느낀 8월 27일이 바닷가의 해수욕장에 다녀온 날입니다.

**13** 육지의 물은 농사를 지을 때 이용하며 육지에 사는 동물들이 먹을 수 있습니다. 바닷물은 소금 등 여러 가지 물질이 녹아 있으며 가열하면 흰색 가루가 남습니다. 바닷물은 지구의 물에서 가장 많은 양을 차지합니다.

**1** 동굴    **2** 모래사장    **3** 밀물    **4** 썰물

**5** 동굴   **6** ㉡   **7** ④   **8** 파도   **9** (1) ㉡ (2) ㉠   **10** 태우   **11** ㉡   **12** ⑤   **13** ⑩ 썰물일 때 바닷물의 높이가 낮아지면서 육지와 섬 또는 섬과 섬 사이에 길이 생깁니다.

**5** 바닷가 절벽에 구멍이 나 있는 동굴의 모습입니다.

**6** 오랜 시간에 걸쳐 바위가 파도에 깎이면서 절벽이나 동굴이 만들어지고 바위에 구멍이 뚫리기도 합니다. 파도에 의해 모래나 흙이 쌓여 모래사장이나 갯벌이 만들어집니다.

**7** ①은 모래사장, ②는 크고 작은 자갈, ③은 구멍 뚫린 바위, ④는 들의 모습입니다.

**8** 바닷가의 다양한 지형을 만들어 낸 것은 바람에 의해 생기는 파도입니다.

**9** 갯벌은 파도가 운반한 고운 흙과 진흙이 쌓여 만들어집니다. 절벽은 바위가 파도에 깎여 만들어집니다.

**10** 바닷가는 하루 동안에도 시간이 지나면서 모습이 달라집니다. 땅이 보였던 곳이 밀물일 때는 바닷물이 차올라 바다가 되고, 바닷물에 잠겼던 땅이 썰물일 때는 물 밖으로 드러나기도 합니다.

**11** ㉠은 썰물일 때의 모습이고 ㉡은 밀물일 때의 모습입니다. 갯벌은 밀물일 때는 물에 잠기고, 썰물일 때는 물 밖으로 드러나는 편평한 땅입니다.

**12** 밀물일 때는 바다에서 육지로 물이 밀려 들어오면서 바닷물의 높이가 높아지고 바닷가의 육지가 물에 잠기기도 합니다. 썰물일 때는 육지에서 바다로 물이 빠져나가면서 바닷물의 높이가 낮아집니다. 바닷가에서는 하루에 두 번 정도 바닷물이 밀려 들어왔다가 빠져나가면서 바닷물의 높이가 반복적으로 변합니다.

**13** 바다갈라짐은 주변보다 수심이 얕은 곳의 지형이 썰물로 인해 바닷물의 높이가 낮아지면서 육지와 섬 또는 섬과 섬 사이에 길이 생기는 현상입니다.
> 채점 ⑩ 썰물일 때 바닷물의 높이가 낮아져 길이 생긴다는 내용이 있으면 정답으로 합니다.



**1** 유네스코    **2** 서해안    **3** 식물    **4** 철새

**5** 갯벌   **6** (1) ㉠ (2) ㉢ (3) ㉡   **7** ㉡, ㉢   **8** ㉡, ㉢   **9** ⑤   **10** 우영   **11** (1) ○ (2) × (3) ×   **12** ⑩ 갯벌은 오염 물질을 깨끗하게 하고, 자연재해를 예방하기 때문에 갯벌을 보전해야 합니다.   **13** ㉣

**5** 갯벌은 육지와 바다가 만나는 곳이며 밀물일 때는 바닷물에 잠기고 썰물일 때는 바닷물 밖으로 드러나는 바닷가의 넓은 벌판입니다.

**6** 우리나라의 갯벌은 서천 갯벌, 신안 갯벌 등이 있으며 갯벌은 다양한 생물의 터전이 됩니다. 갯벌에 사는 생물로는 짱뚱어, 조개, 나문재 등이 있습니다.

**7** 우리나라 갯벌은 주로 서해안과 남해안에 위치해 있습니다.

**8** 갯벌은 오염 물질을 깨끗하게 해 주고 홍수 등 자연재해의 피해를 줄여 줍니다. 갯벌은 여러 생물에게 살 곳을 제공하며 갯벌에 사는 생물들은 땅의 오염 물질을 분해해 줍니다.

**9** 동해안은 서해안, 남해안보다 밀물 때와 썰물 때의 바닷물 높이 차가 작아 갯벌을 찾아보기 어렵다는 내용으로 밀물과 썰물 때의 바닷물 높이 차가 작으면 갯벌을 찾기 어렵다는 것을 알 수 있습니다.

**10** 갯벌은 철새나 물고기들이 알을 낳고 새끼를 기르기에 좋은 환경을 제공해 주며, 쉬거나 먹이를 얻을 수 있게 해 줍니다.

**11** 갯벌을 지키기 위해서는 갯벌의 생물을 함부로 잡지 않고, 갯벌에 쓰레기를 함부로 버리지 않습니다.

**12** 갯벌에 사는 생물 중 게나 지렁이는 갯벌에 굴을 파고 흙을 뒤집어 신선한 공기가 드나들게 하여 갯벌이 썩지 않게 합니다. 또 갯벌은 태풍이나 홍수의 피해를 줄여줍니다.
> 채점 ⑩ 갯벌의 가치가 알맞게 포함되어 있으면 정답으로 합니다.

**13** 야자나무는 덥고 비가 많이 오는 곳에 사는 식물입니다.

## 6회 마무리 평가  58~61쪽

**1** ㉠ 공기 ㉡ 대기 **2** ㉣ **3** 예 생물이 숨을 쉴 수 없어 살 수 없을 것입니다. 바람이 불지 않아 비행기나 새가 하늘을 날 수 없을 것입니다. 구름이 만들어지지 않아 비나 눈이 내리지 않을 것입니다. **4** ㉢
**5** 바다 **6** 호수 **7** (1) 들 (2) 빙하 (3) 산 **8** ⑤
**9** ② **10** 인애 **11** (1) ㉠ (2) ㉢ (3) ㉡ **12** 절벽
**13** ㉠ 높아진다 ㉡ 낮아진다 **14** ⑤ **15** (1) ○
(2) × (3) ○ (4) ○ **16** 예 서해안과 남해안의 밀물 때와 썰물 때에 바닷물의 높이 차가 크기 때문입니다.
**17** ⑤ **18** (1) 도요새 (2) 나문재 (3) 게 (4) 짱뚱어
**19** ㉢ **20** 예 바닷물은 육지의 물과 달리 가열하면 흰색 가루 물질(소금)이 남습니다. 바닷물에는 육지의 물과 달리 소금이 녹아 있습니다.

---

**1** 지구를 둘러싼 공기를 지구의 대기라고 합니다.

**2** 그림자는 빛과 물체가 있으면 생깁니다. 공기와는 관련이 없습니다.

**3** 지구에 대기가 없으면 생물이 숨을 쉴 수 없고, 바람이 불지 않을 것이며, 구름이 만들어지지 않아 기상 현상이 발생하지 않을 것입니다.

채점 tip 숨을 쉴 수 없다거나 바람이 불지 않아 일어날 수 있는 일 등을 옳게 쓰면 정답으로 합니다.

---

문제 속 개념
**지구에 대기가 있어 나타나는 모습**

생물이 숨을 쉴 수 있습니다.

비나 눈이 올 수 있습니다.

비행기가 하늘을 날 수 있습니다.

열기구가 뜰 수 있습니다.

돛단배가 항해할 수 있습니다.

풍력 발전을 할 수 있습니다.

---

**4** 공기를 넣기 전의 지퍼 백은 얇고 접을 수 있지만, 공기를 넣은 후에는 부풀어 접히지 않습니다. 공기를 넣기 전의 지퍼 백은 안에 아무것도 느껴지지 않지만, 공기를 넣은 후의 지퍼 백은 손가락으로 누르면 조금 들어가고 말랑말랑합니다.

**5** 지구 표면은 육지와 바다로 나눌 수 있습니다. 육지는 땅으로 이루어져 있는 부분을 말하고, 바다는 육지를 제외하고 물로 덮여 있는 부분을 말합니다.

**6** 호수는 많은 양의 물이 땅으로 둘러싸여 고여 있는 모습입니다. 강은 육지를 가로질러 물이 줄기를 이루어 길게 흐르는 것이고, 계곡은 산과 산 사이에서 물이 흐르는 것입니다.

**7** 들은 편평하게 트인 땅으로, 풀이나 곡식들이 자랍니다. 빙하는 오랫동안 쌓인 눈이 굳어서 만들어진 얼음덩어리입니다. 산은 주변보다 높이 솟아 있는 땅으로, 나무가 많이 있습니다.

---

문제 속 개념
**다양한 지구 표면의 모습**

▲ 산

▲ 들

▲ 강

▲ 호수

▲ 빙하

▲ 계곡

**8** 지도의 전체 칸 수는 50칸이고 이 중에서 육지 칸은 14칸, 바다 칸은 36칸입니다. 바다 칸의 수가 육지 칸의 수보다 22칸 더 많은 것으로 보아 바다가 육지보다 더 넓다는 것을 알 수 있습니다.

**9** 지구에 있는 물은 크게 바닷물과 육지의 물로 구분할 수 있습니다.

**10** 바닷물은 소금 등 여러 가지 물질이 많이 녹아 있어 짠맛이 납니다. 또한 바다는 육지보다 더 넓으므로 바닷물이 육지의 물보다 양이 더 많습니다.

---

**왜 답이 아닐까?**

- 희수: 육지의 물은 아무 맛이 나지 않습니다.
- 재민: 바닷물은 짠맛이 납니다.
- 지선: 바다가 육지보다 더 넓으므로 바닷물이 육지의 물보다 양이 더 많습니다.
- 형빈: 소금을 포함해 여러 가지 물질이 많이 녹아 있는 물은 바닷물입니다.

---

**11** ⑴은 동굴, ⑵는 갯벌, ⑶은 모래사장의 모습입니다.

**12** 바위와 바다가 만나는 부분에 파도가 계속 쳐서 바위가 깎여 가파른 절벽이 만들어집니다.

**13** 밀물 때는 바닷물이 바다에서 육지 쪽으로 밀려 들어와서 바닷물의 높이가 높아집니다. 썰물 때는 바닷물이 육지에서 바다 쪽으로 빠져나가서 바닷물의 높이가 낮아집니다.

---

**문제 속 개념**

- **밀물**: 바닷물이 바다에서 육지 쪽으로 밀려 들어오면서 바닷물의 높이가 높아지는 현상
- **썰물**: 바닷물이 육지에서 바다 쪽으로 빠져나가면서 바닷물의 높이가 낮아지는 현상

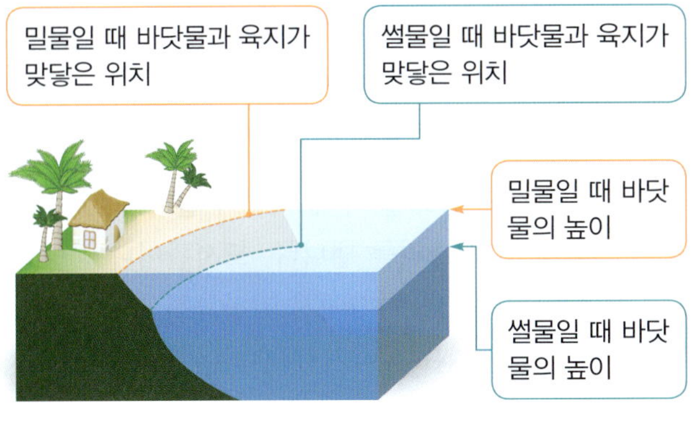


---

**14** ㉠은 밀물, ㉡은 썰물일 때의 모습입니다. 밀물일 때는 바닷물에 잠겼던 땅이 썰물일 때는 물 밖으로 드러납니다.

**15** 갯벌은 주로 진흙이나 모래로 이루어져 있습니다.

**16** 밀물 때와 썰물 때에 바닷물의 높이 차가 크면 갯벌이 잘 발달됩니다. 우리나라 동해안은 밀물 때와 썰물 때에 바닷물의 높이 차가 서해안, 남해안보다 작아 갯벌을 찾아보기 어렵습니다.

> **채점 tip** 밀물 때와 썰물 때에 바닷물의 높이 차가 크기 때문이라고 쓰면 정답으로 합니다.

**17** 갯벌은 육지에서 온 온갖 찌꺼기를 걸러 내어 바다를 깨끗하게 만듭니다.

---

**문제 속 개념**

**갯벌의 역할**

 갯벌은 다양한 생물이 살아갈 수 있는 터전이 되어 줍니다.

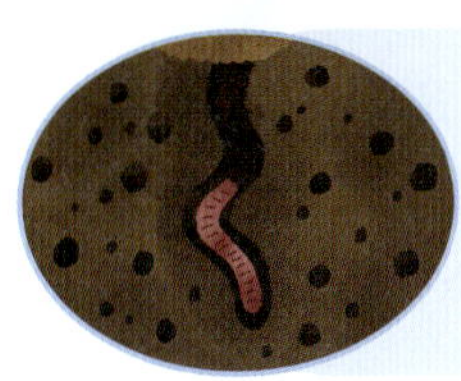 갯벌은 바다로 흘러 들어가는 오염 물질을 걸러 줍니다.

 갯벌은 태풍이나 홍수의 피해를 줄여 줍니다.

 갯벌은 먼 거리를 이동하는 철새가 먹이를 먹거나 휴식하는 장소를 제공합니다.

---

**18** 우리나라 갯벌에는 다양한 생물이 살고 있습니다.

**19** 바닷물은 육지의 물과 달리 소금이 들어 있기 때문에 가열한 뒤 남는 물질이 있습니다.

**20** 실험 결과로 바닷물에는 육지의 물과 달리 흰색 가루 물질(소금 등)이 녹아 있다는 것을 알 수 있습니다.

> **채점 tip** 바닷물은 육지의 물과 다르게 소금이 있다는 내용이 포함되어 있으면 정답으로 합니다.

## 3. 소리의 성질

**1회 문제 학습**     68~69쪽

**1** 여러    **2** 소리    **3** 떨림    **4** 떨림

**5** (3) ×    **6** ㉢    **7** 소리    **8** ④    **9** ㉠
**10** ③    **11** 예 손에서 떨림이 느껴집니다.    **12** (2) ○
**13** ㉡

**5** 플라스틱 자는 구겨지지 않습니다. 플라스틱 자를 퉁기거나 책상에 두드려 소리를 낼 수 있습니다.

**6** 여러 가지 물체를 이용해 다양한 소리를 낼 수 있습니다. 비닐봉지를 구길 때 비닐봉지에서 소리가 납니다. 

**7** 물체를 두드리거나 줄을 퉁겨서 소리를 낼 수 있습니다. 물체를 입으로 불어서 소리를 내기도 합니다. 같은 물체라도 여러 가지 방법으로 다양한 소리를 낼 수 있습니다.

**8** 소리가 나는 물체는 떨림이 있습니다. 소리가 나는 트라이앵글에 손을 대 보면 떨림이 느껴집니다. 물체의 떨림이 없으면 물체에서 소리가 나지 않습니다.

**9** 소리가 나는 물체는 떨림이 있으므로 스피커에 손을 대었을 때 떨림이 느껴지는 스피커가 소리가 나는 것입니다.

**10** 소리가 나는 소리굽쇠를 물 표면에 대면 주변의 물이 튀어 오릅니다. 그 까닭은 소리가 나는 소리굽쇠는 떨림이 있기 때문입니다.

**11** "아~" 소리를 내면 떨림이 있기 때문에 손에서 목의 떨림이 느껴집니다.

   채점 tip 손에서 떨림이 느껴진다는 내용을 쓰면 정답으로 합니다.

**12** 벌이 날 때 '윙~'하는 소리는 빠른 날갯짓의 떨림 때문에 나는 소리입니다.

**13** 물체를 가만히 두면 저절로 소리가 나지 않습니다. 플라스틱 자로 책상을 두드리거나 퉁겨서 소리를 낼 수 있습니다. 소리를 내는 방법에는 문지르기, 두드리기, 퉁기기, 긁기 등이 있습니다.

**2회 문제 학습**     72~73쪽

**1** 세기    **2** 작게    **3** 큰    **4** 작은

**5** (가)    **6** (가), 예 작은북을 세게 칠수록 북면이 크게 떨리면서 큰 소리가 나기 때문입니다.    **7** (1) ×
(2) ×   (3) ○    **8** ④    **9** ⑤    **10** 다정
**11** ㉡    **12** ①    **13** ㉡, ㉢

**5** 작은북을 세게 치면 북면이 크게 떨리면서 퐁퐁이가 높게 튀어 오르고, 작은북을 약하게 치면 북면이 작게 떨리면서 퐁퐁이가 낮게 튀어 오릅니다.

**6** 작은북을 세게 치면 북면이 크게 떨리면서 큰 소리가 나고, 작은북을 약하게 치면 북면이 작게 떨리면서 작은 소리가 납니다.

   채점 tip (가)를 옳게 쓰고, 작은북을 세게 치면 북면이 크게 떨리면서 큰 소리가 나기 때문이라고 쓰면 정답으로 합니다.

**7** 소리의 크고 작은 정도를 소리의 세기라고 합니다. 물체가 떨리는 정도에 따라 소리의 세기가 달라지며 물체가 크게 떨리면 큰 소리가 나고, 작게 떨리면 작은 소리가 납니다.

**8** 큰 소리가 나게 하려면 심벌즈를 세게 쳐서 크게 떨리게 해야 합니다. 떨리지 않게 하면 소리가 나지 않습니다.

**9** 디지털 탐구 도구를 이용해 소리의 세기를 측정했을 때 측정한 숫자가 클수록 소리의 세기가 크고, 측정한 숫자가 작을수록 소리의 세기가 작습니다.

**10** 종을 세게 흔들어 종이 크게 떨리게 할수록 큰 소리를 낼 수 있습니다.

**11** 소리의 세기는 소리가 나는 물체의 떨림이 크고 작은 정도에 따라 달라집니다. 큰 소리를 내기 위해서는 트라이앵글을 세게 쳐야 하고, 작은 소리를 내기 위해서는 트라이앵글을 약하게 쳐야 합니다.

**12** 물체를 세게 치면 물체가 크게 떨려 큰 소리가 납니다.

**13** 수업 시간에 발표를 하거나 멀리 떨어져 있는 친구를 부를 때는 큰 소리를 냅니다. 도서관이나 공공장소에서 이야기하거나 아기에게 자장가를 불러줄 때는 작은 소리를 냅니다. 이처럼 우리는 장소와 상황에 맞게 소리의 세기를 조절합니다.

**1** 높낮이　**2** 길이　**3** 낮은　**4** 높은

**5** ㉡　**6** ㉠ 짧은 ㉡ 긴　**7** ②　**8** 도환
**9** ③　**10** 준서　**11** ㉤　**12** 높은　**13** ㉘
화재 비상벨(화재 경보기)의 높은 소리로 불이 난 것을 알립니다. 수영장에서 안전 요원이 호루라기의 높은 소리로 위험을 알립니다.

**5** 고무줄을 짧게 잡고 퉁기면 고무줄이 빠르게 떨리면서 높은 소리가 납니다. 고무줄을 길게 잡고 퉁기면 고무줄이 느리게 떨리면서 낮은 소리가 납니다.

**6** 하프로 높은 소리를 내기 위해서는 하프의 짧은 줄을 퉁겨야 하고, 낮은 소리를 내기 위해서는 하프의 긴 줄을 퉁겨야 합니다.

**7** 작은북을 세게 치면 큰 소리가 납니다. 소리의 크고 작은 정도는 소리의 세기에 관한 설명입니다. 소리의 높낮이는 소리의 높고 낮은 정도를 말하며, 물체를 치는 세기가 아닌 물체의 길이에 따라 달라집니다.

**8** 칼림바의 긴 음판을 퉁기면 음판이 느리게 떨리면서 낮은 소리가 나고, 칼림바의 짧은 음판을 퉁기면 음판이 빠르게 떨리면서 높은 소리가 납니다.

**9** 글로켄슈필은 음판의 길이가 짧을수록 높은 소리가 나고, 음판의 길이가 길수록 낮은 소리가 납니다.

**10** 캐스터네츠는 같은 높이의 음을 내는 악기입니다. 다양한 높낮이의 소리를 내는 악기에는 하프, 글로켄슈필, 기타, 팬 플루트, 칼림바, 리코더 등이 있습니다.

**11** 가장 높은 소리가 나는 관은 관의 길이가 가장 짧은 관입니다.

**12** 물체의 길이에 따라 떨리는 빠르기가 달라져 소리의 높낮이가 달라집니다. 물체의 길이가 짧을수록 빠르게 떨리면서 높은 소리가 납니다.

**13** 화재 비상벨(화재 경보기)로 불이 난 것을 알리거나 수영장에서 안전 요원이 호루라기로 위험을 알리는 경우에 높은 소리를 이용합니다.

채점 🆙 예시 답이 아니어도 높은 소리를 이용해 위험을 알리는 경우를 한 가지 이상 옳게 쓰면 정답으로 합니다.



**1** 기체　**2** 들리지 않습니다　**3** 공기　**4** 물

**5** 전달　**6** ㉢　**7** 액체 (상태)　**8** 소연
**9** (1) ㉠ (2) ㉢ (3) ㉡　**10** ②　**11** ㉮
**12** ㉠ 물 ㉡ 공기　**13** ㉘ 소리는 실, 물, 공기 등 여러 가지 물질을 통해 전달됩니다. 소리는 고체, 액체, 기체 물질을 통해 전달됩니다.

**5** 소리는 고체, 액체, 기체의 여러 가지 물질을 통해 전달됩니다.

**6** 책상에 귀를 대고 책상을 두드리면 고체인 책상을 통해 소리가 전달됩니다.

**7** 액체 상태인 물이 소리를 전달하기 때문에 물속에서도 소리를 들을 수 있습니다.

**8** 소리는 고체, 액체, 기체 상태의 여러 가지 물질을 통해 전달됩니다. 우주에는 공기가 없기 때문에 지구에서처럼 공기를 통해서는 소리가 전달되지 않습니다.

**9** 철봉에 귀를 대고 철봉을 두드리면 고체인 철을 통해 소리가 전달되어 반대편에서도 들립니다. 친구가 부르는 소리는 기체인 공기를 통해 다른 친구에게 전달됩니다. 먼 배에서 나는 소리는 액체인 물을 통해 잠수부에게 전달됩니다.

**10** 돌고래가 물속에서 소리를 내며 서로 의사소통한다는 것을 통해 돌고래가 내는 소리가 물을 통해 전달되는 것을 알 수 있습니다.

**11** 실 전화기의 종이컵에 연결된 고체인 실을 통해 친구의 목소리가 전달됩니다.

**12** 물속에 있는 스피커의 소리는 물속에서 먼저 소리의 전달이 일어난 후에 플라스틱 관 안의 공기를 통해 단계적으로 전달됩니다.

**13** 소리는 기체 상태인 공기뿐만 아니라 액체 상태인 물, 고체 상태인 실을 통해서도 전달됩니다.

채점 🆙 소리가 여러 가지 물질을 통해 전달된다는 내용이 있으면 정답으로 합니다.

## 5회 문제 학습  84~85쪽

**1** 소음  **2** 집  **3** 세기  **4** 방음벽

**5** (2) ○  **6** ㉢  **7** (1) ㉠ (2) ㉡  **8** ⑤

**9** ㉠, ㉢  **10** (2) ○  **11** 과속 방지턱  **12 예** 가구 다리에 소음 방지 패드를 부착합니다. 가구를 옮길 때 끌지 않고 들어서 옮깁니다.  **13** 주현

**5** 소음은 사람의 기분을 좋지 않게 하고 건강을 해칠 수 있는 소리입니다. 사람마다 소리를 시끄럽다고 느끼는 정도는 다릅니다. 소음을 줄이기 위해서 소리의 세기를 줄이거나 소리가 잘 전달되지 않도록 합니다.

**6** 같은 소리라도 누군가에게는 듣기 좋은 소리이지만 다른 사람에게는 소음이 될 수 있습니다.

**7** 공동 주택에서 발생하는 소음에는 세탁기 작동하는 소리, 윗집에서 뛰는 소리, 가구 끄는 소리 등이 있습니다. 도로에서 발생하는 소음에는 자동차가 빨리 달리는 소리, 자동차의 경적 소리 등이 있습니다.

**8** 학교에서는 다른 친구를 배려하여 뛰거나 큰 소리로 말하지 않습니다.

**9** 소음을 줄이려면 음악실 벽에 방음벽을 설치해 소리가 밖으로 전달되지 않도록 하고, 창문을 닫거나 커튼을 설치해 소음이 집 안으로 전달되지 않도록 합니다.

**10** 소리가 나는 물체의 떨림을 줄여 소리의 세기를 약하게 하거나 소리가 전달되는 것을 막아 소음을 줄일 수 있습니다.

**11** 도로에서 자동차가 빨리 달릴 때 발생하는 소음은 과속 방지턱을 설치해 소음을 줄입니다.

**12** 가구를 바닥에 끌지 않고 들어서 옮기고 가구와 바닥이 닿는 부분에 소음 방지 패드를 부착하거나 바닥에 매트나 카펫을 깔면 소음을 줄일 수 있습니다.

> **채점 tip** 이 외에도 바닥에 매트나 카펫을 깐다는 내용도 정답으로 합니다.

**13** 공동 주택에서 발생하는 소음을 줄이기 위해서는 집에서는 천천히 걸어 다니고, 텔레비전 소리는 작게 줄입니다. 밤늦게 악기는 연주하지 않으며, 음악을 크게 틀어놓지 않습니다.

## 6회 마무리 평가  86~89쪽

**1** 비닐봉지  **2** ④  **3** ㉡  **4** ㉠, ㉣  **5** ①

**6 예** 도서관에서 작은 소리로 이야기합니다. 아기에게 자장가를 작은 소리로 불러줍니다.  **7** ㉠

**8** ㉠ 세기  ㉡ 높낮이  **9 예** 글로켄슈필의 짧은 음판을 치면 높은 소리가 나고, 긴 음판을 치면 낮은 소리가 납니다.  **10** (1) ㉠ (2) ㉡  **11** ㉤ → ㉣ → ㉢ → ㉡ → ㉠  **12** 민주  **13** ②

**14 예** 우주에는 공기가 없어서 소리가 전달되지 않기 때문입니다.  **15** ㉢  **16** ④  **17** ④

**18** (1) ㉡ (2) ㉠  **19** (1) ㉡, ㉣ (2) ㉠, ㉢  **20 예** 소리가 나는 물체는 떨림이 있습니다.

**1** 플라스틱 자, 유리병, 나무젓가락은 구겨서 소리를 내기 어려운 물체입니다. 플라스틱 자와 나무젓가락은 두드려서 소리를 내기에 알맞고, 유리병은 입으로 불어서 소리를 내기에 알맞습니다. 비닐봉지는 구겼다가 펴거나 비비면서 소리를 내기에 알맞습니다.

**2** 소리가 나는 물체는 떨림이 있습니다. 소리가 나는 트라이앵글에 손을 대면 떨림이 느껴집니다.

**3** 음악이 나오는 스피커에 손을 대 보면 스피커가 부르르 떨리는 것을 느낄 수 있습니다.

**4** 작은북에서 작은 소리가 나는 경우는 작은북을 약하게 칠 때이므로 북면이 작게 떨리고, 퐁퐁이가 낮게 튀어 오릅니다.

> **문제 속 개념**
> **큰 소리와 작은 소리 비교하기**

| 작은북을 세게 칠 때 | 작은북을 약하게 칠 때 |
| --- | --- |
| • 큰 소리가 남.<br>• 북면이 크게 떨리면서 퐁퐁이가 높게 튀어 오름. | • 작은 소리가 남.<br>• 북면이 작게 떨리면서 퐁퐁이가 낮게 튀어 오름. |

**5** 퐁퐁이가 더 높게 튀어 오르기 위해서는 북면의 떨림이 커져야 합니다. 북면이 크게 떨리기 위해서는 작은북을 더 세게 쳐야 합니다.

**6** 우리는 상황에 따라 큰 소리나 작은 소리를 냅니다. 공공장소에서는 작은 소리로 이야기하고, 아기를 재울 때 자장가를 작은 소리로 부릅니다.

> 채점 tip 이 외에도 공공장소에서 대화할 때, 귓속말을 할 때 등 작은 소리를 내는 경우를 옳게 쓰면 정답으로 합니다.

▲ 자장가를 부를 때

▲ 귓속말을 할 때

**7** 물체가 떨리는 정도가 클수록 소리의 세기가 커집니다.

**8** 소리의 세기는 물체가 떨리는 정도에 따라 달라지고, 소리의 높낮이는 물체가 떨리는 빠르기에 따라 달라집니다.

**9** 음판의 길이가 짧을수록 음판이 빠르게 떨려 높은 소리가 나고, 음판의 길이가 길수록 음판이 느리게 떨려 낮은 소리가 납니다.

> 채점 tip 높은 소리를 내는 방법과 낮은 소리를 내는 방법을 모두 옳게 쓰면 정답으로 합니다.

### 문제 속 개념
**물체의 길이에 따른 소리의 높낮이**

글로켄슈필의 짧은 음판을 치면 높은 소리가 나고, 긴 음판을 치면 낮은 소리가 납니다.

칼림바의 짧은 음판을 퉁기면 높은 소리가 나고, 긴 음판을 퉁기면 낮은 소리가 납니다.

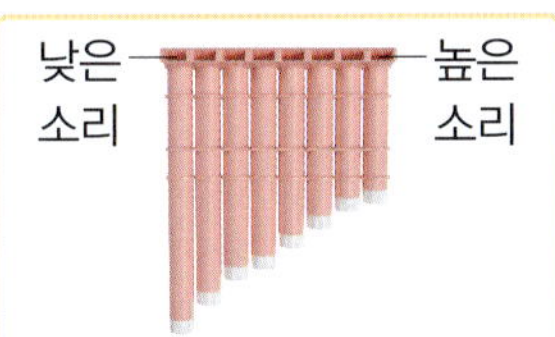


팬 플루트의 짧은 관을 불면 높은 소리가 나고, 긴 관을 불면 낮은 소리가 납니다.

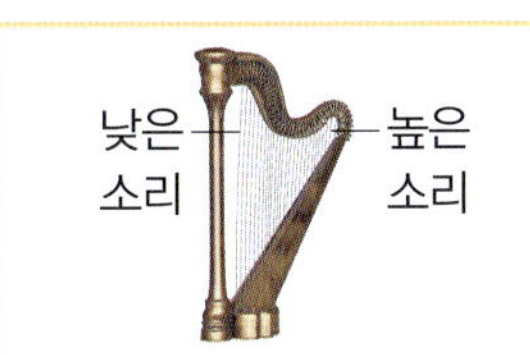


하프의 짧은 줄을 퉁기면 높은 소리가 나고, 긴 줄을 퉁기면 낮은 소리가 납니다.

**10** 칼림바의 짧은 음판을 퉁길 때 높은 소리가 나고, 칼림바의 긴 음판을 퉁길 때 낮은 소리가 납니다.

**11** 기타 줄을 길게 잡을수록 퉁겼을 때 낮은 소리가 납니다. ⓛ의 위치를 잡았을 때 줄이 가장 길므로 가장 낮은 소리가 나고, ㉠의 위치를 잡았을 때 줄이 가장 짧으므로 가장 높은 소리가 납니다.

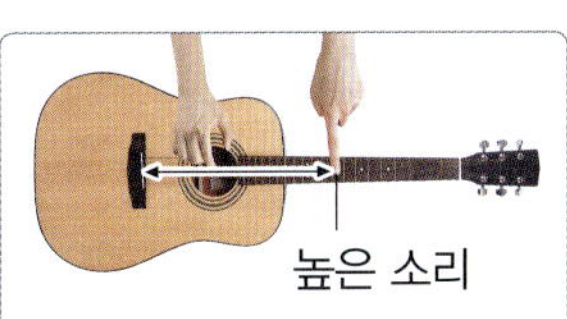


▲ 기타 줄을 짧게 잡고 퉁기면 높은 소리가 남.

▲ 기타 줄을 길게 잡고 퉁기면 낮은 소리가 남.

**12** 관현악단은 여러 악기로 높낮이가 다른 소리를 이용해 아름다운 음악을 연주합니다.

**13** 화재 비상벨은 높은 소리로 불이 난 것을 알려 사람들이 대피할 수 있도록 합니다.

▲ 뱃고동 소리

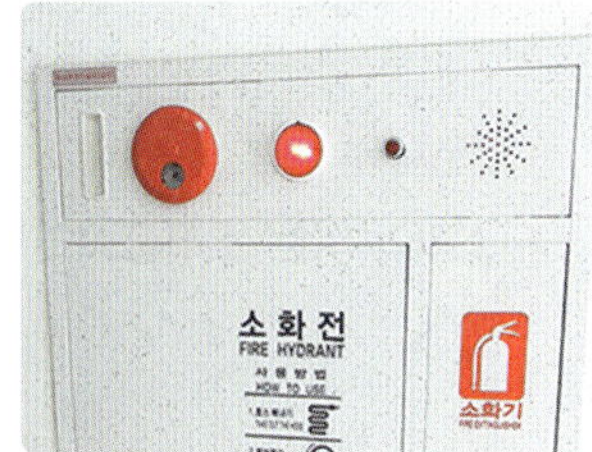


▲ 화재 비상벨 소리

▲ 안전 요원 호루라기 소리

▲ 합창단 노랫소리

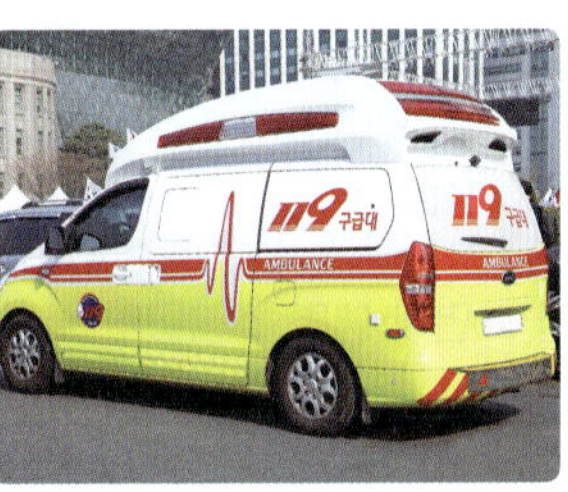


▲ 구급차 경보음

**14** 소리는 대부분 공기에 의해 전달되지만 우주에는 공기가 없기 때문에 우주복 등의 장치가 있어야만 대화를 할 수 있습니다.

> 채점 tip 우주에는 공기가 없기 때문이라는 내용이 포함되어 있으면 정답으로 합니다.

**15** 소리가 공기를 통해 전달되기 때문에 통 속의 공기를 빼낼수록 소리를 전달할 물질이 없어지므로 스피커에서 나는 소리가 작게 들립니다.

**16** ㉠은 고체인 실을 통해 소리가 전달되고, ㉢은 액체인 물을 통해 소리가 전달됩니다. ㉡과 ㉣은 기체인 공기를 통해 소리가 전달됩니다.

**17** 도로에 설치된 방음벽은 도로에서 발생한 소리가 전달되는 것을 줄여줍니다.

**18** 커튼이나 이중창을 설치하여 집 밖에서 들리는 소음이 집 안으로 들어오는 것을 줄일 수 있습니다. 또 바닥에 매트나 카펫을 깔아 발걸음 소리를 줄일 수 있습니다.

**19** 소리가 나지 않는 소리굽쇠는 물 표면과 탁구공에 대 보아도 아무런 변화가 없습니다. 그러나 소리가 나는 소리굽쇠는 떨림이 있기 때문에 물과 탁구공이 튀어 오릅니다.

**문제 속 개념**

**소리가 나는 소리굽쇠의 떨림 관찰하기**

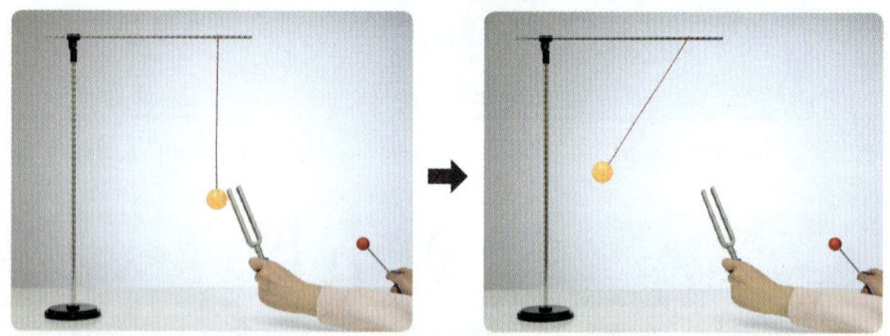

- 소리가 나는 소리굽쇠를 탁구공에 대면 탁구공이 튀어 오릅니다.

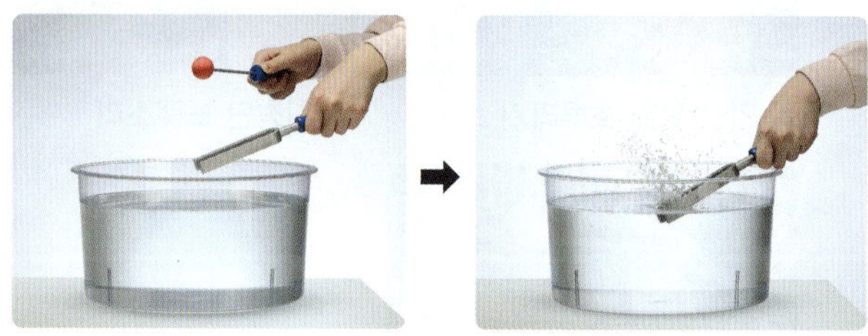

- 소리가 나는 소리굽쇠를 물 표면에 대면 소리굽쇠 주변의 물이 튀어 오릅니다.

**20** 소리가 나는 소리굽쇠를 물 표면과 탁구공에 대 보았을 때 소리굽쇠 주변의 물과 탁구공이 튀어 오르는 것으로 보아 소리가 나는 물체에는 떨림이 있음을 알 수 있습니다.

**채점 tip** 물체가 떨린다는 내용이 포함되어 있으면 정답으로 합니다.

---

## 4. 감염병과 건강한 생활

**⊂ 1회 문제 학습**                96~97쪽

**1** 감염병    **2** 병원체    **3** 식중독    **4** 다른

- - - - - - - - - - - - - - - - - - - - - - - - - - - - - -

**5** ㉢    **6** (1) ㉠ (2) ㉡    **7** 수족구병    **8** 독감

**9** ①, ④    **10 예** 볼이나 귀밑이 붓고 아픕니다. 열이 나거나 몸에 통증이 나타나기도 합니다.    **11** ⑤

**12** ㉢    **13** 수근

**5** 감염병은 병원체가 우리 몸에 들어와 일으키는 병을 말합니다. 병원체는 사람이나 동식물의 몸에 들어와 병을 일으키는 원인이 되는 세균, 바이러스 등을 말합니다. 팔이 부러진 것은 병원체에 감염되어 생기는 질병이 아니므로 감염병의 예가 아닙니다.

---

**문제 속 개념**

**독감과 수두의 증상**

| 독감 | 수두 |
| --- | --- |
| 독감에 걸리면 기침과 열이 많이 나고, 몸살이 나거나 추위를 느낍니다. | 수두에 걸리면 피부에 붉은 물집이 생기고, 가렵습니다. |

---

**6** 유행성 각결막염은 주로 아데노바이러스에 의해 발생하며, 전염성이 매우 강합니다. 유행성 각결막염에 걸리면 눈이 빨개지고, 가려우며 눈곱이 낍니다. 결핵은 주로 결핵 환자로부터 나온 비말(침방울)에 의해 감염되며, 사람과 동물 모두 걸릴 수 있습니다. 결핵에 걸리면 기침이 2주 이상 계속되며, 가래가 생기고 열이 납니다.

**7** 수족구병은 콕사키바이러스나 엔테로바이러스에 감염되어 나타나는 감염병입니다. 접촉이나 비말(침방울)을 통해 전파되며 오염된 물에서도 전파가 가능합니다. 손, 발, 입에 발진과 물집이 생기고, 구토나 설사 증상이 함께 나타나기도 합니다.

**8** 겨울철에 자주 유행하는 독감은 인플루엔자바이러스에 의해 호흡기가 감염되어 나타나는 감염병입니다. 독감에 걸리면 고열, 두통, 콧물, 기침, 근육통 등의 증상이 나타납니다. 독감은 감기와 다르게 예방 접종이 있습니다.

**9** 뉴스에 학생과 교사가 감염되었다는 내용을 통해 식중독은 어린아이와 성인 모두 감염될 수 있음을 알 수 있습니다. 식중독은 원인 물질에 따라 잠복기가 다르게 나타나지만 뉴스 내용을 통해 급식을 먹은 직후에도 증상이 나타날 수 있음을 알 수 있습니다.

**10** 볼거리는 볼거리바이러스 감염으로 발생하는 감염병으로, 귀밑 침샘(이하선)이 붓기 때문에 유행성 이하선염으로도 불립니다. 주로 가을에서 초봄까지 유행하며, 침이나 비말을 통해 다른 사람에게 전파됩니다.

**채점 tip** 볼이나 귀밑의 통증, 열, 몸살 등의 증상을 한 가지 쓰면 정답으로 합니다.

**11** 무좀은 여러 종류의 곰팡이에 감염되어 나타나는 피부 감염병입니다. 무좀 환자에게서 떨어져 나온 각질을 통해 피부로 전염됩니다. 무좀에 걸리면 피부가 허옇게 변해 벗겨지고, 간지럽습니다. 주로 발에 나타나지만, 얼굴, 손, 머리 등 몸의 다양한 곳에 증상이 생길 수 있습니다.

**12** 사회 전체에 감염병이 유행하면 사람들이 모이는 공공시설, 식당, 공원, 놀이터 등을 이용하기 어려워집니다. 감염병에 걸린 환자는 다른 사람에게 감염병을 옮길 수 있어서 격리됩니다.

**13** 감염병은 짧은 시간 동안 많은 사람이 감염될 수 있어 매우 위험하고, 몸이 아프거나 면역력이 약한 사람이 감염병에 걸리면 생명이 위험할 수도 있습니다.

---



**1** 자외선  **2** 비말  **3** 마스크  **4** 보이지 않습니다

**5** (1) ○  **6** ㉠  **7** ㉮  **8** 비말  **9** 예 비말을 통한 감염을 예방하려면 사람이 많은 곳에서는 거리두기를 합니다.  **10** ④  **11** (1) ×  (2) ○  (3) ×  **12** 서빈  **13** ㉢

**5** 형광 로션은 자외선 손전등의 빛을 비추면 밝게 빛납니다. 자외선 손전등의 빛을 비출 때 주변을 어둡게 하면 그 결과를 잘 관찰할 수 있습니다.

**6** 한 장갑에만 묻어 있던 형광 로션이 악수를 하면서 다른 장갑에 묻게 되어 두 장갑 모두 밝게 빛납니다.

**7** 분무기와 스탠드 사이의 거리가 가까울 때는 종이에 물이 많이 묻고, 분무기와 스탠드 사이의 거리가 멀 때는 종이에 물이 거의 묻지 않습니다.

**8** 분무기에서 나오는 물방울은 기침이나 재채기를 할 때 나오는 비말을 나타내는 것으로, 비말을 통한 감염 과정을 알아보는 실험입니다.

**9** 분무기와 스탠드 사이의 거리가 멀 때 종이에 물이 거의 묻지 않은 것을 통해 사람이 많은 곳에서는 거리두기를 하면 비말을 통한 감염을 예방할 수 있다는 것을 알 수 있습니다.

**채점 tip** 사람이 많은 곳에서는 거리두기를 한다고 쓰거나 멀리 떨어져 있는다는 내용을 쓰면 정답으로 합니다.

**10** 입을 가리지 않고 기침을 하거나 말을 하면 비말이 튀어 감염병에 걸릴 수 있습니다.

**11** 올바른 생활 습관을 가지면 감염병 유행을 막을 수 있습니다. 감염병을 일으키는 병원체가 접촉, 침, 공기, 비말, 물 등을 통해 우리 몸속에 들어오면 감염병에 걸릴 수 있습니다.

**12** 다른 사람이 먹던 음식을 먹거나 한 접시의 음식을 같이 먹을 때 침을 통해 감염병에 걸릴 수 있습니다.

**13** 다른 사람이 먹던 음식을 먹거나 마시던 물을 마시면 음식이나 물에 섞인 침을 통해 감염병에 걸릴 수 있습니다.

## 3회 문제 학습
104~105쪽

**1** 감염병 예방 수칙  **2** 휴지  **3** 마스크
**4** 예방 접종

---

**5** (1) × (2) ○ (3) ×  **6** ㉢  **7** (내)  **8** 비누
**9** ①, ③  **10** ㉡  **11** 승재  **12 예** 충분히 휴식을 취합니다. 규칙적으로 운동을 합니다. 음식을 골고루 먹습니다. 정해진 시기에 예방 접종을 합니다.  **13** 예방 접종

---

**5** (1) 밥 먹기 전뿐만 아니라 화장실을 이용한 후, 음식을 준비하기 전, 외출하고 집에 돌아온 후, 기침을 하거나 코를 푼 뒤 등 자주 손을 씻습니다. (3) 손바닥, 손등, 손끝과 손톱 밑도 깨끗하게 씻습니다.

문제 속 개념
**올바른 손 씻기 6단계**

손바닥과 손바닥을 마주 대고 문지릅니다.

손등과 손바닥을 마주 대고 문지릅니다.

손바닥을 마주 대고 손깍지를 끼고 문지릅니다.

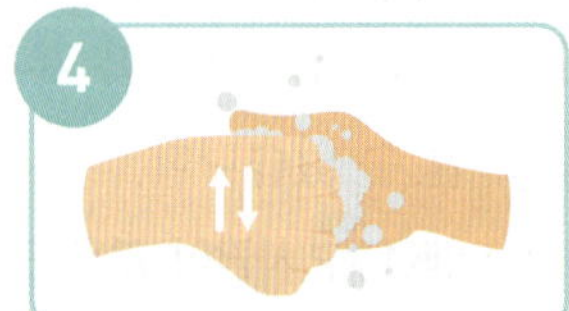

손가락을 마주 잡고 문지릅니다.

엄지손가락을 다른 편 손바닥으로 돌려 주면서 문지릅니다.

손가락을 반대편 손바닥에 놓고 문지르며 손톱 밑을 깨끗하게 합니다.

**6** 기침을 할 때에는 휴지나 옷소매로 입과 코를 가리고 합니다. 기침이 심할 때에는 마스크를 쓰는 것이 좋습니다.

**7** 형광 로션은 자외선 손전등의 빛을 비추면 밝게 빛납니다. 물로만 씻으면 형광 로션이 잘 씻겨지지 않아 밝게 빛나고, 비누칠을 하여 씻으면 형광 로션이 잘 씻겨져 밝게 빛나지 않습니다.

**8** 손 씻기 활동에서 형광 로션이 의미하는 것은 병원체입니다. 비누로 씻었을 때 형광 로션을 가장 잘 씻겨지는 것을 통해 손에 묻은 병원체를 잘 씻으려면 비누로 손을 씻어야 한다는 것을 알 수 있습니다.

**9** 감염병을 예방하려면 음식을 충분히 익혀 먹고, 마실 수 있는 물인지 확인하고 마셔야 합니다.

왜 답이 아닐까?
② 감염병이 유행할 때는 여러 사람이 있는 곳에서 마스크를 씁니다.
④ 문과 창문을 열어 실내 환기를 자주 해야 합니다.
⑤ 음식을 개인 접시에 덜어 먹어야 감염병을 예방할 수 있습니다.

**10** 방역 활동은 감염병으로부터 안전한 사회를 만들기 위해 지역과 국가에서 할 수 있는 노력입니다. 개인이 할 수 있는 노력은 집, 학교, 놀이터 등 여러 장소에서 감염병 예방 수칙을 잘 지키는 것입니다.

**11** 감염병으로부터 안전한 사회를 만들기 위해 학교에서는 학교 안에서 일어나는 감염병을 빠르게 발견하고, 신속하게 대처하여 감염병 유행을 막습니다. 학생들에게 감염병 예방에 대한 교육을 하고, 올바른 실천 방법을 안내합니다.

**12** 이 외에도 몸을 따뜻하게 한다거나 건강한 식습관을 갖는다는 방법도 있습니다.

**채점 tip** 건강 관리를 통해 감염병을 예방하는 방법 중 두 가지를 모두 옳게 쓰면 정답으로 합니다.

**13** 생활 속에서 실천 가능한 감염병 예방 수칙에는 비누로 30초 이상 손 씻기, 음식 충분히 익혀 먹기, 깨끗한 물 마시기, 기침 예절 지키기, 정해진 시기에 예방 접종하기 등이 있습니다.

문제 속 개념
**예방 접종을 해야 하는 까닭**
• 예방 접종을 하면 병원체가 우리 몸에 들어와도 이겨 낼 수 있는 힘이 생기기 때문입니다.
• 예방 접종을 하면 감염병에 걸리더라도 증상이 약하기 때문입니다.

## 4회 마무리 평가 　106~109쪽

**1** 감염병　**2** 예 뼈가 부러진 것은 병원체가 우리 몸에 들어와 일으키는 병이 아니므로 감염병이 아닙니다. **3** 무좀　**4** ㉠　**5** ②　**6** (3) ○　**7** ③　**8** 예 감염병은 짧은 시간 동안 많은 사람이 감염될 수 있기 때문에 위험합니다.　**9** 민석　**10** ②　**11** 감염병 예방 수칙　**12** 예 화장실을 이용한 후 손을 씻습니다. 밥을 먹기 전에 손을 씻습니다. 외출하고 집에 돌아오면 손을 씻습니다.　**13** (1) ㉢, ㉣ (2) ㉠, ㉡　**14** (1) ㉡ (2) ㉠　**15** (3) ○　**16** ㉢　**17** 예방 접종　**18** ⑤　**19** ㉮ 많이 묻음 ㉯ 묻지 않음　**20** 예 마스크를 쓰면 비말을 통한 감염을 예방할 수 있습니다.

**1** 병원체가 우리 몸에 들어와 일으키는 병을 감염병이라고 합니다. 병원체는 사람이나 동식물의 몸에 들어와 병을 일으키는 원인으로, 세균, 바이러스, 곰팡이 등이 있습니다.

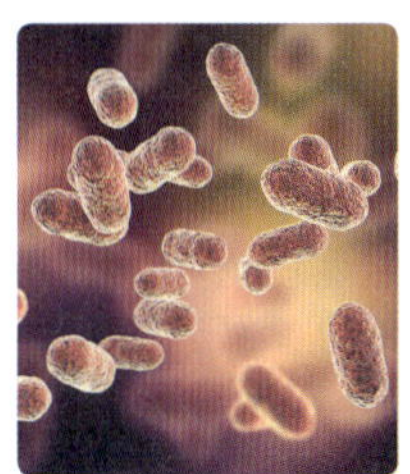
▲ 세균

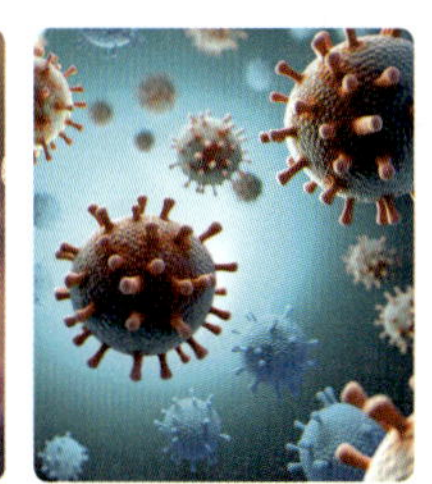
▲ 바이러스

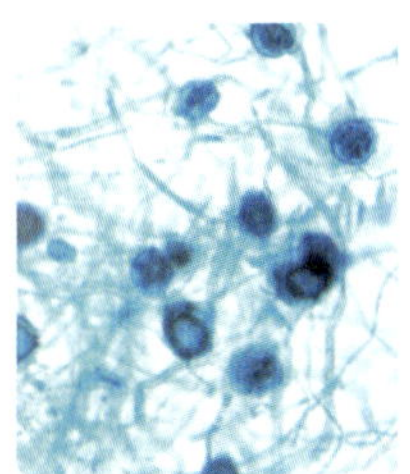
▲ 곰팡이

**2** 감염병은 병원체에 감염되어 생기는 질병이기 때문에 계단에서 넘어져 뼈가 부러진 것은 감염병이 아닙니다.

　채점 tip 병원체에 의한 질병이 아니므로 감염병이 아니라고 쓰면 정답으로 합니다.

**3** 무좀은 여러 종류의 곰팡이에 감염되어 나타나는 감염병입니다. 무좀에 걸리면 피부가 허옇게 되거나 갈라지며 간지럽습니다.

**4** 인플루엔자바이러스에 의해 감염되는 독감은 열, 기침, 콧물, 몸살 등의 증상이 나타납니다.

**5** ①은 식중독, ②는 수족구병, ③은 파상풍, ④는 독감의 증상을 나타낸 그림입니다.

**6** 감염병이 유행하면 식당이나 공원 등에 가는 사람들이 줄어듭니다. 아픈 사람이 많아 병원이 붐비고, 도서관과 같은 공공시설이 문을 닫습니다.

**7** 감염병에 걸리면 다양한 증상이 나타나며 몸이 아픕니다. 치료를 받은 뒤에도 후유증이 생길 수 있으며, 몸이 아프거나 약한 사람이 감염병에 걸리면 생명이 위험할 수도 있습니다. 또 감염병에 걸리면 일상생활을 하는 데 많은 불편함을 줄 수 있기 때문에 감염병은 위험합니다.

**8** 감염병은 병원체에 의해 짧은 시간 동안 많은 사람들에게 빠르게 확산될 수 있습니다. 예를 들어 한 명이 병원체에 감염되면, 그 사람으로부터 계속 전염되어 짧은 시간 동안 많은 사람에게 병원체가 전파될 수 있습니다.

　채점 tip 짧은 시간 동안 많은 사람이 감염될 수 있기 때문이라는 내용을 쓰면 정답으로 합니다.

**9** 한 장갑에만 묻어 있던 형광 로션이 악수를 하면서 손에서 손으로 퍼지게 됩니다. 그래서 처음에 일반 로션이 묻어 있던 장갑 중에서도 밝게 빛나는 장갑들이 있습니다.

　문제 속 개념

**접촉을 통한 감염 과정 알아보기**

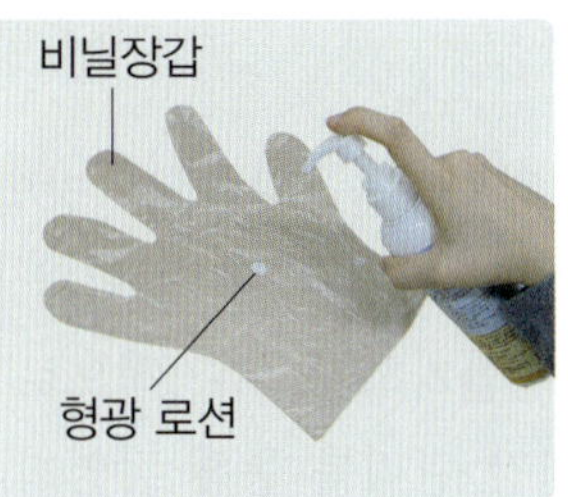


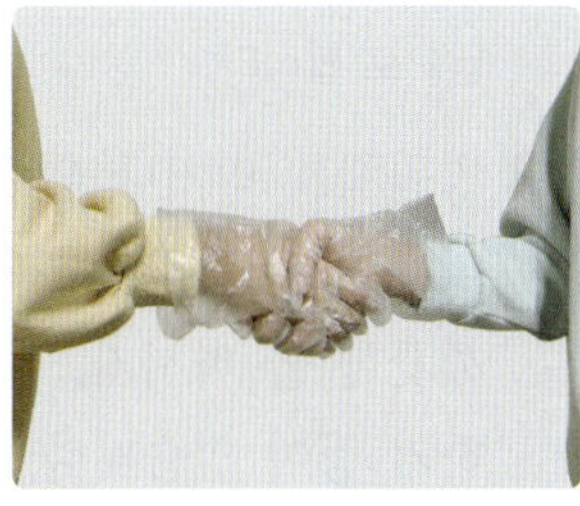

• 한 장갑에만 묻어 있던 형광 로션이 악수를 하면서 손에서 손으로 퍼지게 됩니다.
• 처음에 일반 로션이 묻어 있던 장갑 중에서도 악수를 하고 난 후에 밝게 빛나는 장갑들이 생깁니다.

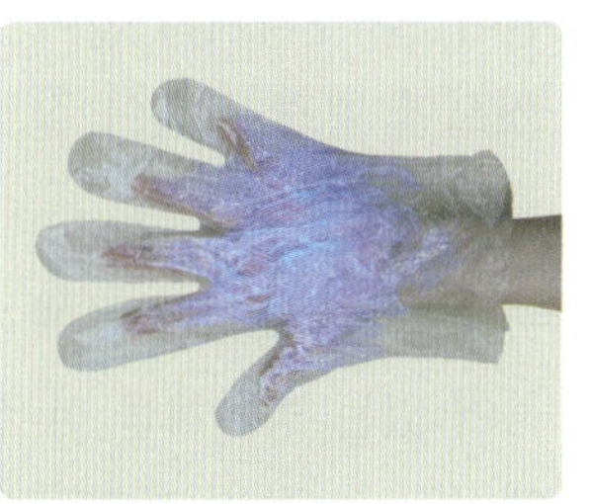
▲ 밝게 빛난 장갑

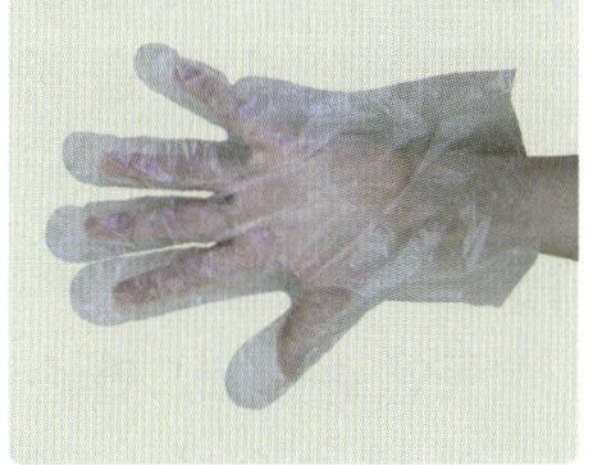
▲ 빛나지 않은 장갑

**10** 형광 로션을 병원체라고 할 때, 형광 로션이 다른 친구의 손에 닿는 것은 병원체가 손을 통해 다른 사람에게 옮겨 가는 것을 의미합니다. 접촉을 통한 감염을 예방하려면 손을 깨끗이 씻어야 합니다.

**문제 속 개념**
**여러 가지 감염 과정**

**11** 감염병으로부터 건강한 생활을 하기 위해 정해 놓은 규칙을 감염병 예방 수칙이라고 합니다. 병원체를 막거나 없애 감염병을 예방하는 방법과 건강 관리를 통해 감염병을 예방하는 방법이 있습니다.

**12** 이 외에도 음식을 준비하기 전, 기침을 하거나 코를 푼 뒤 등에도 손을 씻어야 합니다.

채점 tip 손을 씻어야 하는 경우를 두 가지 모두 옳게 쓰면 정답으로 합니다.

**13** 병원체를 막거나 없애 감염병을 예방하는 방법에는 비누로 손 씻기, 기침 예절 지키기, 음식 익혀 먹기, 깨끗한 물 마시기, 자주 환기하기, 주기적으로 청소하기 등이 있습니다. 건강 관리를 통해 감염병을 예방하는 방법에는 충분히 휴식 취하기, 규칙적으로 운동하기, 몸 따뜻하게 하기, 음식 골고루 먹기 등이 있습니다.

**14** 물로만 씻으면 형광 로션이 잘 씻겨지지 않아 밝게 빛나고, 비누칠을 하여 씻으면 형광 로션이 잘 씻겨져 빛나지 않습니다.

**15** 물로만 씻는 것보다 비누칠을 하여 흐르는 물에 30초 동안 손을 씻으면 손에 묻어 있는 병원체를 더 잘 씻어 낼 수 있어서 감염병에 걸리는 것을 예방할 수 있습니다.

**16** 기침을 할 때에는 휴지나 옷소매로 입과 코를 가리고 합니다. 기침이 심할 때에는 마스크를 쓰는 것이 좋습니다. 손은 평소에 많은 것들에 닿을 기회가 많기 때문에 기침을 할 때 손으로 가리면 병원체가 묻어 퍼지기 쉽습니다.

**17** 예방 접종은 감염병에 감염되는 것을 미리 막기 위해 예방약을 몸에 넣어 주는 것입니다.

**18** 국가에서는 전 세계적으로 감염병이 퍼지는 것을 막기 위해 다른 나라와 협력해야 합니다.

**19** 분무기의 물이 나오는 부분을 가리지 않았을 때는 종이에 물이 많이 묻고, 마스크로 가렸을 때는 종이에 물이 묻지 않습니다.

**20** 분무기에서 나오는 물방울은 비말을 나타냅니다. 물이 나오는 부분을 마스크로 가렸을 때 종이에 물이 묻지 않는 것을 통해 마스크를 쓰면 비말을 통한 감염을 예방할 수 있음을 알 수 있습니다.

채점 tip '마스크'와 '비말' 용어를 모두 포함하여 옳게 쓰면 정답으로 합니다.

## 용어 퍼즐 — 2학기 용어 되돌아 보기  112쪽

| 밀 | 물 |   |   |   | 호 | 수 |   |   |
|---|---|---|---|---|---|---|---|---|
|   | 체 |   |   |   |   | 족 |   |   |
|   |   | 식 | 중 | 독 |   | 구 |   | 플 |
|   |   |   |   | 감 | 염 | 병 |   | 라 |
|   |   |   |   |   |   |   |   | 스 |
|   | 유 |   |   |   |   |   | 기 | 틱 |
| 소 | 리 | 굽 | 쇠 |   |   | 고 | 체 |   |
| 음 |   |   |   |   | 나 | 무 |   |   |

## 1. 물체와 물질

### 단원 핵심 개념　2쪽

❶ 물질　❷ 종류　❸ 고체　❹ 기체

### 단원 평가 Ⓐ 단계　3~5쪽

**1** (3) ◯　**2** (1) ㉢　(2) ㉠　**3** 나무　**4** ③
**5** ㉣　**6** 금속　**7** ⑤　**8** ㉠ 고무, 종이　㉡ 물,
공기, 주스　**9** (1) 액체　(2) 액체　(3) 고체　(4) 고체
**10** ④　**11** 보석　**12** ㉠　**13** (2) ×
**14** (2) ◯　**15** ④

**1** 우리 주변의 물체는 여러 가지 물질로 이루어져 있으며, 물질마다 서로 다른 성질을 가지고 있습니다. 시계, 풍선, 장갑은 물체입니다.

▲ 시계

▲ 풍선

▲ 장갑

**2** (1) 의자는 나무로 만들어졌고, (2) 집게는 금속으로 만들어졌습니다.



**나무와 금속의 성질 알아보기**

| 나무 | 고유한 향과 무늬가 있고, 대부분 물에 뜨는 성질이 있음. |
| --- | --- |
| 금속 | 대부분 광택이 있고, 나무나 플라스틱보다 단단함. |

**3** 금속 막대, 고무 막대, 유리 막대, 나무 막대를 물이 든 수조에 넣으면 나무 막대만 물에 뜨고, 나머지 막대는 아래로 가라앉습니다.

**4** 꽃병은 유리로 만들어졌습니다. 자물쇠는 금속, 고무장갑은 고무, 어항은 유리, 도마는 나무로 만들어졌습니다.

**5** 물체를 이루고 있는 물질의 개수에 따라 분류한 것입니다. 가위, 연필은 두 가지 이상의 물질로 이루어진 물체이고, 클립, 지우개는 한 가지 물질로 이루어진 물체입니다.



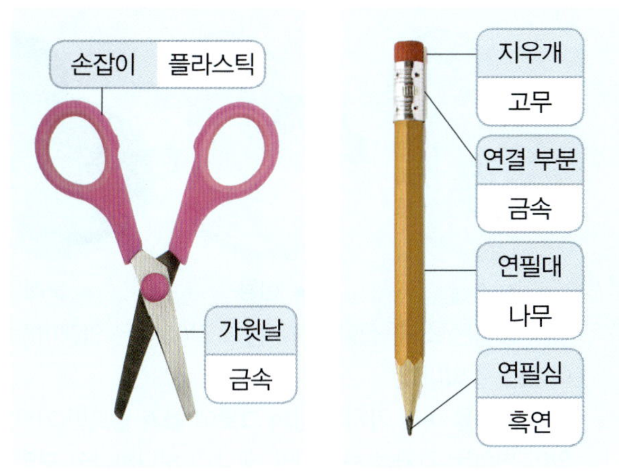

▲ 가위　　▲ 연필

**6** 같은 종류의 물체라도 물체를 이루는 물질에 따라 좋은 점이 서로 다릅니다. 금속 그릇은 단단하고 광택이 있으며, 떨어뜨려도 쉽게 깨지지 않는 특징이 있습니다.

▲ 금속 그릇

**7** 플라스틱, 나무, 물, 주스는 눈으로 볼 수 있지만, 공기는 눈으로 볼 수 없습니다.

**8** 고체인 고무와 종이는 손으로 잡을 수 있지만, 액체인 물과 주스, 기체인 공기는 손으로 잡을 수 없습니다.



**고체, 액체, 기체의 성질**

| 구분 | 눈으로 볼 수 있나요? | 손으로 잡을 수 있나요? |
| --- | --- | --- |
| 고체 | 예. | 예. |
| 액체 | 예. | 아니요. |
| 기체 | 아니요. | 아니요. |

**9** 고체는 담는 그릇이 바뀌어도 모양과 부피가 일정한 성질을 가지고 있으며, 손으로 잡을 수 있습니다. 액체는 담는 그릇에 따라 모양은 변하지만, 부피는 변하지 않습니다. 또 흐르는 성질이 있어 손으로 잡을 수 없습니다.

**10** 우산, 가위, 시계, 연필, 안경, 설탕, 가방은 고체이고, 빗물, 꿀, 우유, 간장, 식용유, 주스는 액체이므로 책과 물질의 상태가 같은 것끼리 옳게 짝 지어진 것은 설탕, 가방, 연필입니다.

---

**문제 속 개념**

**가루 물질의 상태 알아보기**

▲ 소금　　　▲ 설탕　　　▲ 모래

- 가루 물질은 소금, 설탕, 모래 등과 같이 작은 알갱이들이 모여 있는 것입니다.
- 가루 물질을 여러 가지 모양의 그릇에 옮겨 담으면 가루의 모양이 변하는 것처럼 보이지만, 알갱이 하나하나의 모양과 부피가 변한 것이 아니기 때문에 가루 물질은 고체입니다.

---

**11** 액체인 물은 담는 그릇의 모양에 따라 물의 모양이 변합니다.

**12** 액체인 물은 담는 그릇에 따라 모양은 변하지만 부피는 변하지 않으므로 처음에 사용한 그릇으로 옮겨 담으면 물의 높이가 처음과 같습니다.

**13** 비눗방울과 응원용 막대 풍선을 통해 기체는 용기 안의 공간을 항상 가득 채우는 성질이 있다는 것을 알 수 있습니다.

**14** 뚜껑을 닫은 페트병을 수조 바닥까지 밀어 넣으면 페트병 안의 공기가 공간을 차지하여 수조의 물을 밀어내므로 수조의 물이 페트병 안으로 들어오지 못하기 때문에 수조 안 물의 높이는 처음보다 높아집니다.

**15** 뚜껑을 닫은 페트병을 수조 바닥까지 밀어 넣었을 때 탁구공은 수조 바닥으로 가라앉습니다. 이때 페트병의 뚜껑을 열면 탁구공이 물 위로 점점 떠오르면서 처음 위치와 같아집니다.



---

**단원 평가 B 단계**　　　　6~9쪽

**1** 물체　　**2** ⑤　　**3** ⑴ ○　　**4** 예 금속 막대가 다른 막대보다 단단합니다.　　**5** ⑴ 옷, 자, 자물쇠 ⑵ 가위, 소화기　　**6** ㉢　　**7** ⑴ ㉣ ⑵ 예 고무로 되어 있어 질기고 잘 미끄러지지 않으며, 물이 장갑 속으로 들어오지 않기 때문입니다.　　**8** 서준 **9** ㈎　　**10** ㈏, ㈐　　**11** ②　　**12** ①　　**13** ㉠ 모양 ㉡ 고체　　**14** ㉣　　**15** ⑴ ㉡ ⑵ 예 물은 액체이므로 담는 용기에 따라 모양이 변하지만 부피는 변하지 않으므로 나중 물의 높이가 처음 물의 높이와 같아야 하기 때문입니다.　　**16** ㉡　　**17** ㉠ 둥근 ㉡ 하트　　**18** 예 풍선 밖에 있던 공기가 풍선 안으로 이동하기 때문입니다.　　**19** ④　　**20** 천우

**1** 모양이 있고 공간을 차지하는 것을 물체, 물체를 만드는 재료를 물질이라고 합니다.

**2** 플라스틱으로 만든 플라스틱 컵 사진입니다. 플라스틱은 다른 물질보다 쉽게 다양한 모양과 색깔의 물체로 만들 수 있습니다.

---

**왜 답이 아닐까?**

① 섬유와 종이는 물에 젖는 성질이 있습니다.
② 종이는 잘 찢어지는 성질이 있습니다.
③ 고무는 잡아당기면 늘어났다가 놓으면 원래대로 돌아가는 성질이 있습니다.
④ 나무는 고유한 향과 무늬가 있습니다.

---

**3** 막대의 휘어지는 정도를 비교하기 위해서는 막대를 손으로 잡고 구부려 봅니다. 금속 막대, 고무 막대, 플라스틱 막대, 나무 막대 중 가장 잘 휘어지는 막대는 고무 막대입니다.

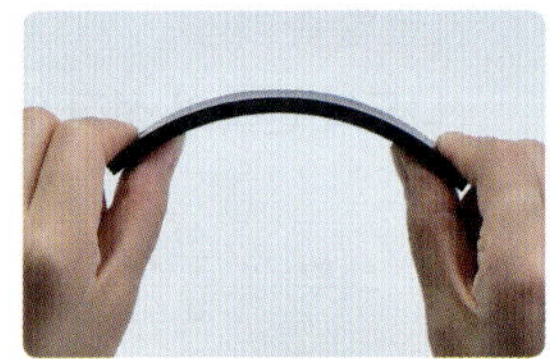

▲ 휘어지는 고무막대

**4** 막대를 서로 긁었을 때 잘 긁히지 않는 막대가 더 단단한 막대입니다.

| 채점 기준 | 상 | 금속 막대가 가장 단단하다는 내용을 옳게 쓴 경우 |
|---|---|---|
| | 하 | 금속 막대는 긁히지 않았다는 실험 결과만 쓴 경우 |

**5** 옷은 나무, 자는 플라스틱, 자물쇠는 금속으로 만들어진 물체로 한 가지 물질로 만들어졌으며, 가위는 금속과 플라스틱, 소화기는 금속, 고무, 플라스틱으로 만들어진 물체로 두 가지 이상의 물질로 만들어졌습니다.



**두 가지 이상의 물질로 이루어진 소화기**

**6** 손잡이는 손에 잘 잡히고 미끄러지지 않도록 고무나 플라스틱으로 만듭니다. 바퀴는 잘 늘어나서 공기를 채워 충격을 줄일 수 있도록 고무로 만들고, 몸체는 튼튼하고 잘 부러지지 않도록 단단한 금속으로 만듭니다.



**자전거의 각 부분을 이루는 물질**

**7** 물체의 기능에 맞는 물질로 물체를 만들어야 생활에 편리하게 사용할 수 있습니다. 설거지할 때는 질기고 잘 미끄러지지 않으며, 물이 장갑 속으로 들어오는 것을 막아줄 수 있는 고무장갑을 사용하는 것이 좋습니다.

| 채점 기준 | 상 | (1) ㄹ을 쓰고, (2) 잘 미끄러지지 않고, 물이 들어오지 않는다는 내용을 모두 옳게 쓴 경우 |
|---|---|---|
| | 중 | (1) ㄹ은 옳게 썼으나, (2) 까닭이 미흡한 경우 |
| | 하 | (1) ㄹ만 옳게 쓴 경우 |

**8** 유리그릇은 투명해서 그릇에 무엇이 있는지 쉽게 알 수 있고, 단단하지만 깨지기 쉽습니다.



• 지안: 유리그릇은 단단하지만 깨지기 쉽습니다.
• 도윤: 플라스틱 그릇은 다른 물질로 이루어진 그릇에 비해 비교적 가볍습니다.

**9** 고체인 나무 막대는 담는 용기가 바뀌어도 모양이 변하지 않고, 눈으로 볼 수 있으며 손으로 잡을 수 있습니다.

**10** 액체인 (나) 물과 기체인 (다) 공기는 손으로 잡을 수 없습니다.

**11** 눈으로 직접 볼 수 있지만 손으로 잡을 수 없는 것은 액체 상태에 속하는 물, 주스입니다. 종이, 나무, 고무, 플라스틱, 섬유는 고체 상태에 속하며, 공기는 기체 상태에 속합니다.

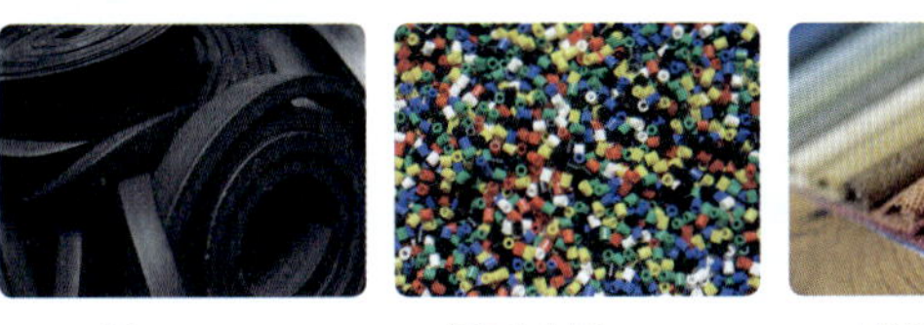

▲ 고무          ▲ 플라스틱          ▲ 섬유

**12** 고체인 유리잔, 암석, 플라스틱 막대는 손으로 잡을 수 있지만, 액체인 주스는 손으로 잡을 수 없습니다.

**13** 나무나 플라스틱과 같은 고체는 담는 용기가 바뀌어도 모양과 부피가 변하지 않고 일정한 성질을 가지고 있습니다. 액체는 담는 용기가 바뀌면 모양이 변합니다.

**14** 꿀, 식용유, 바닷물은 액체입니다. 액체는 담는 용기에 따라 모양은 변하지만 원래의 부피는 변하지 않습니다.



㉠ 액체는 담는 용기에 따라 모양이 변합니다.
㉡ 액체는 눈으로 볼 수 있습니다.
㉢ 액체는 손으로 잡을 수 없습니다.

**15** 액체는 담는 용기에 따라 모양이 변하지만 부피는 변하지 않기 때문에 물을 처음에 사용한 용기에 다시 옮겨 담으면 나중 물의 높이는 처음 물의 높이와 같습니다.

| 채점 기준 | 상 | (1) ㉡을 쓰고, (2) 물이 액체이므로 담는 용기에 따라 모양은 변하지만 부피가 변하지 않는다는 내용이 들어간 경우 |
|---|---|---|
| | 중 | (1) ㉡은 옳게 썼으나, (2) 까닭이 미흡한 경우 |
| | 하 | (1) ㉡만 옳게 쓴 경우 |

**16** 나무 막대는 여러 가지 모양의 용기에 넣어도 모양과 부피가 변하지 않고, 주스는 담는 용기에 따라 모양은 변하지만 주스가 차지하는 부피는 변하지 않습니다.

**17** 풍선의 모양에 따라 풍선 안에 있는 공기의 모양이 달라집니다. 둥근 모양의 풍선에 들어 있는 공기는 둥근 모양이고, 하트 모양의 풍선에 들어 있는 공기는 하트 모양입니다.

**문제 속 개념**

**풍선을 채우고 있는 공기의 모양**

| 풍선의 모양 | 공기의 모양 |
|---|---|
| | |
| | |

**18** 공기 주입기로 풍선에 공기를 넣으면 풍선 밖에 있던 공기가 풍선 안으로 이동하여 풍선이 부풀어 오릅니다.

| 채점 기준 | 상 | 풍선 밖의 공기가 풍선 안으로 이동하기 때문이라고 옳게 쓴 경우 |
|---|---|---|
| | 하 | 공기가 풍선으로 이동하기 때문이라고 쓴 경우 |

**19** 뚜껑을 닫은 페트병을 수조 바닥까지 밀어 넣으면 페트병 안의 공기가 공간을 차지하고 있으므로 수조의 물을 밀어내어 수조의 물이 페트병 안으로 들어오지 못하기 때문에 탁구공은 수조 바닥으로 가라앉고 수조 안 물의 높이는 처음보다 높아집니다.

**20** 페트병의 뚜껑을 열면 페트병 안의 공기가 병 입구를 통해 밖으로 빠져나가기 때문에 탁구공의 위치와 수조 안 물의 높이가 처음과 같아집니다.

## 2. 지구와 바다

### 단원 핵심 개념    10쪽

❶ 공기    ❷ 소금    ❸ 썰물    ❹ 갯벌

### 단원 평가 ⓐ 단계    11~13쪽

**1** ㉡, ㉢    **2** (1) ○ (2) ○ (3) ○    **3** ④    **4** (1) > (2) 바다    **5** 산    **6** ㉣    **7** ㉢    **8** 바닷물    **9** 소금    **10** ③    **11** ㉠ 높아지고 ㉡ 육지    **12** 조은    **13** 갯벌    **14** ③    **15** ㉣

**1** 공기는 눈에 보이지 않고 만질 수 없습니다. 지구를 둘러싸고 있는 공기를 대기라고 합니다.

**2** 지구의 대기가 있기 때문에 비나 눈과 같은 기상 현상이 나타나고 하늘을 날 수 있습니다. 바람이 부는 것도 대기가 있기 때문에 일어나는 현상입니다. 물고기가 물속을 헤엄치는 것은 대기와 직접적인 관련이 없습니다.

**3** 공기를 넣고 입구를 막은 지퍼 백을 손가락으로 눌러 보면 살짝 들어갑니다.

**문제 속 개념**

**지퍼 백에 공기를 넣기 전과 후 비교하기**

| 공기를 넣기 전 | 공기를 넣은 후 |
|---|---|
| • 지퍼 백이 홀쭉함.<br>• 지퍼 백 안에 아무것도 느껴지지 않음.<br>• 지퍼 백을 접을 수 있음. | • 지퍼 백이 팽팽함.<br>• 손가락으로 눌러 보면 살짝 들어감.<br>• 지퍼 백이 부풀어 접히지 않음.<br>• 지퍼 백 안이 투명함. |

**4** (1) 바다를 나타내는 초록색 붙임쪽지의 수가 육지를 나타내는 붉은색 붙임쪽지의 수보다 많습니다. (2) 지구 표면에서 바다는 육지보다 더 많은 부분을 차지합니다.

**5** 산은 바위와 흙으로 이루어져 있고 나무가 많이 있습니다. 주변보다 높이 솟아 있으며 그 높이는 산마다 다양합니다.

▲ 산

**6** 산과 산 사이에서 물이 흐르는 계곡은 ㉣입니다. ㉠은 바다, ㉡은 들, ㉢은 호수의 모습입니다.

**7** ㉠ 바닷물이 육지의 물보다 양이 많습니다. ㉡ 바닷물은 짠맛이 나지만, 육지의 물은 짠맛이 나지 않습니다.



**육지의 물과 바닷물 비교하기**
• 육지의 물은 아무 맛이 나지 않고, 바닷물은 짠맛이 납니다.
• 육지의 물은 빙하, 강, 호수 등에 있고 바닷물은 바다에 있습니다.
• 바다가 육지보다 더 넓으므로 바닷물이 육지의 물보다 양이 더 많습니다.
• 가열한 뒤에 육지의 물은 아무 것도 남지 않지만, 바닷물은 흰색 가루가 남으며 대부분은 소금입니다.
• 육지의 물은 육지에 사는 동물이 먹을 수 있고, 바닷물은 소금을 포함해 여러 가지 물질이 녹아 있어 사람이 마시기에 적당하지 않습니다.

▲ 육지의 물

▲ 바닷물

**8** 바닷물은 소금 등 여러 가지 물질이 녹아 있어 사람이 마시기에 적당하지 않습니다.

**9** 바닷물에는 소금이 녹아 있습니다. 따라서 바닷물이 담긴 증발 접시를 물이 없어질 때까지 가열하면 소금이 남습니다.



**증발 접시에 남은 물질의 특징**
• 흰색 가루입니다.
• 촉감이 거칠거칠하며, 아무 냄새가 나지 않습니다.
• 바닷물은 짠맛이 나기 때문에, 흰색 가루는 소금일 것입니다.

**10** 바닷가 지형 중 동굴은 파도에 의해 절벽의 약한 부분이 깎이면서 바위가 안으로 깊숙이 패어 들어가 있는 모습이고, 절벽은 바위와 바다가 만나는 곳에서 바위가 파도에 의해 깎여 가파른 모습입니다.

**11** 썰물일 때와 비교해 밀물일 때는 바닷물의 높이가 높아지고, 바닷물과 육지가 맞닿은 위치가 육지 쪽으로 가까워져 땅이 물에 잠기기도 합니다. 이는 밀물일 때는 바닷물이 차오르기 때문에 일어나는 현상입니다. 반면 썰물일 때는 바닷물이 빠져나가면서 바닷물의 높이가 낮아지고 바닷물과 육지가 맞닿은 위치가 바다 쪽으로 가까워집니다.

**12** ㉠은 바닷물이 바다에서 육지 쪽으로 밀려 들어온 밀물 때의 모습이고, ㉡은 바닷물이 육지에서 바다 쪽으로 빠져 나간 썰물 때의 모습입니다. 밀물 때는 땅이 물에 잠기기도 합니다.

▲ 밀물일 때 바닷가의 모습

▲ 썰물일 때 바닷가의 모습

**13** 갯벌은 육지와 바다가 만나는 곳으로 바닷가의 넓은 벌판입니다. 우리나라 갯벌은 밀물 때와 썰물 때에 바닷물의 높이 차가 큰 서해안과 남해안에서 주로 볼 수 있습니다.

**14** 갯벌은 다양한 생물들의 보금자리가 되어 주고 땅의 오염 물질을 분해합니다. 또한 거센 파도를 막아 주며 자연재해를 예방해 주므로 갯벌을 보전해야 합니다. 갯벌은 진흙과 모래로 이루어져 있어 수영하기에는 적절하지 않습니다.

**15** 퉁퉁마디, 저어새, 검은머리물떼새는 갯벌에서 볼 수 있는 생물입니다. 타조는 주로 초원이나 사막 지역에서 볼 수 있고 갯벌에는 살지 않습니다.

## 단원 **평가** Ⓑ 단계　　14~17쪽

**1** ②　**2** 대기　**3** ㉣　**4** ⓐ 바람이 느껴집니다. 공기가 빠져나오는 느낌이 듭니다.　**5** (1) ㉢ (2) ㉠ (3) ㉡　**6** ㉠ 계곡 ㉡ 호수 ㉢ 갯벌　**7** ⑤ **8** ㉢　**9** ㉠ 초록색 ㉡ 바다 ㉢ 육지　**10** ⓐ 바닷물에는 소금 등 여러 가지 물질이 녹아 있어 짠맛이 나기 때문입니다.　**11** (1) ㉠, ㉢, ㉣ (2) ㉡　**12** (1) ○　**13** 하일　**14** (1) ㉡, ㉣ (2) ㉠, ㉢　**15** ①, ④　**16** (1) 모래사장 (2) ⓐ 모래가 넓게 쌓여 있습니다.　**17** 갯벌　**18** ㉡　**19** ㉠　**20** ⓐ 갯벌 보전 캠페인 등에 참여합니다. 갯벌에 쓰레기를 함부로 버리지 않습니다. 갯벌 체험을 할 때 생물을 함부로 잡지 않습니다.

**1** 공기는 눈에 보이지 않고 만질 수 없지만 우리 주변에 있습니다.

**2** 지구를 둘러싸고 있는 공기를 대기라고 합니다. 생물이 숨을 쉬는 것, 비나 눈 등 다양한 기상 현상이 발생되는 것, 바람을 이용해 돛단배가 항해하는 것 등은 지구에 대기가 있어 나타나는 모습입니다. 대기는 우주에서 보았을 때 푸르게 보입니다.

▲ 우주에서 본 지구의 대기

**3** 입으로 바람을 불어 촛불을 끌 때, 부채질을 할 때, 자전거를 타고 달릴 때 등에서 공기를 느낄 수 있습니다.

**4** 공기는 눈에 보이지 않지만 우리 주변에 있기 때문에 공기가 들어있는 지퍼 백의 입구를 조금 열고 누르면 안에 있던 공기가 빠져나오면서 바람이 느껴집니다.

| 채점<br>기준 | 상 | 바람이 느껴지거나 공기가 빠져나온다는 내용을 포함하여 옳게 쓴 경우 |
|---|---|---|
| | 하 | '시원하다.' 등과 같이 느낌을 단순하게 쓴 경우 |

**5** (1)은 편평한 땅이 넓게 펼쳐져 있는 들, (2)는 땅을 가로질러 물이 흐르는 강, (3)은 모래가 많고 모래 언덕이 있는 사막의 모습입니다.

**6** 계곡은 산과 산 사이에서 물이 흐르는 곳, 호수는 많은 물이 땅으로 둘러싸여 있는 곳, 갯벌은 바닷물이 드나드는 주변의 고운 흙과 진흙으로 이루어진 넓고 평평한 땅입니다.

**7** 지구 표면의 모습은 육지와 바다로 나눌 수 있습니다. 육지는 땅으로 이루어져 있는 부분이며 바다는 육지를 제외하고 물로 덮여 있는 부분입니다.

**8** 지구 표면은 크게 육지와 바다로 나눌 수 있으며, 바다는 육지보다 많은 부분을 차지합니다. 빙하는 오랜 시간에 걸쳐 쌓인 눈이 굳어서 만들어진 얼음덩어리이고, 모래가 많고 모래 언덕이 있는 곳은 사막입니다.

**9** 초록색 붙임쪽지는 49개, 붉은색 붙임쪽지는 21개이므로, 바다가 육지보다 더 넓다는 것을 알 수 있습니다.

---



**우주에서 본 지구 표면의 모습**
- 파란색, 초록색, 갈색, 흰색 등 여러 가지 색이 보입니다.
- 파란색을 띠는 곳은 바다, 초록색과 갈색을 띠는 곳은 육지, 흰색을 띠는 곳은 주로 얼음으로 되어 있는 극지방입니다.

▲ 지구
- 지구 표면에서 바다는 육지보다 많은 부분을 차지합니다.

**10** 바닷물은 소금 등 여러 가지 물질이 녹아 있어 짠맛이 나기 때문에 사람이 마시기에 적당하지 않습니다.

| 채점<br>기준 | 상 | 소금 등 여러 가지 물질이 녹아 있어 짠맛이 나기 때문이라는 내용을 옳게 쓴 경우 |
|---|---|---|
| | 하 | 짠맛이 나기 때문이라는 내용만 쓴 경우 |

**11** ㉠은 호수, ㉡은 바다, ㉢은 빙하, ㉣은 강의 사진입니다. 육지의 물은 빙하, 강, 호수 등에 있고, 바닷물은 바다에 있습니다.

**12** 바닷물은 소금 등이 녹아 있기 때문에 가열했을 때 육지의 물과 다르게 남는 물질이 있습니다. 증발 접시에 남은 물질은 하얗고 거칠거칠합니다. 바닷물은 짠맛이 나기 때문에 남은 흰색 가루는 소금일 것입니다.

▲ 육지의 물을 가열한 뒤 증발 접시의 모습

▲ 바닷물을 가열한 뒤 증발 접시의 모습

**13** 바다가 육지보다 더 넓으므로 바닷물이 육지의 물보다 양이 더 많습니다. 가열한 뒤 육지의 물은 아무것도 남지 않지만, 바닷물은 흰색 가루가 남습니다. 육지의 물은 아무 맛이 나지 않고, 바닷물은 짠맛이 납니다.

**14** 모래사장이나 갯벌과 같은 넓은 땅은 파도가 잔잔하게 밀려와 고운 모래나 흙이 쌓여 만들어진 지형입니다. 구멍 뚫린 바위는 파도가 세게 부딪쳐 커다란 바위를 깎으면서 만들어졌고, 절벽은 파도가 바위를 깎고 무너뜨려 만들어진 지형입니다.

▲ 모래사장

▲ 갯벌

▲ 구멍 뚫린 바위

▲ 절벽

**15** 바닷가 주변에는 다양한 지형이 있으며 오랜 시간에 걸쳐 계속 변합니다. 바닷가에서는 하루에 두 번 정도 바닷물이 밀려 들어왔다가 빠져나가면서 바닷물의 높이가 반복적으로 변하는 밀물과 썰물이 일어납니다.



② 바닷가 주변에서는 갯벌, 모래사장 등 다양한 지형을 볼 수 있습니다.

③ 바닷가 지형은 파도에 의해 오랜 시간에 걸쳐 계속 변합니다.

⑤ 바닷가에서는 하루에 두 번 정도 바닷물이 밀려 들어왔다가 빠져나가면서 바닷물의 높이가 반복적으로 변합니다.

**16** 모래사장은 파도가 운반한 모래가 쌓여 만들어진 바닷가 지형입니다.

| 채점 기준 | 상 | (1)과 (2)를 모두 옳게 쓴 경우 |
|---|---|---|
| | 중 | (1)은 옳게 썼으나, (2)에 모래사장의 특징에 대한 내용을 부족하게 쓴 경우 |
| | 하 | (1)만 옳게 쓴 경우 |

**17** 문제의 사진 속 바닷가 지형은 갯벌의 모습입니다. 갯벌은 파도가 운반한 고운 흙과 진흙이 쌓여 만들어집니다.

**18** 갯벌은 밀물일 때는 바닷물에 잠기고 썰물일 때는 바닷물 밖으로 드러납니다.

**19** 갯벌은 태풍이나 홍수의 피해를 줄여 주고, 조개, 게 등 다양한 생물이 살아갈 수 있는 터전이 됩니다. 갯벌은 육지에서 온 온갖 찌꺼기를 걸러 내어 바다를 깨끗하게 만드는 역할도 합니다.



**갯벌에 사는 생물**

▲ 조개

▲ 게

▲ 갯지렁이

**20** 생물에게 소중한 가치가 있는 갯벌을 잘 보전해야 합니다. 갯벌을 보전하기 위해서는 갯벌 보전 문제에 관심을 가지고 캠페인 등에 참여합니다. 갯벌에 쓰레기를 함부로 버리지 않고, 갯벌의 생물을 함부로 잡거나 가져오지 않아야 합니다.

| 채점 기준 | 상 | 갯벌을 보전하기 위한 노력을 두 가지 모두 옳게 쓴 경우 |
|---|---|---|
| | 하 | 갯벌을 보전하기 위한 노력을 한 가지만 옳게 쓴 경우 |

# 3. 소리의 성질

## 단원 핵심 개념 — 18쪽

① 떨림  ② 세기  ③ 높낮이  ④ 소음

## 단원 평가 A단계 — 19~21쪽

| | | | | |
|---|---|---|---|---|
| **1** ② | **2** 떨림 | **3** ㉢ | **4** ㉣ | **5** ① |
| **6** 호재 | **7** (1) ○ | **8** (4) ○ | **9** ㉢ → ㉡ → ㉠ | |
| **10** ① | **11** ③ | **12** (1) ○ | **13** (1) ㉢ (2) ㉡ | |
| **14** ①, ⑤ | **15** ㉢ | | | |

**1** 소리가 나는 물체에 손을 대 보면 떨림이 느껴집니다. 소리가 나고 있는 물체를 잡아서 떨림을 멈추게 하면 더 이상 소리가 나지 않습니다.

**2** 물체에서 소리가 날 때의 공통점은 물체가 떨린다는 것입니다.

### 문제 속 개념
**소리가 나는 물체의 공통점**

기타의 줄을 퉁기면 줄이 떨리면서 소리가 납니다.

벌이 날갯짓하면 날개가 떨리면서 소리가 납니다.

북을 치면 북면이 떨리면서 소리가 납니다.

소리가 나는 스피커에 손을 대면 스피커의 막에서 떨림이 느껴집니다.

**3** 소리가 나는 소리굽쇠는 떨림이 있기 때문에 물 표면에 대면 소리굽쇠 주변의 물이 튀어 오릅니다.

**4** 물체가 떨리는 정도에 따라 소리의 크고 작은 정도가 달라집니다. 물체가 크게 떨리면 큰 소리가 나고, 물체가 작게 떨리면 작은 소리가 납니다.

**5** 작은북을 세게 치면 북면이 크게 떨리면서 큰 소리가 나고, 약하게 치면 북면이 작게 떨리면서 작은 소리가 납니다.

### 문제 속 개념
**두드려서 소리를 내는 악기**

▲ 작은북

▲ 꽹과리

▲ 캐스터네츠

**6** 심벌즈를 세게 치면 심벌즈가 크게 떨리면서 큰 소리가 나고, 약하게 치면 심벌즈가 작게 떨리면서 작은 소리가 납니다.

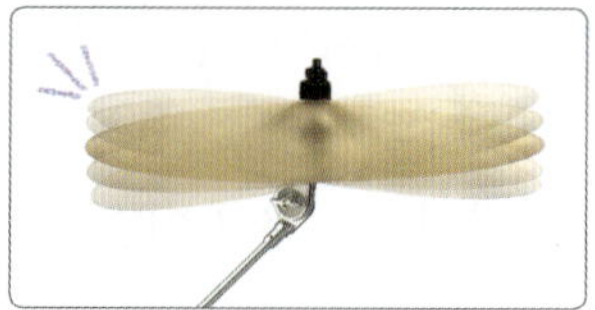

▲ 큰 소리 내기

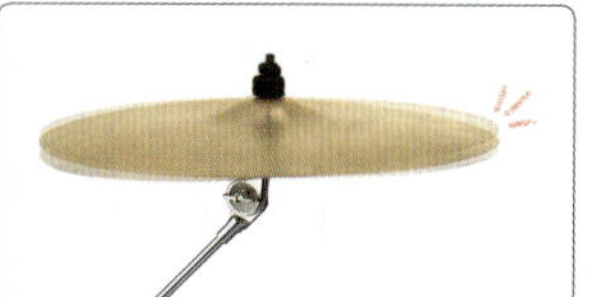

▲ 작은 소리 내기

**7** 생활 속에서 들을 수 있는 작은 소리에는 까치발을 하고 걷는 소리, 시계 소리 등이 있고, 큰 소리에는 자동차의 경적 소리, 망치질하는 소리 등이 있습니다.

### 문제 속 개념
**우리 주변에서 작은 소리를 내는 경우**
• 도서관에서는 작은 소리로 이야기합니다.
• 아기에게 자장가를 작은 소리로 불러줍니다.
• 공공장소에서 친구와 작은 소리로 이야기합니다.

**8** 글로켄슈필의 음판의 길이가 짧을수록 높은 소리가 나고, 글로켄슈필의 음판의 길이가 길수록 낮은 소리가 납니다.

### 왜 답이 아닐까?
(1) 작은북을 북채로 점점 세게 치면 점점 큰 소리가 납니다.
(2) 작은북을 북채로 점점 약하게 치면 점점 작은 소리가 납니다.
(3) 글로켄슈필의 음판을 길이가 짧은 것에서 긴 것 순서대로 치면 점점 낮은 소리가 납니다.

**9** 기타 줄을 짧게 잡고 퉁기면 높은 소리가 나고, 기타 줄을 길게 잡고 퉁기면 낮은 소리가 납니다.

**10** 도서관에서 책장을 넘기는 소리는 우리 주변에서 들을 수 있는 작은 소리입니다. 소리의 높낮이와는 관련이 없습니다.

**11** 멀리 떨어져 있는 친구가 부르는 소리를 들을 수 있는 까닭은 소리가 공기를 통해 전달되었기 때문입니다.


**공기를 통해 소리가 전달되는 경우**

운동장에서 친구가 부르는 소리는 공기를 통해 전달되어 들을 수 있습니다.

음악 소리, 악기 소리는 공기를 통해 전달되어 들을 수 있습니다.

**12** 소리는 고체, 액체, 기체와 같은 물질을 통해 전달되지만, 공기가 없는 우주에서는 소리가 전달되지 않습니다.

**13** 손잡이를 당겨 장치 안의 공기를 빼낼수록 스피커의 소리를 전달할 물질이 없어져 소리가 점점 작게 들리지만, 공기를 다시 넣으면 작아졌던 소리가 다시 커집니다.

**14** 도로에서는 자동차가 빠르게 달리는 소리, 자동차의 경적 소리 등의 소음이 발생하므로 도로변에 방음벽을 설치하여 소음을 줄이거나 자동차 운전자가 과속하지 않고 경적을 울리지 않는 방법으로 소음을 줄일 수 있습니다.


**도로에서 들리는 소음을 줄이기 위한 방법**

도로에서 생기는 여러 소음을 줄이기 위해 도로 주변에 방음벽을 설치합니다.

도로에서 자동차가 빨리 달릴 때 발생하는 소음을 줄이기 위해 과속 방지턱을 설치합니다.

**15** 음악실 벽에 소리가 잘 전달되지 않도록 방음벽을 설치하면 소음을 줄일 수 있습니다.

---

**단원 평가 B 단계**  22~25쪽

**1** 치훈  **2** ①, ③  **3** ㉠, ㉣  **4** ⓔ 소리가 나고 있는 소리굽쇠를 손으로 잡아 떨림을 멈추게 합니다.  **5** ㉠ 크게 ㉡ 큰 ㉢ 작게 ㉣ 작은  **6** ㉠ 낮게 ㉡ 높게  **7** ④  **8** ㉢  **9** ④  **10** ②  **11** (1) ㉢ (2) ⓔ 칼림바의 긴 음판을 퉁기면 낮은 소리가 나고, 짧은 음판을 퉁기면 높은 소리가 나기 때문입니다.  **12** ②, ④  **13** (1) ○ (2) ○ (3) × (4) ○  **14** 공기  **15** ⓔ 소리가 물을 통해 전달되기 때문입니다.  **16** ㉠ 물 ㉡ 공기  **17** ㉠  **18** ㉠ 세기 ㉡ 전달  **19** ③  **20** (1) ⓔ 뛰어다니는 소리로 소음이 발생합니다. (2) ⓔ 바닥에 카펫을 깔아 소리가 전달되는 것을 막습니다. 뛰지 않고 조용히 걸어 다닙니다.

**1** 하나의 물체라도 여러 가지 방법으로 다양한 소리를 낼 수 있습니다.


**여러 가지 물체를 이용하여 소리 내는 방법**

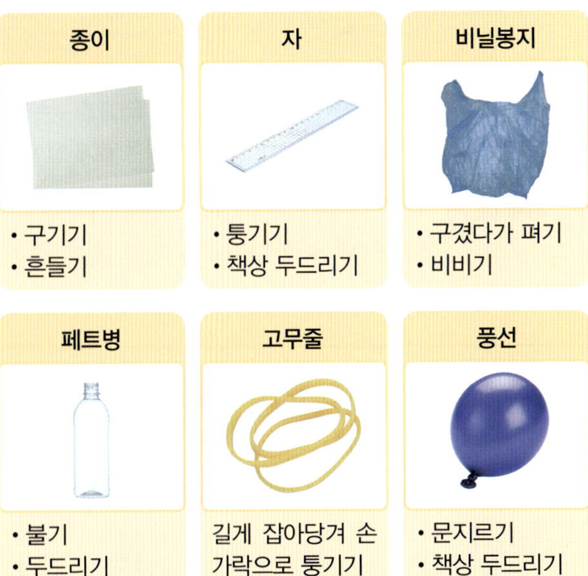

| 종이 | 자 | 비닐봉지 |
|---|---|---|
| • 구기기<br>• 흔들기 | • 퉁기기<br>• 책상 두드리기 | • 구겼다가 펴기<br>• 비비기 |
| 페트병 | 고무줄 | 풍선 |
| • 불기<br>• 두드리기 | 길게 잡아당겨 손가락으로 퉁기기 | • 문지르기<br>• 책상 두드리기 |

**2** 소리가 나는 물체에 손을 대 보면 떨림이 느껴집니다.

**3** 소리가 나는 트라이앵글을 손으로 움켜쥐면 떨림이 멈추기 때문에 소리가 멈춥니다. 모기나 벌이 날 때 들리는 소리는 날갯짓의 떨림 때문에 나는 소리입니다.

**4** 고무망치로 쳐서 소리가 나는 소리굽쇠는 떨리기 때문에 소리가 납니다. 소리굽쇠를 손으로 움켜쥐어 떨림을 멈추게 하면 소리도 멈춥니다.

| 채점 기준 | 상 | 손으로 잡는 등의 방법으로 소리굽쇠의 떨림을 멈추게 한다는 내용을 옳게 쓴 경우 |
| --- | --- | --- |
| | 중 | 소리굽쇠의 떨림을 멈추게 한다는 내용만 쓴 경우 |
| | 하 | 손으로 잡는다 등의 소리굽쇠의 떨림을 멈추게 하는 방법만 쓴 경우 |

**이런 답도 가능해!**

㉮ 소리굽쇠를 물속에 넣어서 떨림을 멈추게 합니다.

㉮ 소리가 나는 소리굽쇠를 부드러운 천이나 스펀지에 갖다대어 떨림을 멈추게 합니다.

**5** 글로켄슈필은 음판을 치는 세기에 따라 소리의 세기가 달라집니다. 큰 소리가 날 때는 음판이 크게 떨리고, 작은 소리가 날 때는 음판이 작게 떨립니다.

**6** 북을 약하게 칠수록 작은 소리가 나고, 북면이 작게 떨리면서 퐁퐁이가 낮게 튀어 오릅니다. 북을 세게 칠수록 큰 소리가 나고, 북면이 크게 떨리면서 퐁퐁이가 높게 튀어 오릅니다.

▲ 작은북을 약하게 칠 때　　▲ 작은북을 세게 칠 때

**7** 도서관과 같은 공공장소에서 친구와 이야기할 때에는 작은 소리를 내야 합니다. 다 함께 합창을 할 때, 수업 시간에 발표할 때, 멀리 있는 친구를 부를 때는 큰 소리를 냅니다.

**8** 버스와 같은 공공장소에서 이야기할 때, 아기에게 자장가를 불러줄 때는 작은 소리를 냅니다. 수업 시간에 발표할 때나 경기장에서 응원할 때는 큰 소리를 냅니다.

▲ 큰 소리로 응원할 때

▲ 작은 소리로 자장가를 부를 때

**9** 팬 플루트는 관의 길이가 짧을수록 높은 소리가 나고, 관의 길이가 길수록 낮은 소리가 납니다. 하프는 줄의 길이가 짧을수록 높은 소리가 나고, 줄의 길이가 길수록 낮은 소리가 납니다. 팬 플루트와 하프와 같이 다양한 높이의 음을 낼 수 있는 악기로는 글로켄슈필, 피아노, 기타, 우쿨렐레, 칼림바, 리코더 등이 있습니다.

▲ 피아노

▲ 우쿨렐레

▲ 리코더

**10** 기타 줄을 짧게 잡을수록 높은 소리가 나고, 기타 줄을 길게 잡을수록 낮은 소리가 납니다. 큰북과 작은북은 높이가 같은 음을 내는 악기입니다.

**왜 답이 아닐까?**

① 큰북을 북채로 세게 치면 큰 소리가 납니다.

③ 작은북을 북채로 약하게 치면 작은 소리가 납니다.

④ 피아노의 건반을 약하게 치면 작은 소리가 납니다.

⑤ 기타 줄을 짧게 잡으면 힘차게 퉁기는 것과 관계없이 높은 소리가 납니다.

**11** 칼림바의 음판을 같은 세기로 퉁기면 음판의 길이가 짧을수록 높은 소리가 나고, 음판의 길이가 길수록 낮은 소리가 납니다.

| 채점 기준 | 상 | (1), (2)를 모두 옳게 쓴 경우 |
| --- | --- | --- |
| | 중 | (1)은 옳게 썼으나, (2)는 내용이 부족한 경우 |
| | 하 | (1)만 옳게 쓴 경우 |

**12** 소리의 높고 낮은 정도를 소리의 높낮이라고 합니다. 장구, 작은북, 트라이앵글은 높이가 같은 음을 내는 악기입니다.

▲ 장구

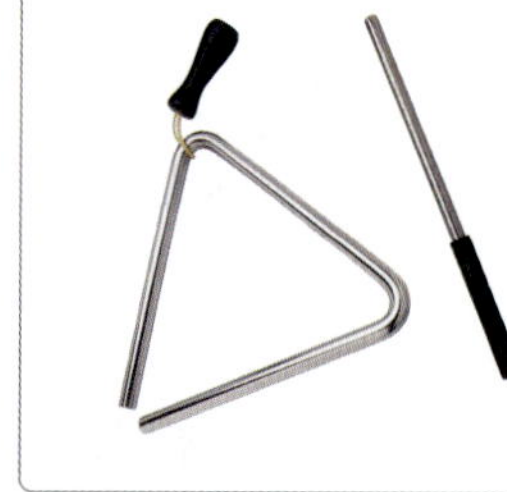

▲ 트라이앵글

**13** 달에서는 공기가 없기 때문에 지구에서처럼 공기를 통해서는 소리가 전달되지 않습니다.

**14** 교실에 있는 스피커의 소리를 들을 수 있는 까닭은 스피커의 떨림이 공기를 통해 우리에게 전달되기 때문입니다.

**15** 소리는 여러 가지 물질을 통해 전달됩니다. 바닷속에서 잠수부가 먼 곳에서 오는 배의 소리를 들을 수 있는 까닭은 물과 같은 액체 물질을 통해서도 소리가 전달되기 때문입니다.

| 채점<br>기준 | 상 | 소리가 물을 통해 전달되기 때문이라고 옳게 쓴 경우 |
| --- | --- | --- |
| | 하 | 소리가 전달되기 때문이라고만 쓴 경우 |

**16** 물속의 방수 스피커의 소리는 액체인 물, 기체인 플라스틱 관 속의 공기를 통해 전달되어 들립니다.

**17** 소음은 사람의 기분을 좋지 않게 하거나 건강을 해칠 수 있는 시끄러운 소리를 말합니다. 같은 소리라도 누군가에게는 듣기 좋은 소리이지만 다른 누군가에게는 듣기 싫은 소리로 느껴질 수 있습니다.

**18** 소리의 성질을 이용하여 소음을 줄이는 방법에는 소리의 세기(물체의 떨림)를 줄이거나 소리가 잘 전달되지 않도록 하는 방법이 있습니다.

**19** 공동 주택에서는 걷거나 뛸 때 소음이 발생하므로 매트를 깔아 아래층으로 소리가 전달되는 것을 줄입니다.



**일상생활에서 소음을 줄이는 방법**
- 바닥에 매트나 카펫을 깔아 발걸음 소리를 줄입니다.
- 음악실에 소리가 잘 전달되지 않도록 방음벽을 설치합니다.
- 가구 다리에 소음 방지 패드를 붙이거나 가구를 옮길 때 끌지 않고 들어서 옮깁니다.

**20** 소음을 줄이는 가장 좋은 방법은 소음을 발생시키는 원인을 없애는 것입니다. 원인을 없애기 어려운 경우 소리가 나는 물체의 떨림을 줄여 소리의 세기를 약하게 하거나 소리가 전달되는 것을 막아 소음을 줄일 수 있습니다.

| 채점<br>기준 | 상 | 도서관에서 발생할 수 있는 소음을 옳게 쓰고, 소음을 줄이는 방법을 한 가지 옳게 쓴 경우 |
| --- | --- | --- |
| | 하 | 도서관에서 발생할 수 있는 소음만 옳게 쓴 경우 |

## 4. 감염병과 건강한 생활

**단원 핵심 개념**  26쪽

❶ 병원체  ❷ 면역력  ❸ 비말  ❹ 예방 접종

**단원 평가 A 단계**  27~29쪽

**1** 병원체  **2** ③  **3** ㉠  **4** 유행성 각결막염
**5** ②, ③  **6** ②  **7** 다인  **8** 비말(침방울)
**9** (1) ×  (2) ×  (3) ○  **10** ㉠  **11** ②  **12** ㉠
→ ㉡ → ㉢  **13** ㉡  **14** (4) ○  **15** 성우



**1** 사람이나 동식물의 몸에 들어와 병을 일으키는 원인이 되는 세균, 바이러스 등을 병원체라고 합니다. 병원체가 우리 몸에 들어와 일으키는 병을 감염병이라고 합니다.

**2** 골절은 병원체에 감염되어 생기는 질병이 아니므로 감염병의 예가 아닙니다. 감염병에는 독감, 수두, 식중독, 감기, 유행성 각결막염, 수족구병, 파상풍, 결핵, 코로나19 등이 있습니다.

**3** 감염병은 다른 사람에게 옮길 수 있습니다. 따라서 감염병이 심해질 경우 격리되거나 한 장소에 여러 사람이 함께 모일 수 없게 됩니다.



**파상풍, 볼거리, 무좀의 증상**

흙이나 못에 상처가 오염되어 파상풍에 걸리면 근육이 굳어집니다.

- 볼이나 귀밑이 붓고, 단단해지며 아픕니다.
- 열이 나거나 몸에 통증이 나타나기도 합니다.

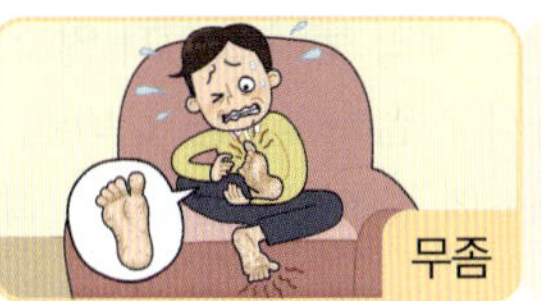

발의 피부가 허옇게 변해 벗겨지고 간지럽습니다.

**4** 우리 주변에는 감기와 같은 다양한 감염병이 있습니다. 그중 눈이 충혈되고, 가려우며 눈곱이 끼는 증상이 나타나는 감염병은 유행성 각결막염입니다.

▲ 유행성 각결막염

**5** 감염병이 유행하면 공원과 놀이터에 사람들이 없고, 아픈 사람이 많아 병원이 붐빕니다.

**6** 하나의 장갑에 묻어 있던 형광 로션이 접촉(악수)을 통해 손에서 손으로 퍼지게 되었습니다.

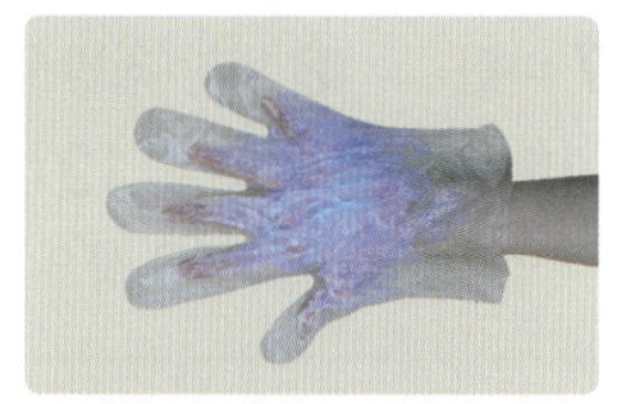

▲ 밝게 빛나는 비닐장갑

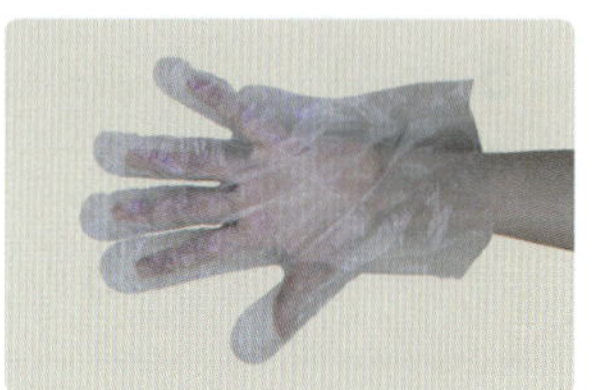

▲ 빛나지 않는 비닐장갑



**접촉을 통한 감염 과정**
병원체가 묻어 있는 물건이나 사람과 닿은 뒤 손을 씻지 않고 눈, 코, 입을 만지면 감염병에 걸릴 수 있습니다.

**7** 형광 로션은 자외선 손전등의 빛을 비추면 밝게 빛납니다. 주변을 어둡게 하면 결과를 잘 관찰할 수 있습니다.

**8** 비말은 기침이나 재채기, 말을 할 때 코나 입에서 나오는 작은 물방울을 말합니다.

**9** 감염 과정과 생활 습관은 밀접한 관련이 있습니다. 감염병은 접촉을 통한 감염 외에도 병원체가 들어 있는 침, 공기, 물이나 음식을 통해서도 감염될 수 있습니다.



⑴ 잘못된 생활 습관으로 병원체가 우리 몸속에 들어올 수 있습니다. 생활 습관과 관련이 있는 감염 과정을 알면 감염병을 예방할 수 있기 때문에 감염 과정과 생활 습관은 관련이 있습니다.

⑵ 감염병을 일으키는 병원체는 우리 눈에 보이지 않지만, 우리 주위 어느 곳에나 있습니다. 접촉, 침, 공기, 비말, 물 등을 통해 병원체가 우리 몸속에 들어오면 감염병에 걸릴 수 있습니다.

**10** 다른 사람이 먹던 음식을 먹거나 한 접시의 음식을 같이 먹을 때 침을 통해 감염병에 걸릴 수 있습니다.



**침을 통한 감염 과정**
다른 사람이 먹던 음식을 먹거나 한 접시의 음식을 같이 먹을 때 침을 통해 감염병에 걸릴 수 있습니다.

**11** 감염병 예방 수칙은 학교와 집에서 모두 지켜야 하고, 가족끼리도 서로 조심해야 합니다. 감염병을 예방하기 위해서는 비누로 꼼꼼하게 손을 씻고 문과 창문을 열어 실내 환기를 자주 하는 것이 좋습니다.

**12** 씻지 않았을 때와 물로만 씻었을 때는 자외선 손전등을 비추면 밝게 빛나고, 비누로 씻었을 때는 밝게 빛나지 않습니다.



**형광 로션을 확인하는 방법**
형광 로션은 자외선 손전등의 빛을 비추면 밝게 빛납니다. 주변을 어둡게 하면 결과를 잘 관찰할 수 있습니다.

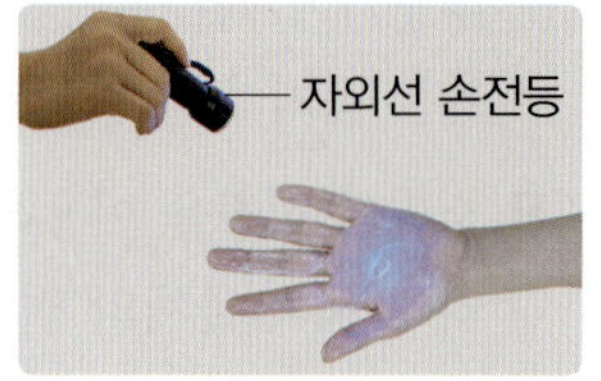


**13** 기침을 할 때는 사람이 없는 쪽으로 얼굴을 돌린 뒤 휴지로 입과 코를 가리고 기침을 합니다. 기침이 심할 때에는 마스크를 쓰는 것이 좋습니다.

▲ 올바른 기침 예절

**14** 국가 차원에서는 감염병 치료 약 개발과 방역 정책을 실시하여 감염병이 퍼지는 것을 막기 위한 노력을 합니다. 지역 차원에서는 해마다 유행하는 감염병에 대해 안내하고, 예방 접종을 실시하여 지역에서 감염병이 확산되지 않도록 합니다.

**15** 전 세계적으로 감염병이 퍼지는 것을 막기 위해 다른 나라와 협력하는 것은 감염병으로부터 안전한 사회를 만들기 위한 국가적 차원의 노력입니다.

**1** ③　**2** ㄹ　**3** (1) 파상풍　(2) 수족구병　**4** (1) 식중독　(2) **예** 배가 아프고, 토하며 설사를 합니다.　**5** 태산　**6** (1) ○　(4) ○　**7** **예** 병원체가 손을 통해 다른 사람에게 옮겨 가는 것을 의미합니다.　**8** ㉡　**9** (3) ○　**10** 공기　**11** **예** 음식을 충분히 익혀 먹습니다. 깨끗한 물을 마십니다.　**12** ㉡　**13** 예방 접종　**14** 거리두기　**15** ⑤

**1** 감염병은 다른 사람에게 옮길 수 있어 위험합니다. 감염병이 더 퍼지는 것을 막기 위해 여러 사람이 한 장소에 모이지 못하도록 하기도 합니다.



**감염병의 특징**
- 평소에 건강한 사람이라도 감염병에 걸릴 수 있습니다.
- 사람이 많이 모이는 장소는 감염병이 유행하기 쉽습니다.
- 감염병은 다른 사람에게 전염될 수 있지만 파상풍과 같이 다른 사람에게 전염되지 않는 감염병도 있습니다.

**2** 감염병은 병원체가 우리 몸에 들어와 일으키는 병을 말하는 것이므로 넘어져서 무릎에 멍이 든 것은 감염병에 속하지 않습니다.

**3** 파상풍은 흙이나 못에 찔린 상처로 인해 근육이 딱딱하게 굳고 몸이 떨리는 감염병입니다. 수족구병은 전염력이 매우 강한 감염병으로, 대표적인 증상은 입과 손, 발에 물집이 생기는 것입니다.

**4** 식중독은 오염된 음식이나 물을 먹음으로써 발생하는 감염병입니다. 식중독에 걸리면 배가 아프고 설사나 구토 증상이 나타납니다.

| 채점 기준 | | |
|---|---|---|
| | 상 | 감염병의 이름을 쓰고, 식중독의 증상을 두 가지 정확히 쓴 경우 |
| | 중 | 감염병의 이름을 쓰고, 식중독의 증상을 썼으나 설명이 미흡한 경우 |
| | 하 | 감염병의 이름을 썼으나 그 증상을 쓰지 못한 경우 |

**5** 몸이 아프거나 면역력이 약한 사람이 코로나와 같은 감염병에 걸리면 생명이 위험할 수도 있습니다.



**코로나19 알아보기**
2019년에 처음 발생하여 세계적으로 유행한 감염병으로 열, 목 아픔, 기침 등의 증상이 있습니다.

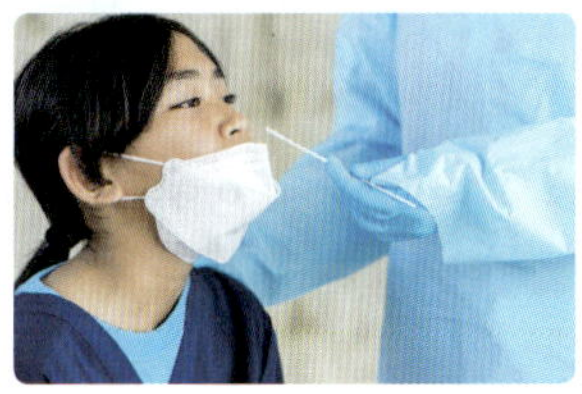

**6** 접촉을 통한 감염 과정을 알아보는 실험입니다. 한 장갑에만 묻어 있던 형광 로션이 악수를 하면서 손에서 손으로 퍼지면서 자외선 손전등의 빛을 비추었을 때 밝게 빛나는 장갑의 수가 늘어납니다.

**7** 형광 로션이 병원체라고 할 때 형광 로션이 다른 친구의 손에 닿는 것은 악수를 하면서 병원체가 접촉을 통해 어떻게 옮겨 가는지 보여줍니다.

| 채점 기준 | | |
|---|---|---|
| | 상 | 병원체가 손을 통해 다른 사람에게 옮겨 간다는 내용으로 정확히 쓴 경우 |
| | 하 | 접촉을 통한 감염 과정이라고만 쓴 경우 |

**8** 분무기와 스탠드 사이의 거리가 가깝고, 마스크를 끼지 않았을 때 종이에 물이 가장 많이 묻습니다.

**9** 병원체가 들어 있는 비말(침방울)을 통해 감염되는 과정을 알아보는 실험입니다.



**비말(침방울)을 통한 감염 과정 알아보기**

- 분무기와 스탠드 사이의 거리가 가까울 때 종이에 물이 많이 묻습니다.
- 분무기와 스탠드 사이의 거리가 멀 때 종이에 물이 거의 묻지 않습니다.

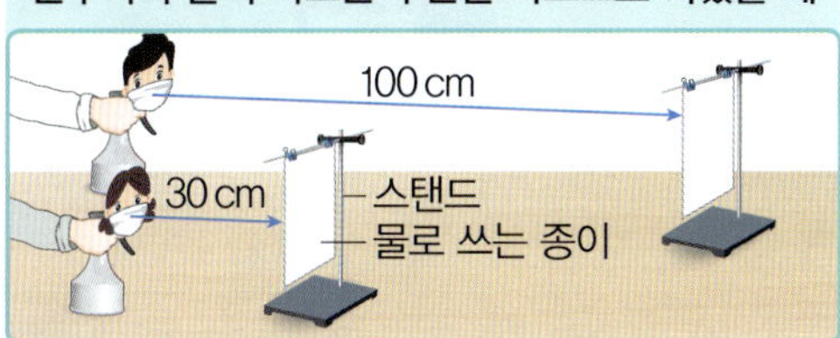


- 분무기와 스탠드 사이의 거리가 가까울 때와 멀 때 모두 종이에 물이 묻지 않습니다.

**10** 같은 공간에 함께 있는 동안 공기 중에 떠다니는 병원체가 눈, 코, 입으로 들어오면 감염병에 걸릴 수 있습니다.

**11** 병원체에 오염된 물이나 음식을 먹으면 감염병에 걸릴 수 있습니다.

| 채점<br>기준 | 상 | 물이나 음식을 통한 감염을 예방하기 위해 실천할 수 있는 생활 습관을 두 가지 모두 옳게 쓴 경우 |
|---|---|---|
| | 하 | 물이나 음식을 통한 감염을 예방하기 위한 생활 습관을 한 가지만 옳게 쓴 경우 |

마실 수 있는 물인지 확인하지 않고 먹음.

오염된 물을 통해 감염되어 배탈이 남.

**12** 감염병이 유행하면 사람들이 모이는 식당, 가게, 공공시설 등을 이용하기 어려워집니다.

**13** 예방 접종을 해야 하는 까닭은 병원체가 우리 몸에 들어와도 이겨낼 수 있는 힘이 생기고, 감염병에 걸리더라도 증상이 약하기 때문입니다.

**14** 짧은 시간에 많은 사람이 감염되는 원인인 신체적 접촉을 막는 사회적 캠페인을 사회적 거리두기라고 합니다.

---

문제 속 개념
**감염병의 유행으로 달라진 사회의 모습**
- 공원과 놀이터에 사람들이 없습니다.
- 학교가 문을 닫아 등교하지 못합니다.
- 손님이 없어서 가게들이 문을 닫습니다.
- 아픈 사람들이 응급실을 이용하지 못합니다.
- 도서관과 같은 공공시설을 이용하기 어렵습니다.
- 많은 사람이 식당에 모여 식사를 할 수 없습니다.
- 친구들과 만나서 놀지 못하고 집에서만 생활합니다.

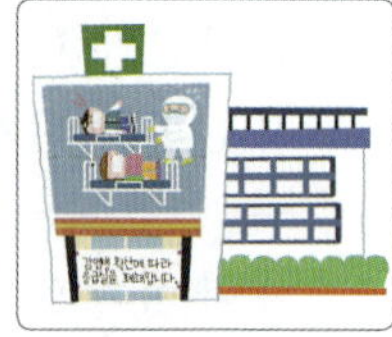

▲ 손님이 없어 문을 닫은 가게　▲ 이용이 어려워진 공공시설　▲ 아픈 사람이 붐비는 병원

---

**15** 국가는 감염병과 관련된 정보를 빠르고 정확하게 제공하고, 방역 정책을 실시하여 감염병이 퍼지는 것을 막습니다. 감염병이 전 세계적으로 퍼지는 것을 막기 위해 다른 나라와 협력하는 것도 국가의 역할입니다.